—— 快慢之间有中读 ——

将人生
哲学到底

姜宇辉 著

生活·讀書·新知 三联书店

Simplified Chinese Copyright © 2023 by SDX Joint Publishing Company.
All Rights Reserved.

本作品中文简体版权由生活·读书·新知三联书店所有。
未经许可,不得翻印。

图书在版编目(CIP)数据

将人生哲学到底 / 姜宇辉著. —北京:生活·读书·
新知三联书店,2023.4
(三联生活周刊·中读文丛)
ISBN 978-7-108-07571-0

Ⅰ.①将… Ⅱ.①姜… Ⅲ.①人生哲学-研究
Ⅳ.① B821

中国版本图书馆 CIP 数据核字(2022)第 227694 号

特邀编辑	赵　翠
责任编辑	黄新萍
装帧设计	薛　宇
责任校对	曹秋月
责任印制	卢　岳
出版发行	生活·讀書·新知 三联书店
	(北京市东城区美术馆东街 22 号 100010)
网　　址	www.sdxjpc.com
经　　销	新华书店
制　　作	北京金舵手世纪图文设计有限公司
印　　刷	北京隆昌伟业印刷有限公司
版　　次	2023 年 4 月北京第 1 版
	2023 年 4 月北京第 1 次印刷
开　　本	720 毫米 × 1020 毫米 1/16 印张 21
字　　数	250 千字 图 10 幅
印　　数	00,001-10,000 册
定　　价	69.00 元

(印装查询:01064002715;邮购查询:01084010542)

目 录

前言　没有谁是一座孤岛，让我们用哲学连接彼此的灵魂　　1

第一章　生　5

第一节　生就是"当下的希望"　　7

第二节　意向性就是超越性　　12

第三节　自在存在与自为存在　　19

第四节　"存在先于本质"　　25

第五节　"人是人的未来"　　31

第二章　爱　39

第一节　情爱、友爱与圣爱　　41

第二节　"内在的人存在于真理之中"　　46

第三节　"但我爱你，究竟爱你什么？"　　53

第四节　"永燃不息的爱，请你燃烧我"　　59

第五节　"我将坚定地站立在你的真理之中"　　66

第三章　快　乐　73

　　第一节　快乐不肤浅，它是通往幸福的力量　75

　　第二节　过德性的生活，就是最快乐地实现自我　79

　　第三节　适度，也可以创造平凡的快乐　84

　　第四节　快乐与幸福塑造美与善的生命　87

　　第五节　快乐与真爱不能兼得吗？　92

第四章　创　造　97

　　第一节　柏格森思想背景：绵延、多样性与直觉　99

　　第二节　生命就是"无尽的自我创造"　105

　　第三节　人生，就是一场盛大的烟火　111

　　第四节　来吧，果敢跃入生命的湍流　117

　　第五节　我是夜空中的流星，不熄灭的光芒　123

第五章　迷　惘　129

　　第一节　我从哪里来？我是谁？我往哪里去？　131

　　第二节　背景介绍：荣格的哲学来源　137

　　第三节　活着，就是找到"回家"的路　143

　　第四节　"每个人身上都携带着阴影"　148

　　第五节　在你的身上唤醒整个宇宙　154

第六章 勇 气 161

第一节　人生如梦，那就让我继续梦下去！　163

第二节　"美拯救世界"　169

第三节　人生就是一首悲喜交加的交响曲　175

第四节　"苏格拉底，去搞音乐吧！"　181

第五节　今天，我们需要怎样的悲剧精神？　187

第七章 贪 婪 193

第一节　为什么我总是想要更多，更多，更多？　195

第二节　梦何以通向生命的本真？　201

第三节　梦是愿望的达成　207

第四节　谁是梦中人？　213

第五节　"即使不能震撼上苍，我也要搅动地狱！"　218

第八章 命 运 225

第一节　你的命运你做主吗？　227

第二节　"自然中没有任何偶然的东西"　233

第三节　身心的平行，宇宙的交响　239

第四节　你懂了，所以你快乐　245

第五节　理性就是从奴役通向自由之路　250

第九章　自　由　257

第一节　你愿做人生的看客还是主角？　259

第二节　自由，就是"无条件的实践法则"　265

第三节　自由就是自律，就是"做自己的主人"　271

第四节　"义务，你这崇高伟大的威名！"　278

第五节　自由，就是享受对自己人格的满足　284

第十章　死　291

第一节　面对死亡的三种视角：科学；宗教；哲学　293

第二节　他者，无限超逾的面容　298

第三节　内在性：享受元素的幸福　304

第四节　居家，劳动与意志　310

第五节　他者之死召唤我的责任　316

后　记　322

前言

没有谁是一座孤岛，让我们用哲学连接彼此的灵魂

本书以哲学为主题，但我并不想一上来就用一堆抽象的术语和艰深的论证让大家望而却步。其实这本书的初衷恰恰相反，就是想要去掉那些学院派的繁文缛节，让大家以一种更为简明而直接的方式去接近思想本身，去洞察生命和世界的真谛。有人可能会质疑这样的做法是否可能，是否有意义，那看来有必要先澄清两点。

首先，*哲学真的有可能化繁为简吗？*我觉得不仅是有可能，更是有必要。教了十多年哲学，印象最深的就是有个学生的一句话，他说："老师，哲学书里面的每一个字我都认识，但连在一起我就是不懂。"这个不是笑话。这句话首先说明一个事实，就是哲学毕竟是一个专业、一门学科，而且说起来还是人类历史上最古老的学科之一，所以如果一点准备和基础都没有，上来就想看懂柏拉图，看懂康德，那肯定是痴人说梦。

我从学生的这句话里还读出另外一层意思，就是哲学书里最重要的可能恰恰不是一个个词、一个个句子，而是在后面把它们贯通起来的东西，也就是论证、推理、思维（thinking）。所以，一本哲学书最精华的地方可能也就是这条内在的线索。而对这条线索，大致是可以用清楚明白的话来解释清楚的。如果解释不清楚，那就说明其实讲者自己也没懂。

其次，*哲学有没有必要化繁为简？*我的回答是斩钉截铁的：肯定有必要，绝对有必要。你可

能现在还不知道哲学是什么，这完全没关系，我们会慢慢讲清楚。但至少你能理解一点，哲学的本质就是思想。那么思想的最终目的是什么呢？为什么要殚精竭虑地去思索那些抽象的大问题、大道理呢？无非就是为了了解自我，了解他人，了解世界，进而实现心灵与心灵之间最深刻的连接和沟通。这样一种连接或许只有思想、哲学才能真正做得到。

不信你可以想一想，在人的身上，还有哪一种能力能够最终将不同的个体、迥异的灵魂持久而又稳定地维系在一起呢？"感觉"似乎可以，但通过感觉，至多只能了解一个人的外在，而无法深入他的内心，更别提触及他最内在的灵魂了。"情感"的沟通显然更有优势，因为它往往能够引起心灵之间深刻、强烈的共鸣。但情感也有很明显的缺陷，就是它不够稳定，不太明确，不甚持久。所以，似乎也只有思想，只有哲学，能够最终将一个个灵魂紧密、持久地连接在一起。既然如此，如果一种思想以抽象、深奥、专业为借口标榜自己，拒绝沟通，甚至人为地为沟通和对话制造障碍，那这种思想在我看来就是苍白无力的。一种无力清晰表达自己的思想，一种无力打动他人心灵的感悟，从来都不可能是深刻的。

我这么说，你可能会觉得是因为我是学哲学、教哲学的。但真的不是这样。就举一个简单的例子。有一个伟人说过："想知道梨子的滋味，就要亲口尝一尝。"你有没有想过，这句话的重点不是"梨子的滋味"，而是"想知道"。你并不是随随便便拿起一个梨子就扔进自己的嘴里，而是你想了解这个新鲜的事物，你想探索这个未知的世界，你想打开更为开阔的时空。当然，你尝到的这个梨子非常有可能是苦涩的，但这并不要紧，因为你可以仅仅把这当成一次暂时的失败、一次不成功的实验，你相信总有一天你会尝到最甜美的生命果实。关键的一点是：你想去尝试，想去改变。

这个例子的另一个重要的意思还在于，当你想尝梨子的时候，你也并不是只有一股盲目的冲动，因为如果是那样，你大概没有多少勇气去承担失败的风险。你可能就像是一个天真的孩子，兴冲冲地奔向一个期待已久的滑梯，但没想到，你一上去就重重地摔了下来，伤得很惨。这个时候你会哇哇大哭，诅咒这个世界亏待了你，诅咒身边所有的人误解了你。你之所以没有勇气和力量承担失败，是因为你还没有准备好。

于梨子而言，你至少要了解一下梨子的形状啊，特征啊。梨子是这样，人又何尝不是如此？当你想真正了解一个人，真正接近、走进他的心灵世界，你肯定不希望像那个懵懂的孩子一样想也不想就一股脑儿地冲过去，而是要真正地准备好。怎样准备呢？你要先了解自我，了解你的欲望、你的意志、你的选择、你的行动，更关键的是，了解你身上各种各样的力量是怎样统一在一起，构成这样一个叫作你的个体。人们常说，人就是灵与肉的统一体。[1]你有两面，一面是灵魂，一面是肉体，但这两个方面怎样更完善地协调在一起？这可不是一件容易的事情。你的灵魂可能是个理想主义者，追求完美，想尝试超越和实现更高的目的；但你的身体说到底就是个现实主义者，它就是一个俗物，满脑子都是吃喝玩乐的念头。

在日常生活里，灵魂与肉体至少大部分时间能够和平共处，相安无事。[2]那就说明在你身上有一种力量能将这两个看起来冲突对立的方面联结在一起。这个力量是什么呢？是欲望？是意志？是情感？是思想？这个问题不急着回答。

了解了自我之后，你开始明白你在这个世界上的位置。然后你慢慢发现其实在你身边还有无数个跟你相似的个体。当然，我说的这个相似不只是外表。那些人跟你一样，也有感觉能力，也有七情六欲，也能选择，也会思想，而且更要紧的是，在他身上也有一种力量凝聚起来，把他构成为一个跟你"相似"的自我和个体。

当你发现身边那些跟你相似的灵魂的时候，你的内心深处必然有一种

---

[1] "我们自身一部分是身体，一部分是灵魂吗？是这样的。"（柏拉图：《斐多篇》，译文取自《柏拉图全集》增订版，上卷，王晓朝译，人民出版社，2018年）

[2] "自然也用疼、饿、渴等等感觉告诉我，我不仅住在我的肉体里，就像一个舵手住在他的船上一样，而且除此而外，我和它非常紧密地连接在一起，融合、掺混得像一个整体一样地同它结合在一起。"（[法]笛卡尔：《第一哲学沉思集》，庞景仁译，商务印书馆，1986年，第85页）

渴望，想跟他讲话，想听他讲话，想要更深刻的心灵的交流。这种渴望比你尝梨子的渴望强烈得多，也迫切得多。你活一辈子，如果从来没有真正亲近过一个和你相似的灵魂，那这件事情就很严重了。因为你会慢慢觉得形单影只，你会慢慢感觉这个世界上只有你一个人。一开始你可能觉得没什么，一个人挺好，想吃啥吃啥，想去哪儿玩就去哪儿玩嘛，多潇洒，多自由。但当你觉得整个世界只有你一个人是真实的时候，你会慢慢产生一种极度的空虚感，感觉身边所有的人和事，乃至整个世界都是空空荡荡的背景，都是镜花水月般的幻境。[3]

举一个形象点的例子吧。清代有一个著名的画家八大山人，他有一幅画：整个构图很诡异，偌大的纸面上空空荡荡，只在当中画了一条小鱼。有人说八大在这幅画里表达的是一种极端自由的心灵境界，因为宏大的天地之间，你一个人自由自在、无拘无束地翱翔。但我的感觉恰恰相反。我看到的是一条孤孤单单的小鱼一下子被扔进一片巨大的海洋，上不见天，下不着底，而且身边见不到一条跟自己相似的还能喘气的小鱼。我觉得这是一种绝望，一种令人窒息的绝望。

所以，真正的生命从你"想要了解"自我开始，完整的世界从你"想了解"他人开始。而伴随着你人生的每一步，你的成长和挫折，你的快乐和苦痛，其实你都需要有一种"想了解"的冲动——想透彻地理解生命的真谛，想清楚地领会世界的真实。很多人喜欢把人生比作河流，但河流不是笔直一条线地流进汪洋，它也有水流的缓急，也有九曲十八弯。所以，人生不是一股脑儿地往前面冲，更关键的是怎样成功地渡过那一个个转折点，最终迈向更为开阔的境界。所以我更喜欢说，人生说到底就是活一个清楚明白。而这件事情，似乎只有哲学才能真正让你办到。

由此也就点出了本文的标题。前半句"没有谁是一座孤岛"来自一本非常受欢迎的小说《岛上书店》。在一个与世隔绝的岛上，竟然开着一间小小的书店，书店的招牌写道："无人为孤岛：一书一世界。"思想的温度可以跨越千山万水，在一个个真实的灵魂之间奏响最深刻的共鸣。

---

[3] "畏之所畏者就是在世本身。……这个整体全盘陷没在自身之中。世界有全无意蕴的性质。"（[德]海德格尔：《存在与时间》，陈嘉映、王庆节译，生活·读书·新知三联书店，2014年，第215页）

第一章

生

让-保罗·萨特（1905—1980）

推荐图书

《存在主义是一种人道主义》
［法］让－保罗·萨特 著，周煦良 汤永宽 译，上海译文出版社，2012年。

第一节 生就是『当下的希望』

我还记得读研的时候，第一次课上老先生说了一句让我至今记忆犹新的话。他说，孔子说"未知生，焉知死"，但海德格尔说的恰恰相反，"未知死，焉知生"。我后来一直都在思索这两句话之间的差异，这可能也是东西方生死观的根本差异。很长一段时间，我跟大家一样，都很认同"向死而生"这个信条，因为真的有一种切身的力量。但随着年龄增长，阅历增多，我开始慢慢领悟到孔子这句话的深刻启示。

是的，我们不妨问这样的问题：生命的动力到底来自哪里？是来自它的对立面，也就是死亡所带来的挑战和压力吗？还是说生命内在就有一种动力，可以驱迫生命面对自身，不断去创造，不断去选择？

萨特的存在主义带给我们这样一种启示：生命的动力，或许并不仅仅来自那个终极的大限，那个死亡的边界，而是时时刻刻都来自它自己，它的内部。"活下去"，是康德意义上的绝对律令，是生命跟自己缔结的神圣契约。但为什么说康德而不是加缪？那是因为，在加缪那里，生命时时刻刻都是一场战斗，为了个体的尊严，为了捍卫最底限的自由。但仔细读读萨特的文本就会发现，他跟加缪是非常不一样的。他虽然也是充满着战斗精神的人，但对于他，生命更接近康德意义上的那种"义务"或使命。萨特有一句很经典的话，相信能够帮助大家领悟到生命作为最高义务的那种沉重又庄严的含义："从我在存在中

涌现时起，我就把世界的重量放在我一个人身上，而没有任何东西，任何人能够减轻这重量。"[1]

这一节的标题来自萨特离世之前所接受的一次正式的访谈整理成的长篇文稿：《当下的希望》，这个文本也收在了《存在主义是一种人道主义》这本小书里。在这篇访谈里，萨特对自己的人生、思想、政治立场等进行了回顾，因此具有总结的意味。

"当下的希望"，法语是 L'Espoir maintenant，译成英文，就是 Hope, now。萨特在访谈的一开始就从哲学的角度对它进行了解释："我认为希望是人的一部分；人类的行动是超越的，那就是说，它总是在现在中孕育，从现在朝向一个未来的目标，我们又在现在中设法实现它。"（第32页）

首先，"希望是人的一部分"，就是说希望是人之为人的本质属性，人活着，就必然、必须去追求希望，实现希望，围绕希望而展开的生命才是真正的人的生命。

其次，为什么希望如此重要呢？那是因为"人的行动是超越的"。超越，在哲学史上有各种含义，但最简单的一个意思就是从有限向无限进行超越，突破有限性的束缚和边界，向着更高、更远、更多的可能性敞开。萨特在这里说的也是这个意思。生命就是要不断超越，超越现有的状态，超越既定的束缚。不要纠结于你"过去"都做了什么，也不要太过于执迷你"现在"到底是谁，因为更重要的是面对当下的自己，问一句：你还可能成为什么样的人？你还能够进行怎样的选择？

由此就涉及这句话的第三层意思，那就是时间性。萨特的时间观很有特点，他并不想在当下获得永恒，而更想在未来实现希望。为什么是未来？因为只有未来才能真正打开人生存的各种未知的、未被限定的甚至不可限定的可能性。只有朝向未来，你才能真正拥有超越当下的动力。但那样一个未来不是空洞的愿景，不是虚无缥缈的乌托邦，而恰恰跟"现在"

---

[1] ［法］萨特：《存在与虚无》，陈宣良等译，杜小真校，生活·读书·新知三联书店，2007年，第674页。

有着密不可分的关系。它孕育于"现在",又要实现于"现在"。所以我们说生命就是"当下的希望",就是强调生是希望,生的希望始终要跟当下的现实和行动联结在一起。

萨特将未来与现在绑在一起,这既是它的长处也是它的弱势。长处在于,这个希望不是虚无缥缈的,而总是言之有物的,切实可行的,是我们看得清、抓得到的未来。它是内在于我们生命的每一次呼吸、每一步行动的未来。但也正是因此,这个未来就需要一次次地回到现在,一遍遍地重新开始。它就像是克尔凯郭尔的那个"信仰的跳跃",每次跳起来之后都要再度重重地落回大地之上。

所以,那个对谈者列维就说:"或许您不是在谈希望而是在谈绝望。"而萨特也没有否定这一点,并且说:"*因此,在人的实在中存在着一种本质的失败的信念。*"(第33页)希望必然包含着失败,因为它要一次次地从现在重新发动和开始。所以希望从本质上来说正是一种绝望。这恰恰是萨特的希望原理的题中之义。

萨特的这一番对于希望的讨论跟加缪的《西西弗神话》又有何区别呢?希望和绝望之间的轮回和循环,难道不就是上山和下山的荒谬命运?没错,初看起来是这样的。但你一定别忘记,萨特的解决方案跟加缪的是完全不一样的。他早年师承胡塞尔学习现象学,甚至可算是得胡塞尔的真传者之一,但他后来发展出来一套非常特别的哲学体系。可以说,他跟胡塞尔之间的距离,比海德格尔和梅洛·庞蒂跟胡塞尔的距离要远得多。但也正因此,我们反倒可以说,他从现象学这个起点所进行的发挥是最为独特的,打上了他自己最为鲜明的标签和烙印。这一点也是他跟加缪比较大的差别所在。

加缪的独创主要是在文学书写里,但萨特的创造,完全从哲学开始,而且有一整套自创的哲学系统。只有从这套哲学系统出发,才能理解他对生命的那种近乎义务论的理解,才能明白他怎样真正超越了希望和绝望之间的看似难以超越的恶性循环。萨特对于"意向性"的理解，其实可以归结为一个他独创的概念，那就是"虚无化"。"虚无化"就是"使……变得虚无"。比如你经常听到有人说咱们这个时代的特征就是"价值的虚无化"，即传统美德、价值等都"变得虚无"了，消失不见了。但萨特说的"虚无化"不是泛指，而是有一个特指，那就是意识。意识的"虚无化"，也就是意识不断让自身变得虚无，这就是萨特对胡塞尔的"意向性"的独到解释。

胡塞尔的"意向性"（intentionality）是一个特别复杂的概念，但可以用简单的话来解释：就是"一切意识都是关于……的意识"（all consciousness is about ...）。你可能一眼就看出来了，胡塞尔借用这个概念，其实就是想从笛卡尔式的"我思"里面跳出来，强调意识不是一个纯粹自足的内在领域，而是总要"朝向"（about, toward, for）外部的对象。因此，意识与对象的关系，内在与外在的关系，这种"关系"的维度正是"意向性"所要强调的。不太精确地对比一下吧，笛卡尔说，"我思故我在"，那胡塞尔就会说，"我思，故我在世界之中"。因为任何我思的前提都是我与对象的关系，也就是说，我始终是"在世界之中"才真正开始"思"的。

再强调一次，胡塞尔那里是绝对没有"虚无化"这个东西的。那么，意识的虚无化到底是怎么跟意向性联系在一起的呢？

萨特在一次访谈中提到他当时创作《存在与虚无》的背景："我不能承受一个家的负担；在咖啡馆，他人仅仅是在那里而已。门打开了，走进一位漂亮女人，坐了下来。我看着她，马上就能将注意力转回我的空白稿纸之上，她不过像我意识中的一阵冲动，很快就过去了，没有留下任何东西。"（"1945年10月23日在布鲁塞尔的谈话"）我们引了这么一大段，因为它实在重要——在萨特的哲学里，"情境"（situation）这个概念是非常重要的。他晚期的系列文集就叫作"情境"，他把自己独创的戏剧形式概括为"情境剧"。注意是"情境剧"而不是"情景剧"。情景剧一般是指那种

---

2 "处境是一种召唤；它包围着我们；它向我们提出一些解决方式，由我们去决定。"（［法］萨特：《萨特文集》（第7卷：文论），施康强选译，人民文学出版社，2000年，第455页）

场景在室内的轻喜剧,大概《老友记》这种吧。但萨特的情境剧就不一样了,它虽然也往往布景简单,就那么几个人,但实际上是有着非常强烈的哲学含义的具有实验意味的戏剧。

情境,就是将人的生存抛进一个非常极端的场合之中,然后在其中展现出生存的困境,选择与行动的两难。一句话,情境剧,实际上是有着"试练""考验"等含义的。[2]所以你在《存在与虚无》的文本里看到大量的日常生活的场景,有咖啡馆里的侍者,有偷窥的人,有绝望的爱人,等等,但这些绝不是用来说明哲理的"案例",而恰恰是激发哲理的"情境"。正是这些看似荒唐而极端的情境,引导着读者一步步逼近存在主义的生存主题。

上面引的这段故事也不妨当作洞察意识的"虚无化"本性的一个鲜活的"情境"。萨特说他"不能承受一个家的负担",所以宁愿选择去咖啡馆写作。这不是说,在家里就特别吵特别烦,根本没办法专心看书写作,而是说,在家里,你是有明确的身份的,你是肩负着各种义务的,一句话,你的存在是被清清楚楚"规定"好了的。当然,在社会里也是这样,但几乎没有一个场所像家那样给我们施加了如此明确的"重负"。为什么要去咖啡馆呢?因为"他人仅仅是在那里"。看起来人头攒动,人声鼎沸,但其实每个人都在忙他自己的事情,大家确实是"挤在一起",但实际上又隔着"光年",好像都是孤独运转的星球。

萨特设想这样一个"情境",也正是想让我们回归纯粹个体的状态,暂时将世界和他人当作"背景",将自己的意识状态独立出来。那么,凸显出来的意识状态是怎样的呢?就是后面他的目光被一个美女吸引的场景。你可以想象,一个丰姿绰约的美女走进来,那肯定会吸引你的目光,但你不会盯着看。如果你被她吸引,你的意识状态就被"固着"了,被凝止了,但你的意识本身是不甘心这样的,它总是要不断地流动下去,清洗、冲刷掉所有让它停下来的东西。这是很"虚无化"的体验。

第二节 意向性就是超越性

这一节就结合《胡塞尔现象学的一个基本概念：意向性》[1]集中解释四段话，说明四个主题，它们是"饮食的哲学"、"意识和世界的同时性"、"意识的纯化/虚无化"以及"自我与他人"。

但在进入具体主题之前，不妨先用一句话来总结萨特的意向性理论的核心要旨："意识是对某物的意识，这意味着超越性是意识的构成结构；也就是说，意识生来就被一个不是自身的存在支撑着，这就是所谓的本体论证明。"[2]这句话里面有三层基本意思。

首先，第一句是对意向性这个概念的基本内涵的重申。请注意，这个界定就是胡塞尔的，或者说是经典的现象学立场，跟萨特的现象学本体论是很不一样的。但胡塞尔这个界定是萨特的起点。意向性，说的就是所有意识的一个基本特征："一切意识都是关于某物的意识。"重要的是这个"关于"（for, about, towards）的关系性维度。这个意思上一节说过了。这里再稍微展开一点。意向性的关系虽然是一切意识活动的本质属性，但它的具体表现形态是多种多样的，因为人的意识活动及其"相关"的对象本来就是多种多样的。怎么对这么多样而又复杂的意向性活动进行基本的分类呢？无非是两个方面，一个是"对象"，一个是与对象"相关"的方式，或者更准确地说，是"朝向"对象的方式。同一个对象，可以带着不同的方式"朝向"它。

---

[1] "Intentionality: A Fundamental Idea of Husserl's Phenomenology", translated by Joseph P Fell, in *The Phenomenology Reader*, edited by Dermot Moran and Timothy Mooney, London and New York: Routledge, 2002, pp. 382-384.

[2] 《存在与虚无》，第20页。

比如面前的这本书，可以带着"感觉"的方式、"想象"的方式、"记忆"的方式、"判断"的方式等等。就先列这么几种。当你"感觉"这本书的时候，它肯定就在你面前"在场"（present）。当你"想象"这本书的时候，它虽然也在你面前，但你更关注的是它在你意识里面所"呈现"出来的具体生动的形象。当这本书勾起你的"回忆"的时候，它的"当下"存在和你意识流里的过去的形象结合在一起。当你"判断"说"这是一本书"时，那就是把这个感觉的对象归到一个普遍的概念"书"之下。就这么一个简单的例子，已经出现了四种不同的"朝向"方式了，可见意向性有多么复杂。同一个对象可以有不同的意向相关方式，反过来也一样，同一种意向方式也可以朝向不同对象，比如同样是"看"这个视觉活动，"看"的具体对象可以是多种多样的。在胡塞尔那个年代，他还是主要列出了三种对象，一是实在的对象，二是数学的、观念的对象（数啊，形啊），三是价值的对象（善恶美丑）。但我们这个时代，很显然又出现了一类新的对象，那就是"虚拟对象"，或者叫"数字存在物"（digital object）。你看，对象本身还在不断增加，那么，意向性的研究也肯定是一个不断展开的任务。但还是别太学究气了，这个问题就说到这里。

其次，萨特理解的意向性当然也强调意识与对象之间的相关性，他再怎么创新，也不能偏离这个现象学的初始原点。但将意向性理解为超越性，就是萨特的原创了。什么是超越性？萨特把它明确界定为："意识生来就被一个不是自身的存在支撑着。"这个句子的每个词都很重要。"生来"，就是说，超越性这个属性是意识一开始就有的，而且是贯穿意识的全部运动发展过程的。离开超越性，就根本谈不上是意识；反过来说，一旦意识失去了超越性，它就"异化"了，就变得面目全非了，不再是它自己了。"不是自身的存在"，初步可以理解为意识"之外"的存在。意识之外的是什么呢？那就是各种各样的对象。萨特的原创从这里就开始了。

胡塞尔的意向性，说的还只是关系，他强调的是意识活动与对象之间的那种"密不可分"的联系。简单地说，你如果只说"我在意识"，但却不说"意识到了什么",那这句话是根本不完整的。但萨特的解释强调的不是"联系",而恰恰是"差异",因为他用的是"不是"这个否定词。这个意思就很清楚,意识本身不是自足的,它仅仅靠自己是不能够真实存在的。它一定要从"外部",也就是从它所"不是"的对象身上才能获得自己存在的依据。这个它自身"不是"的东西恰恰构成它自身存在的真正基础和"支撑"。这就是第三层意思,所谓的"本体论证明"。

本体论证明这个古老的词语在中世纪是指对上帝存在的证明。但在这里,萨特用来证明意识本身的存在。上帝存在的证明,最后得到的结论肯定是:上帝是全知全能全善的至上"完美"的存在。但对意识本身的存在论证明得到的结论正相反:意识的存在根基根本不在自身之内,它根本掌控不了自己的存在,而总是要从"外部",从它所"不是"的对象那里去"借"、去"夺",甚至去"骗"一个存在归属给自己。

这太不可思议了。笛卡尔的"我思"不是好好地给意识提供了一个存在的基础吗?萨特到底要干什么?别忘了上一节提醒大家的两个要点:一、萨特的起点是哲学,但最终的归宿肯定是行动;二、哲学不能只在家里搞,倒在沙发里搞,而要真正进入情境,进入咖啡馆,直面人群。这两点放在一起,你再想想萨特的意向性理论的革命之处。首先,这个革命是学理上的,因为它显然重新解释了胡塞尔的经典的意向性概念。其次,萨特的原创学理到底指向怎样的"现实"行动呢?应该跟他"这个人",这个独特个体的生存体验相关。比如你会感觉到,在萨特身上,他人和世界都是非常令他焦虑甚至紧张的对象。具体原因是千差万别的,但建议你翻翻他的自传《文字生涯》。

另一方面,这个现实意义不可能只局限于他自身,而肯定要展现出鲜明的社会和时代的特征。如果萨特的现象学只是独善其身的话,那就很难理解为什么整个巴黎会万人空巷地为他送葬。他的哲学一定是触动了整个法兰西民族的最敏感的神经。这根神经是什么呢?"二战"肯定是一个背景。大家都知道法国在"二战"里的不光彩的、甚至耻辱性的失败。什么"奇怪战争"、"静坐战争"、马其诺防线等等,几乎都可以把这种耻辱概括为一个词,那就是"逃避"。从战争开始,法国人就在各种逃避,逃避交锋,逃避责任,甚至逃避面对自身。这么一来,你大致就能明白,为什么萨特一定要对意向性这个学院派的术语进行别出心裁的改造了。意向性就是超越性,意识的存在不是自足的,意识要从它所不是的对象、他人、别处那里获得存在的支撑,这听上去是一个个激荡大脑的哲学命题,但又何尝不是一声声震撼灵魂的豪迈宣言?醒醒吧!从"我思"的内在世界里挣脱出来吧,清清楚楚地面对你身边的世界、你身边的每一个人吧!走上街头,走进咖啡馆,去行动,去对话,去拥抱,去战斗,这才是每一个法国人应该做的。生命不是静坐和逃避,生命是对所有静止的"存在"说"不",是对一切现成的"本质"说"不"。

这里,恰好可以把"爱"和"生"这两个主题通过意向性这个概念贯穿起来了。生命是超越,因为意识的本质总是朝向他人和世界开放。开放,既是生生不息的创造,又是永不停止的虚无化。说是"创造",因为意识需要不断地从各种外部的资源中去"借取"自身存在的依据,但之所以用"借取"而不是"占有",是因为意识不可能真正"占有"存在,因为一旦它真的把一个"存在"抓在自己手里不放了,那它就固化了,就不流动了,那就不是它自己了,就转变成它的对立面、反面,即"物体"。但意识可不甘心沦为一"物"。最简单的道理:物不是活的,物没有生命,但你有。这就是"虚无化"的真意。当意识在生生不息地创造时,它好像觉得整个世界都是自己的舞台,但"虚无化"恰恰就是要不断给意识敲响警钟:你本身什么都不是,你从来就一无所有,你就是那个纯粹的"不"。但这个"不"恰恰是你能够对自身给出的最高肯定,因为遍览整个世界,唯有意识才有能力、才有资格、才有动力对一切本质说"不"。

这些背景你懂了,最后咱们再来捋一遍萨特的这篇小文里的几个要点。

*第一段说的是"饮食的哲学"。*³首先，什么叫饮食？最简单地说，就是把"外边"的东西转化成为你"内部"的东西，而且是完全转化，不留剩余，否则医生就会说你"食而不化""消化不良"。萨特用饮食来比喻的是哪一种哲学呢？大致说起来，传统的哲学、一般大家所理解的哲学都可以用这个形象来比喻。哲学家就是编织概念的人，美其名曰"构造体系"。编织概念为哪般呢？无非是想把整个世界都装进自己的体系里。这么看起来，哲学家跟蜘蛛还真是挺像的，整天稳坐在自己那张大网的中心，等着各种各样的东西掉进自己的体系里面。一种体系越强大，它能"消化"的东西就越多。那么，最强大的哲学体系无疑就是能够将天地万物一股脑儿都吞进去的"天罗地网"。这些作为大蜘蛛的哲学家本身无可厚非，因为它体现出人的理性力量的强大，能够"为天地立心，为生民立命"。但缺点也挺明显的，就是太自负了、太自大了。你把世界都吞了，那世界在你的体系面前就消失了，这不是一个悖论吗？你创造哲学体系的目的本来是"解释"世界，结果到最后把整个世界都"解释没了"，这不是悖论是什么？所以马克思说，哲学的目的不是"解释"而是"改造"世界。

由此可以进入*第二段：关键词就是"意识和世界的同时性"*。⁴什么叫"同时"？就是两件事情一起发生，比如"我在看书的同时刷微信"。但很多时候同时发生的事情没什么关系，它们只是正好都在那个时间发生了。比如，你看的是萨特的《存在主义是一种人道主义》，但你刷的却是朋友圈里的美食。二者之间没有内在、本质的联系。所以萨特又加了一个修饰词，不仅"同时"，还彼此"被给予"。也就是说，意识从一开始就在世界之中，而世界从一开始就包围着意识。二者离开对方都没有办法"给出自身"，都要面对着对方才能呈现自己。所以，二者之间是剪不断理还乱的关系。但这样一种同时性怎样才能够有力地批驳自负自大的饮食哲学呢？一句话，意识的本质是意向性，意向性就是超越性，超越性归根结蒂要落实于时间性的运动之中，而在时间流的每一个活生生的时刻，意识都同时与世界不可分地缠在一起。意识需要从世界那里去"借取"存在，而世界也只有在意识之中才能呈现自己。

好，接着看第三段。最关键的一个词就是"纯化"（purify）。[5]纯化，就是"剔除杂质"。那么意识里面的杂质是什么呢？就是那些固化的形态、稳定的本质、不变的中心和基础。怎样对这些杂质进行纯化呢？只有通过"虚无化"这个强力试剂。但别忘了纯化这个意思也是承接上面那段话里的"同时性"。同时，意识和世界时时刻刻都是彼此面对、互相给予的。也就是说，意识并没有一个纯粹而封闭的"内在"，它的"内"同时必须要与"外"关联在一起、纠缠在一起才能够实现。所以，内在不是一开始就有的，也不是始终如一的，正相反，它需要不断地被建构、被争取、被创造出来。你只有在身陷世界之时才能有意识，你只有在直面他人之时才能有自我，你只有在走向"外部"之时才能真正回归"内部"。

估计从这段话里，你已经领会到萨特的那种很文艺的表述方式。这个方式的缺点当然是不严。但优点也很明显，那就是一下子就能给你一个鲜活的形象，用强力的体验来激活别样思索（think differently）的可能性。这段话里用了一系列这样的强力形象，非常精彩："滑行""一阵旋风""攫住"，简直就是一篇哲学诗了。但这几个基本意象的含义就是为了烘托"纯化"和"虚无化"：生命，本就是这样一种颠沛流离、无所依傍的命运，你时时刻刻都被向外翻转，都被扔到世界之中、扔到他人面前；纯化，就是在这个看似无可掌控的命运之中不断对自身说"是"，毫不吝惜地抛弃所有"借来"的存在，因为你知道，你的"纯粹"的意识，总是"另一个"，总是"在别处"。

这样，最后一段话就清楚了。[6]这里有两组对照的词，一组是饮食哲学家最擅长的，比如"内在生命""莫名的退隐"，萨特在这里又发明了一个新的嘲讽形象，那就是自恋的小女孩。哲学家好像就是这么个小女孩，整天安静地躲在自己的小角落里，你问她画的是什么，她会说：整个世界。你问她搭的城堡谁能住进去，她会说：你们所有人。但毕竟，这样的小女孩是可爱的，也有她自己的智慧，不过，萨特还是呼唤另一种哲学家的形象：当时，面对整个法兰西民族，他召唤那个更有勇气、更能对自身的生命说"是"的哲学家。

3 "我们都相信那蜘蛛一般的心灵将事物缠入它的网中，再覆盖上一片白色的唾沫，慢慢吞掉它们，把它们化成自己的成分。……哦，饮食般的哲学（digestive philosophy）！……同化（assimilation）、统一化、同一化。即使是我们之中最单纯浅白的人，想找到一些坚固的、不完全属于心灵的东西，结果也是徒劳；他们到处碰见的都只是一片又软又得体（genteel）的雾气：他们自己。"本段引文及引文4、5、6出处同P12注释1。

4 "意识与世界是一下子同时被给予的：虽然从本质上说，世界外在于意识，但它却在本质上与意识相关。……认识就是'向外爆开'（burst toward），将自己从胃里面的潮湿状态撕裂出来，跑到那边，离开自己，向着不是自己的那边跑，在那棵树近旁，但又落在它之外，因为它从我这边溜走、把我推开；而我既不能消失在它里面，它也不能融化在我里面。我在它之外；它也在我之外。"

5 "与此同时，意识被纯化（purified）；它清澈有如一阵狂风。在它之中一无所有，除了一种逃离自身的运动、一种逾越自身的滑行；虽然不可能发生，但假如你真的'进入'了意识之中，那你也将被一阵旋风撮住，再被扔回到外面，落进树旁的厚厚尘埃之中，因为意识并没有'里面'。正是这个逾越自身的存在（this being beyond itself），这个绝对的逃离，这个对成为一种实体的拒绝，——这些造就了意识。"

6 "我们也从'内在生命'（internal life）之中挣脱出来：即便我们想如埃米尔（Amiel）那般呵护和爱抚内在的自我，或如一个孩子那般拥吻自己的肩膀，那也将是徒然的，因为最终，一切都是在外面的，一切包括我们：在外面，在世界里，在他人之中。我们无法在某处隐蔽的角落之中发现自己：是在路上、在城中、在人群里、在各种各样的物中间、在各种各样的人中间。"

第三节 自在存在与自为存在

这一节着重讲解另外一对重要概念，即自在存在和自为存在。意向性来自胡塞尔，但经过了萨特的原创性改造；自在和自为也是如此，它们明显是来自黑格尔，但也在萨特的手里焕发出一种极为独特的存在主义的含义。关于超越性，大家可以进一步参考萨特的《自我的超越性》这本小册子，当然也可以看《存在与虚无》导言的第五节"本体论的证明"。

这一节我们的讲解主要集中在《存在与虚无》导言的第六节"自在的存在"。

萨特在第六节第一段里就说了两句重要的话。第一句："*意识是存在物的'被揭示—揭示'，而存在物是在自己的存在的基础上显现在意识面前的。*"（第21页）这句话还是对第五节的本体论证明的一个重申和概括。意识自身并不"占有"存在，它必须从别的地方、不同于它自己的地方去"借取"存在的支撑。这个意思我们上一节已经说清楚了。但这个意思还同时包含着另一个指向：既然意识的存在是借来的，那么是从哪儿借来的呢？无疑是外部的对象，尤其是那些"无生命"的、"冰冷"的物的存在。既然意识本身的存在是借来的，那就说明物的存在本身是坚实的，否则它就不能作为意识的存在基础。物"拥有"自己的存在，所以它才能够把这个存在"借给"意识。这就是萨特这句话后半句的意思。

既然物拥有自己的存在，那么也就可以说它的存在是"自足"的。是不是"完满"（perfect）

暂时不讨论,但"自足"这个特征是清楚的,因为它的存在不依赖于任何别的东西,不像意识那样一定要从"别的地方"去找基础。物自己就是自己的基础,它就存在"在自身之中"(in-itself)。但问题就来了。既然物的存在是自足的,那它又有什么必要一定跟意识发生关系呢?一块石头存在"在那里"。这就是一件明显的无可置疑的事实。至于是不是有人看到这块石头,欣赏它的奇特形状,甚至把它带回去做成砚台,"物尽其用",这些对于石头本身的"存在"来说都是外在的,都属可有可无的。所以,从物的存在这一方面来看,它虽然构成了意识的存在基础,但它本身对意识并没有什么真正的需要。

但反过来说就不一样了。从意识这一方面看,它对物的存在是真的有需要,而且是有迫切的需要,甚至离开这个借来的存在基础就活不下去,一分一秒都活不下去。但它对这个借来的存在一点都不珍惜,而且是在借来的那一刻就在想着怎样抛弃它,然后将虚无化的浪潮推向下一刻。所以,意识与对象在这个存在论的关系上是不对等的:物是基础,但它并不想发生关系;意识要依赖物,但它从本性上说一点也不在乎这种依赖的关系。二者其实对于彼此都是极端"冷漠"的。这就涉及第二句重要的话了:"意识永远能够超越存在物,但不是走向它的存在,而是走向这存在的意义。"(第22页)意识的本性就是超越性,这个大家懂了。但为什么它从来就不珍惜它借来的"那个"存在呢?

首先,因为一旦它开始珍惜这个存在了,它就同时丧失自我了。其次,它真正要珍惜的不是那个跟它自己没有任何关系的物,而恰恰是它自己。它自己是什么呢?虚无。那为什么要珍惜虚无,珍惜这个"什么都不是"呢?那正是因为在这个不断的虚无化的超越运动之中,它才真正展现出存在的"意义"。意义,正是意识和对象之间的扭结点。这里我们就直面"生之意义"这个根本问题。活着有什么"意义"?加缪认为根本没有,是因为他要去对抗各种各样压在人头上的沉重的价值,无论是宗教、科学,还是政治和伦理。但萨特之所以说生命有意义,是因为意义就是意识向着世界的不断超越的运动,就是意识和对象不断缠结在一起的密切关联。所以对于萨特,一方面,这个意义不是现成的,因为它的基础是不断进行、难以终结的意识的虚无化;另一方面,这个意义也并不仅仅是"主观"的,不是单纯你赋予这个世界的,也不是你想怎么赋予就怎么赋予,而是一定要在跟这个世界缠在一起的过程之中才能真正地实现和展现出来。

这样就能进入第六节的核心部分了,即自在和自为的关系。简单地说,自在就是上面说的那个冷漠的、冷冰冰的物的存在;而自为就是那个一秒钟都安分不下来,总是要缠着物去"讨"意义的意识的存在。这两个词的法文形式就很说明问题,"自在存在"就是"L'être en soi",英文对应"being in itself"。这里关键的就是"in"这个介词,"在自身之中",独立自足。反过来说,自为存在就是"L'être-pou-soi",英译就是"being-for-itself"。这里的介词是"for",更强调意识是"为了"它自身的存在去不断地超越,不断地缠着物去借存在,去讨意义。

你应该注意到了,这两个法文词的形式虽然是对称的,但有一个关键的差别,就是"自在存在"里是没有连字符的。虽然后面正文里萨特有时也加了连字符,但在标题里面是没有的。这是有深意的。至少说明一点,就是"in"这个关系,从某种意义上说是可以跟自在存在本身"分离"开的,但"for"这个关系就不行,就是要紧紧地跟自为存在连在一起。自在存在有三句话:"存在是自在的""存在是其所是""自在的存在存在"。与之完美对称的是关于自为存在的三句话:"存在是自为的""自为的存在不是其所是""自为的存在'不存在'"(虚无化)。

关于自在存在,萨特说:*"但是存在并不是与自己的关系,它就是它自己。它是不能自己实现的内在性,是不能肯定自己的肯定,不活动的能动性,因为它是自身充实的。"*(第24页)不说出处,你可能以为自己错拿了黑格尔的《小逻辑》。但你一定要注意,萨特根本不是在辩证法的意义上讨论自在和自为的关系的。他根本不在乎"既是……又是……"这个经典的辩证法套路，也根本没有什么"一分为二"的想法。他在这里始终要突出的就是"不""不能"这个否定的部分。辩证法，就是否定之否定，就是否定完了之后再圆回去。但萨特是硬核的存在主义者，人家根本不想圆回去，人家就想把这个"不"贯彻到底。

那么，这句子里面的"不能"到底表达了什么意思呢？简单一句话，就是"自在没有关系"，无论是跟别的东西的关系，还是跟自身的关系，它都没有。"它就是它自己"，它自我依赖，独立自足，根本不需要别的什么来"支撑"它的存在。

所以萨特在这里不断地说"不"，那真的是没有办法的办法。因为语言也好，概念也好，其实都是人的发明，都是意识用来进行虚无化的工具而已。当我们说自在存在"怎样怎样"的时候，它根本不在乎，而且是完全拒斥的。人发明语言，是为了把自在存在"揭示"出来，"展现"出来，但他之所以这么折腾造作，其实完全是为了他自己。他给物命名，他给世界赋形，他写出一篇篇的小说、诗歌和哲学论文，这些都是为了死命地缠住外部的世界，以便从那里借来一点点微薄的"意义"来支撑自己。但这个意义跟物又有什么关系呢？物，自在存在，从根本上拒斥所有这些意义，而且一次次把人赋予它的意义"关在门外"。其实用"门外"这个词同样也是错的，因为自在存在既没有外，也没有内，它就是它，它就在那里。

所以对于自在存在，意识只能一遍遍地说"是"。这是因为，它除了说"是"其实什么也说不出来，因为物全然拒斥它给出的任何描述、界定和法则；这更是为了更好地说"不"，因为在一遍遍地说物"不是"这样、"不是"那样的过程中，它才真正领悟了自身生命的"意义"。意义，绝不是给出一个精确完备的界定，一个清晰完整的描述，一个系统总体的概括。意义的根源，恰恰就在于那永远抵抗着意义的物那里。自在存在，就是让你一次次碰壁，从而一遍遍地说"不"的冷冰自足的存在。

所以萨特在这一段里一连拒斥了三种意识"赋予"物的关系，然后总结说：自在存在既不是内在，也不是外在；既不是主动，也不是被动；既不是肯定，也不是否定。因为像这样一对对的范畴，首先都是人发明出来描述、理解世界的。但世界本身是不可描述的，是无法理解的。但正是这个抗拒描述和理解的自在存在，是你所有的描述和理解活动的根本前提。世界本没有意义，也不需要意义，甚至压根儿跟意义没半毛钱关系。意义，只是意识自己给自己的借口。但这个借口是如此关键，如此不可或缺，甚至离开了它就根本活不下去。所以萨特说："*自在没有奥秘，它是实心的。……存在在其存在中是孤立的，而它与异于它的东西没有任何联系。*"（第25页）

因此，"生之意义"这个问题要进行两重根本性的逆转：首先，根本没有终极的意义，因为所有的意义都是暂时的借口，所以你必须不断地编下去；其次，意义从来不在、绝对不在自在那一边，而只在意识这一边，因为真正的意义就是当你终于明白了这个世界本来没有任何意义，而你就是要在这个全无意义的世界之中去一次次地杜撰、编造。在无意义的世界中创造意义，这是存在主义的俗套，但你别忘了，没有人比萨特更清楚深刻地解释了这背后的哲学根据。这个根据，恰恰是自在和自为之间的本体论关系。所以读哲学，记得几个词、几个结论是根本没有意义的。关键是要把背后的论证融入生命之中，那才是实实在在的动力，那才是明明白白的"理由"，即便这个理由或许只是活下去的"借口"。

自在和自为的关系，后面又引向了这一节的两个推论，初看起来很让人诧异。一个是自在存在的"偶然性"，另一个是自在存在的"多余性"（de trop）。说自在存在是偶然的，也包含着两层意思。*首先，它之所以是偶然的，是因为我们没办法给它提供任何"充足理由"*。这张桌子怎么就在"这里"？为什么此时此刻在我面前的这张纸偏偏就"是"白色的？科学家从因果性上解释，神学家搬出上帝来解释，哲学家祭出种种基本原理来说明，但所有这些大话空话在区区一张桌子面前都显得如此苍白甚至荒谬。我还记得波兰女诗人辛波斯卡写过一首很深奥的诗《和石头交谈》，她缠着石头，让它放她进去，但石头最后只说了一句"我没有门"。是啊，所有的哲学、文学、宗教、科学，最后无非只是证明了意识的那种"不得其门而入"的绝望吧？

其次，其实说物是"偶然的"也不太恰当，因为在哲学里，"偶然/必然"还是一对始终连在一起的范畴。你说物是偶然的？那就是说它不能用现有的必然性的规律和法则来解释，但这样一来，不又把物拉进你的概念的蜘蛛网里去了吗？所以你读《存在与虚无》就会有这样的感觉，就是萨特一直在那里很纠结很沮丧地说：这个词是不准确的，这个说法是不充分的，但他没有办法，因为他只能用人发明的语词去描述那些不可描述的自在存在。所以，当你张口言说物的时候，其实早已经注定了失败的命运。但整部《存在与虚无》正是在这一次次失败和否定的节奏间去推进的。

也正是在这个意义上，萨特才最后说自在存在是"多余"的。"de trop"这个说法很妙，大概有一正一反的两个含义。从反面上来说，"自在的存在是非创造的，它没有存在的理由，它与别的存在没有任何关系，它永远是多余的"。看起来它跟人之间没有任何的关系，无论是必然的关系，还是偶然的关系，它在那里，好像就是孤零零"多出来"的"那个"。但从正面上说，正是这个多余的存在一次次地挑战着自满的人类意识，逼迫意识一次次地回归到自身的虚无化的本性。

也许当辛波斯卡再度叩问石头的时候，她会听到哲学家石头回答她说：空幻一场的生命，反倒有最充实的意义。所以，请叩问下去，我本"无门可入"。

第四节 「存在先于本质」

这一节我们进入《存在主义是一种人道主义》这篇讲演的正文，主要讲前半部分，大概是两个主题。一、是当时的文化界和法国民众对存在主义的误解；二、当然是萨特自己的辩护，主要有两点，一个是"主观性"原理，一个是"责任"和义务的学说。我们先讲主观性原理，也就是"存在先于本质"这个响当当的命题。

即便你没有读过《存在与虚无》和《恶心》，但就从你了解的萨特存在主义的只言片语来看，其实很容易理解一个事实：萨特的这一套学说在当时肯定会遭遇很多质疑、误解和中伤，这首先当然是因为意识的虚无化，自在-自为等概念实在是太惊世骇俗了。但那些质疑者真的看懂了《存在与虚无》吗？没错，意识的虚无化是挺极端的一种立场，但这背后可是对胡塞尔现象学的一种非常细致而又扎实的"重新"解读啊。

萨特在讲演里面就明确指出，作为一套艰深的哲学理论，存在主义"完全是专业人员和哲学家们提出的"，"尽管如此，它还是很容易讲清楚"。所以我们就结合这篇"很清楚"但又不失深刻的讲演来展现一下存在主义的行动力量。有一些同学看哲学书，是纯粹出于求知的目的，但不可否认，还有一些同学是想从哲学里面获得切实的行动的指引，这样的指引力量，在萨特这里确实是很明显、很直接，甚至是很有效的。

好，先说第一个主题，就是动机。为什么要

做这样一篇很大众、很"通俗"的讲演呢？我要是萨特，可能会耍耍小脾气说，那么厚一本《存在与虚无》我都写出来了，还用解释什么？你们好好"拜读"不就行了？但这个态度是不对的，这不仅是出于"责任"，还因为再不出来辩护两句就真压不住了。因为当时的误解实在是甚嚣尘上。看一下讲演的前面几段，对萨特的攻击主要集中在两个方面。

首先，是说他的存在主义太过于强调"主观性"，而且不是一般的强调，简直是把自我和个体凌驾于社会和整个世界之上。意识是虚无化的，那不就是说，意识从根源之处是无所限制的、绝对的、无限的力量，无论外部世界怎样残酷，无论身陷怎样的穷途末路之中，人都还是有自由的，而且是有"绝对的"自由，因为意识总能超越出去，总能凭借虚无化这个根本动力将所有实实在在的限制和束缚化为乌有。

每个意识都是一股纯化而超越之流，那么这些意识流撞到一起以后会发生什么呢？它们能相安无事地汇成一条大河，然后再一致地奔向大海吗？还是说，更可能的结果是，这些意识之流彼此不停地对撞、冲突，都想把对方作为自己虚无化的工具，都想"超越"了对方然后奔向自己的未来，最后变成一团无组织、无秩序、无目的无方向的湍流，彼此耗尽了虚无化的生命力？所以即便不做进一步的解释，你也能明白为什么萨特要说"他人是地狱"了吧？

第二个质疑表面上很温和，但其实更有针对性。也就是说存在主义过于"强调了人类处境的阴暗一面"（第4页），在光明和黑暗、善良与邪恶、天使和魔鬼之间，存在主义好像不知怎么地就滑向了后面这一极。痛苦，孤独，焦虑，彷徨，恶心，绝望……翻开存在主义的小说和文学，简直就是一部人类"负面情绪"的百科全书。但现实真的如此灰暗吗？人类真的已然生活在地狱之中吗？这帮存在主义者难道不是想通过贩卖负面情绪来博取大众的关注度？从这个角度进行批判的人，大多是那些传统的神圣、高远、美好的价值的卫道士，他们把萨特当成了尼采那样的"虚无主义者"——美其名曰"重估一切价值",但其实是用锤子残忍地砸碎了人间一切美好的、永恒的东西。

那么,萨特是如何对这两个质疑进行有力回应的呢?

针对第一个质疑,萨特给出了一个直截了当的回应:你们都误解了我说的"主观性",这个主观性不是笛卡尔的"我思",更不是"自我中心",而其实可以概括为一个很强的命题,那就是"存在先于本质"。

萨特采取的是归谬法,也就是先从这个命题的反题入手:本质先于存在。你会发现,其实"本质先于存在"反倒是一个更容易理解的普遍的哲学原理。无论是物,是神,还是人,其实都是本质先于存在吧。就说物,随便什么东西都行,它到底是怎样来到世界之上的呢?一张桌子,一把椅子,它不是凭空就降临的吧?肯定是根据一个先在的模型造出来的。这个模型就是它的本质。这个意思,柏拉图说得已经很清楚了。

但你还会反驳说,世界上的东西并不都是被制造出来的,比如那些自然物,山山水水就不是"人造"的。但这根本驳不倒"本质先于存在"这个命题。山山水水虽然不是"人造"的,但也注定是"神造"的,而神在造物之前肯定是清清楚楚地想好了要怎么去造。所以,对于那些非人造的自然物,也同样是"本质先于存在"。

但那些无神论者又会跳出来了:你说神造,这本来就是你们这些信徒的一厢情愿,要是这个世界上本就没有上帝呢?不过这也还是构不成对本质主义的致命反驳。因为就算"神性"不能作为终极的本质,"人性"(humanity)也可以。世界不是神造的,但它必须是向人呈现的,是与人相关的,"人是万物的尺度"。那么,人又是什么呢?必定有一个普遍的本质预先设定了"人之为人"的根本属性,比如"人是有理性的动物",比如"人人生而平等自由",比如"人之初,性本善",等等。

这样一来,要想最终破除"本质先于存在"这个迷思,就必须先从对"人性"的批判入手。不得不说，就是这个地方展现出萨特作为一个哲学家的真知灼见和强大勇气，能够直面大众的"意见"（opinion）而捍卫"真理"（truth）——这恰恰是苏格拉底的教诲。萨特对人性的批判可以归结为一个要点，那就是："人性"并不能等同于人的"存在"，恰恰相反，人性是从人的存在中衍生出来的，人总是先存在，再赋予自身"本质"。你如果上来就先从对人性的"本质"界定入手，这不仅是本末倒置，更会滑向一个非常危险的恶果：那就是用"人性"来遮蔽甚至压制人的存在。"首先有人，人碰上自己，在世界上涌现出来——然后才给自己下定义。"（第8页）那么，如果你反过来先下定义，你就把人降为那些"本质先于存在"的东西，那些"被制造"出来的东西。但人不是"被制造"出来的东西，人是最主动、最原初的"创造者"。

萨特接下去给出了四个论证。

第一个论证，是说"存在先于本质"这个主观性原理更能高扬人的"尊严"。别以为祭出"人性"这样的字眼就能连蒙带唬地吓死别人，也千万别以为，每当你陷入僵局之际，好像搬出"人性"这个万金油就能化解一切争端。你真的应该跟着萨特好好反省一下："人性"这样的"本质先于存在"的思路到底是高扬了还是贬低了人的存在的"尊严"？如果人真的是本质先于存在的话，那么他跟桌子椅子、花花草草、阿猫阿狗又有什么区别？你把人的存在降到了跟物一个层次，还说高扬人的尊严，这不是自欺欺人吗？

第二个论证更推进一步，"存在先于本质"之所以更能高扬人的尊严，恰恰是因为它充分肯定了人的存在的一个根本维度，那就是朝向未来的时间性："人在谈得上别的一切之前，首先是一个把自己推向未来的东西。"这个意思，在海德格尔的《存在与时间》里说得已经很透彻了，这里就不多提了。你看萨特在这里也确实提到了"筹划"这样非常海德格尔的说法。

第三个论证稍微复杂一点，涉及哲学史的一个关键背景，那就是理性

与意志的关系。在柏拉图那里,意志是理性的附属和"盟友";到了奥古斯丁,意志变成人类堕落作恶的一个重要动因;而到了近代的理性时代,意志则成为确证主体性的根本力量。

萨特之所以提到意志,也正是想从这个角度再度批判"本质先于存在"。本质先于存在,从某种意义上也就可以理解成"理性优先于意志"。人是依靠理性这个至高无上的力量设定人的普遍本质——"人性"的,然后再凭借意志这个得力助手把本质落实于行动和现实之中。因此,当我们转向"存在先于本质"这个立场的时候,理性与意志的等级关系也就发生了变化,意志才是根本的、在先的动力,而理性成为附属的工具和派生的结果。当然,这种逆转在叔本华和尼采那里已经很明显了,所以我们常常把唯意志论当成存在主义的先驱,这是有道理的。只不过别忘了,萨特并不是仅仅重复叔本华和尼采的说法,他对意志的重新解释源自意识的超越性这个关键概念。

第四个论证是最为根本的,因为直接针对了萨特存在主义的根本症结,也就是自我与他人之间的关系,或者说不同的意识流之间的协同关系。从意识的虚无化的特征出发,到底怎样真正建立起人与人之间的平等开放的关系呢?要点就是这里说的"责任"。"如果存在真是先于本质的话,人就要对自己是怎样的人负责。"(第8页)

所以你看到了,从意志这一点上看,萨特跟康德正相反;但从责任这一点上看,萨特又与康德极为相似,他紧接着就说了这样一段话:"人为自己做出选择时,也为所有的人做出选择。……没有一个行动不是同时在创造一个他为自己应当如此的人的形象。……我们的选择总是更好的,而且对我们说来,如果不是对大家都是更好的,那还有什么是更好的呢?"(第9页)

这三句话层层推进。第一句说人是自由的,是绝对自由的,所以你的存在先于本质,你可以自由地选择成为什么样的人,没有什么先在的本质能够限制和束缚你的自由选择。第二句马上说，选择是自由的，但这个自由的选择不是在真空里做出来的，而是首先注定在一个现实的世界之中做出的，你的每一个选择都是朝向世界的超越，都要面对他人的目光。所以，第三句接着说，自由的选择必然连带着对世界和他人的责任。但这个责任的起点却完全不是康德意义上的绝对律令，而是一个非常具体、非常个人化的行动，但我就想把这个非常个人化的选择和行动推广到整个世界，作为"典范性"的"形象"：这就是我，我想要成为这样，我希望你们也像我一样。

第五节 『人是人的未来』

我们继续结合文本讨论三个主题。首先是存在主义的三种基本情绪：痛苦、被抛和绝望；其次是给出存在主义哲学的三个基本特征：行动、乐观、处境。最后则是萨特对他所谓"人道主义"的恰切含义的解释。

先说这三种情绪，前面两种其实都是海德格尔的，对应其"烦"和"被抛"，中文译法可能有一点问题，尤其是"被抛"译成"放任"，那肯定是不对的，意思搞反了。但第一个译成"痛苦"，我觉得大致可以。海德格尔说的两种"烦"，分别是"烦心"和"烦神"，不只是烦的对象不同（分别是物和人），而且烦的体验和样态也很不一样。

萨特的"痛苦"跟海德格尔的"烦"确实有相似之处，因为都明显涉及自我与他人之间的纠结关系，但萨特至少在一个关键点上是非常不一样的，那就是他所说的痛苦是来自选择及其连带的责任，因此在他这里，痛苦并不是一种消极被动的"承受"，也不是无所领悟的"沉沦"，而更是以这种极端强烈的体验来唤醒自我、激活自我。一句话，这样的痛苦，是"我"主动去承担的，*"它是一种很单纯的痛苦，是所有那些承担过责任的人全都熟悉的那种痛苦"*。（第11页）

米兰·昆德拉有一本很有名的小说《生命中不能承受之轻》，萨特的这个"痛苦"恰恰可以说是"生命中不能承受之重"。你会说，这么转换一下没什么意思，因为说"轻"，这里面还有一种出其不意的逆转的诗意："轻"的东西怎么就"不能承受"了呢？但"重"的东西本来就是"不能承受"的吧，这么重复一下又有什么意思呢？其实还是有一层深意的，那就是萨特恰恰要用"重"这样的痛苦体验来批判以往对自由的两种成见。

一种成见是日常的，很多人想当然地认为，自由就是"随心所欲"，想干什么就干什么，由着自己的性子来。你要是不让我乱来，那你就是"干涉"了我的自由。这个观点当然是萨特所反对的，他会说，自由从源头、从起点上来说肯定是"随心所欲"的，因为它是绝对的，是无条件的，是无所依傍、无所束缚的。一句话，从本源上来说，人"注定"自由，"不得不"自由。但一旦这个自由发动出来，落实在具体的情境和处境之中，那就一定要相关于物和人，这也是意识的超越性和意向性的基本原理。所以，自由确实可以说是"随心所欲"地"承担起责任"。这也是"重"的第一层含义，就是你每一次随心所欲的虚无化的超越，其实都已经在双翼之上压上了他人和世界的重重的分量。

另一种成见更哲学一些，就是把自由当成理想，当成法则。典型代表当然是康德。这种观点当然也是萨特不太认同的。理想，很多时候也会蜕变成谎言、束缚和借口。为了不让理想发生这样的"变质"，我们同样需要给它一个应有的重力，不再让它仅仅漂浮在"云端"，而是实实在在地落实在大地之上，展现在情境之中，实现于每一次具体的行动和选择之中。大家读康德都会有这样的印象，就是绝对律令绝对是令人敬畏的，但究竟怎么把它落实于具体的道德行动之中呢？克尔凯郭尔就此嘲弄康德，然后转向信仰的跳跃；但萨特跟这两位先哲都不一样，在很大程度上他的自由选择是拒绝跳跃的，甚至根本抗拒那种轻飘飘的跳跃，而是自始至终坚守在大地上，带着沉重的责任一步步前行。

萨特形容意识"清澈有如一阵疾风"，你也许会把意识看成一种曼妙飞舞的东西。但萨特的意识，最恰当的比喻就是暗夜中的孤独旅人，周围是伸手不见五指的漆黑的夜，没有灯塔指引，也看不到远方茅屋的温暖光线，但又不可能停下来，就只能是艰难地、沉重地一点点摸索着向前。所以，"痛苦"这种不能承受之重有两种含义，一是来自责任，二是来自行动。

萨特在后面说了两句话来阐明这个主旨。第一句，他首先援引了一句古谚："从事一项工作但不必存什么希望。"（第18页）看起来好像就是"不抱希望地活着"这个加缪式的命题，甚至还有几分"谋事在人，成事在天"的宿命论的意味。但萨特的意思其实并非如此：*我只知道凡是我力所能及的，我都去做；除此以外，什么都没有把握。*（第18页）这就很清楚：意识即便是一阵风，它的力量和范围也是非常有限的，甚至可以说是处处碰壁，由此再一点点地调整自己，艰难地推进下去。世界，本就是一片荆棘之地，你的自由注定是一场伤痕累累的历程。这也就可以理解他的第二句话了，"我们不相信进步。……选择始终只是针对形势做的选择"。（第26页）说得通俗一点，自由选择就是"走一步看一步"。但这不是鼠目寸光，而是脚踏实地，因为你每一步都自由了，你的生命自然也就自由了。否则，你就只是盯着远在天边的自由理想，却总是找不到每一步前进的真正动力。*"离开爱的行动是没有爱的。"*（第19页）萨特这句话说得精彩。很多人都把时间、精力放在探讨爱的意义，解说爱的原理，甚至向往爱的真谛，但又有多少人真正懂得如何真实地从身边的一个人、一件事"爱"起，把爱当作"一步"去走，把爱当作"下一步"去迈进？这里其实已经涉及萨特所说的第三种情绪，也就是绝望。

第二种情绪"被抛"其实没什么可多说了，因为大致都是《存在与时间》里面的含义。借用萨特的概括，*所谓"被抛"也就是说对于我们每一个人，"无论在自己的内心里或者在自身之外，都找不到可以依靠的东西"*（第12页）。既然如此，那就只能依靠你自己来承担起生存的重量。所以他援引了诗人蓬热（Ponge）的名句："人是人的未来。"（第13页）这句话有两层含义：一方面，人的存在从根本上说不是过去，不是当下，而是未来，是超越性，是可能性；另一方面，人的未来又来自哪里呢？并不来自科学的规律、历史的法则、上帝的旨意，正相反，人的未来只在人自己手中，人只能、注定要、不得不亲手去创造自己的未来，没有任何别的人或物足以为此种创造提供理由和借口。

这里不妨探讨一下萨特的那个非常有名的关于自由选择和承担责任的案例，转译成中国文化里的一个相应的难题，就是"忠孝不能两全"。那个年轻人面临的恰恰是这样一个两难：到底是保家卫国，抗击纳粹；还是尽儿子的义务，守护在母亲身边？

有人会对这个例子觉得困惑，这有什么难选择的呢？从道德的角度来看，尽孝的对象是一个人，是家人，而尽忠的对象则是所有人，是整个国家，那么，"国"当然高于、大于"家"，这不仅是一个数量的问题，而且更是程度和境界的问题。道德的使命，往往就是你要求我们牺牲小我，成就大我嘛。

有人可能不赞同这样的观点，认为片面地以抽象的法则或者功利的算计来考虑是太"不近人情"了。我们在做道德选择的时候，法则是重要的，但往往情感更起到主导的作用。说得直白一点，当你看到孺子入井的时候，并没有在心里先查一下《道德手册》再行动，而是出于强烈的同情心就直接冲过去行动了。反过来说也一样，为什么会有"见死不救"这样的情况发生？为什么你明知道"应该"去救人，但就是没有行动呢？那也是因为在那一刻，有一种强烈的畏惧或者犹豫的情感阻挠了你践行道德的法则。

但萨特所强调的既不是法则，也不是情感，而是"意志"。法则太过抽象，情感又真伪难分，那么真正引导一个人做出自由选择的动力到底是什么呢？面对深陷困惑和迷惘中的年轻人，萨特说他"只有一个回答。你是自由的，所以你选择吧——这就是说，去发明吧"（第16页）。这句看起来是废话，但结合存在主义原理，里面的深刻含义就显现出来了。为什么你面对"忠孝难两全"的道德悖论会觉得无所适从，那正是因为你没有意识到正是你自己应该去"发明"你自己的未来。你在"忠"和"孝"这两套道德法则之间摇摆不定，那是因为这两套体系都有着自圆其说的原理和论证。你听任自己的道德情感去发动，但它到底什么时候发动，如何发动，你都是模模糊糊的。一句话，无论是遵循法则还是听任情感，你都忽略了一个根本的事实、一个绝对的起点：你是"被抛"的，因此你的生存是没有先在和外在的"原因""理由"和"借口"的。你活着，你在一个世界之中活着，你跟身边所有的人一起活着，这就是绝对的起点，没人能替你活，没人能不让你活，没人能骗你不活，在这个起点上，你就是绝对自由的，然后你再艰难地迈出第一步、下一步、每一步。这就是"生"的真谛。所以当萨特说"你是自由的，你选择吧"，这就是说，"我们只能把自己所有的依靠限制在自己意志的范围之内，或者在我们的行为行得通的许多可能性之内"（第17页）。这才是存在主义的希望原理。

希望不是延迟和推脱行动的借口，因为你不得不行动，不得不选择，因为你已经活着了，已经来到这个世界了，你没办法否定这个事实。"在某种意义上，选择是可能的，但是不选择却是不可能的，……如果我不选择，那也仍旧是一种选择。"（第24页）

希望也不是远在天边的理想，因为如果它不能给你的每一步行动带来实实在在的动力，那它充其量就只是空话、套话和废话。"如果你愿意的话，我们每个人通过呼吸、吃喝、睡觉或者用随便什么方式行动，都在创造绝对，在自由存在（free being）。"（第23页）

所以萨特后面援引了笛卡尔的一句话："征服你自己，而不要征服世界。"（第17页）但其实更恰当的说法或许是：*先征服自己，再承担起世界。*这样看起来，就可以非常有力地回应对存在主义的两种主要质疑：一是认为它没有行动力；二是认为它太过灰暗绝望。

萨特就此说了一段总结的话："它（存在主义）不能被视为一种无作为论的哲学，因为它是用行动说明人的性质的；它也不是一种对人类的悲观主义描绘，因为它把人类命运交在他自己手里，所以没有一种学说比它更乐观了。"（第20—21页）

最后可以呼应一下主题，澄清萨特在这里说的"人道主义"到底是什么意思。这也是整篇讲演的最后总结。萨特之所以要做这样一个面对大众的讲演，最主要的目的正是消除那个致命的批判，即认为存在主义没办法真正将人和人凝聚在一起。所以萨特在解释完希望、行动和乐观主义这些基本原理之后，最后肯定要回归"人类共同体"这个主题。他的人道主义就是在这个意义上说的。存在主义为什么是一种人道主义？不仅仅是因为它关心人的存在，高扬人的存在，甚至为人的存在给出了一个相当高深的哲学论证。这些都是存在主义的功绩，但还不是最重要的功绩。

萨特由此区分了两种对人道主义的不同理解。第一种是很常见的那种见解，就是"人是万物之灵""人是万物的尺度"，一句话，"主张人本身就是目的而且是最高价值"。这样一种人道主义在人类历史上有着源远流长的传统。虽然人类经历了崇拜自然、崇拜神明的阶段，但进入近代之后，几乎都不约而同地将人当作存在秩序的顶点，将人视作自然和世界立法的最高力量。今天无论是国家体制，还是国际关系，几乎都是以这样一种人道主义为基本信条的。那么，它到底有什么问题呢？

在萨特看来大致会滑向三个不那么好的结果。第一个是人类中心主义。既然人是万物之灵，那就意味着要将人之外的存在物都贬低为人的附庸和傀儡。第二个是总体主义，也就是预设了一个普遍的"人性"，由此扼杀了人的开放的可能性，毕竟，人是"存在先于本质"。第三，可能导向专制独裁，因为人的存在本身就是变化的、多元的、开放的，而当你用一个总体的本质来"盖棺论定"之时，势必会人为制造出等级之分、贵贱之别，甚至种种歧视（性别、种族歧视）。

与此针锋相对，萨特所说的存在主义的人道主义有两个鲜明特征，一是*主观性*，二是*超越性*，而且*这两点必须联结在一起*。主观性是说，人确实是中心，是起源，是起点，因为每个人都必须首先直面、承担起自己的存在，是你自己在行动，在选择，在发明。你怎样行动，也就把你造就成什么样的人。

但这个主观性又必须关联于超越性这个重要环节，因为"人不能返求诸己，而必须始终在自身之外寻求一个解放（自己）的或者体现某种特殊（理想）的目标，人才能体现自己真正是人"，也即，你只有暂时抓住一个自在存在才能实现超越，你只有在他人的目光之下才能选择，你只有一次次碰壁、一次次失败才能明白自己的目标到底是什么。

这很沉重，这很痛苦，这很让人绝望。但这就是"生"的全部意义，这就是存在主义的人道主义。

第二章

爱

圣·奥勒留·奥古斯丁（354—430）

推荐图书

《忏悔录》
[古罗马]奥古斯丁 著，周士良 译，商务印书馆，1963年。

第一节 情爱、友爱与圣爱

英国民谣大师斯汀（Sting）有一首大家耳熟能详的曲子 *If I Ever Lose My Faith In You*，里面大致唱道：我可以对科学和进步失去信念，我可以对神圣的上帝失去信念，甚至我连人生的方向都辨认不清了，但真正支撑我走下去的还有一个力量，那就是对你的信念，那种爱的信念。

斯汀这首歌恰好让我们回顾一个知识点，那就是笛卡尔的普遍怀疑。普遍怀疑有三个基本步骤，分别抽掉了人生的三大基本信念：感觉世界的真实、知识对象的真实和上帝本身的真实。最后一步怀疑是最坏的，因为它设想出来一个无限强大同时又无限邪恶的神明。你也知道笛卡尔是怎么从这个终极怀疑里面出来的，第一步正是找到"我在"这个不可怀疑的基石[1]。但结合爱的主题，我们觉得原本可以有一个更强大的信念来对抗笛卡尔的普遍怀疑，那不就是爱这个终极信念？为什么上帝不可能是邪恶的，因为我们"爱"上帝，爱支撑着我们活下去，即便它可能原来就是邪恶的，即使这场生命原本就是荒诞的，即使这个世界原本就是罪恶深重的，但我们仍然爱着上帝，爱着生命，爱着世界。爱，难道不正是这样一个不容置疑而又无比强大的信念？面对笛卡尔，我们似乎可以说上一句，"我爱故我在"，它好像比"我思故我在"更能作为不可

---

[1] "因此，如果他骗我，那么毫无疑问我是存在的；而且他想怎么骗我就怎么骗我，只要我想到我是一个什么东西，他就总不会使我成为什么都不是。"（《第一哲学沉思集》，第23页）

怀疑的真正起点!

但正是这样一个终极的信念,一个被一代代的诗人赞颂的信念,在我们这个时代却仿佛越来越脆弱、越来越淡漠,甚至越来越扭曲。脆弱成一种借口,淡漠成一种俗套,扭曲成一种荒诞的现实。这一部分主要跟大家聊聊现实和哲学史背景,交代一下奥古斯丁及其名作《忏悔录》的基本内容。

在进入正题之前,还是先说两点。一是,我们在这一节里处理的并非仅仅是爱情(amour)或情爱(eros),而是更广泛、更复杂的爱的现象。很多人期待这一主题,但可能会有些失望了,因为你在这里无法得到关于爱情的具体指导。一句话,我们讲的是爱的哲思,而不是爱情心理学。二是,我们选的文本《忏悔录》看起来也跟爱情没有直接的关系。为什么要选这本,而不选那些"更有爱"的著作呢?原因有很多,但直接说起来就是一个,在我看来,奥古斯丁这本书在哲学史上首次集中、全面地处理了爱这个问题,并且将爱的不同形态完美地综合在了一起。

大家可能知道,西方哲学史上第一部深刻思索爱的问题的哲学著作应当是柏拉图的《会饮篇》,它虽然涉及了情爱和友爱,不过最终还是复归于智慧之爱和哲学之爱。[2] 所有哲学的入门书都会在一开始就告诉你,哲学就是philo-sophia,也就是"爱智慧""追求智慧"。看起来哲学和爱之间似乎有着密切的、本质的联系。那么,是不是可以把"爱智慧"就当成是爱的最高形态,甚至可以凌驾于各种爱之上,为我们这个时代的爱的困惑提供一个有效的解药呢?我的回答是"否"。

讨论爱这个主题为什么要选奥古斯丁的《忏悔录》?因为这本书绝对是哲学史上最充满"爱意"的著作。这种气质在一般的哲学书里确实是很罕见的。翻开《忏悔录》,真的是三步一叩首,五步一赞颂,对上帝的那种虔诚与爱几乎渗透在每一个句子里,甚至每一个语词之中。但你会说,这仅仅是对上帝之爱,是神圣之爱,这样一种爱是否具有普遍性呢?能够

---

2 "那么,有爱情的人在追求善物的时候必须追求不朽。从我们的论证中可以推论,爱必定企盼不朽。"(《柏拉图全集》增订版,上卷,第739页)

用来解释日常生活里的各种爱的现象吗？尤其是，能够用来引导那些没有信仰但仍然极度渴望爱的平凡的人们吗？我认为是可以的。而且我希望，在通读完这本书之后，大家也能够得出跟我相似的结论。没错，奥古斯丁所抒发的、所赞颂的肯定是对上帝之爱，但我们也可以换一个角度，不单纯从神学和宗教信仰的角度来看，而是从这种爱的体验的形态上来看，那你会发现，它有一个鲜明的特征，那就是*"由内在而实现超越"*。正是这样一种内在超越，能够将不同形式的爱融合在一起，让我们这个时代走出分崩离析的困境，消融人和人之间的冷冰冰的距离，真正将爱作为理念（idea）、理想（ideal）和理解（sympathy）带回到人间，真正将爱作为一种"疗愈世界"（Heal the World，它也是迈克尔·杰克逊1991年金曲的名字）的力量。

如果用一句话来概括我们现在这个世界的爱的状况，那就是：*爱无处不在，但又极度匮乏*。爱无处不在，甚至可以说爱在我们身边已经有种泛滥成灾的趋势了。不说别的，就说以往那些尤其跟爱有关的语言、仪式、符号、举止等等，今天都已经变成随手可得，甚至随手就"发"的表情包。我们似乎已经全面进入了一个充满着爱、爱无处不在的世界。但是充满的是什么爱呢？是商品化的爱，是程式化的爱，是符号化的爱，甚至可以说是百无聊赖的爱。

但反过来说，这又是一个爱极度匮乏的世界。而且更令人焦虑不安的是，这种匮乏尤其集中体现在一个很严重的现象上，那就是大家越来越缺乏爱的能力和渴望，甚至越来越不把爱当作人生中不可或缺的要素。很多心理学和社会学的研究资料用数据统计的方式指出了爱的缺失如何成为年轻人的普遍症状。尤其是现在的年轻人很普遍地对"亲密关系"有一种厌倦、拒斥甚至恐惧。为什么？因为爱需要你冒险，需要你奉献，需要你牺牲，这些真的是太累了。工作已经很累了，日夜的奔波已经很烦了，就别再给自己套上一层爱的枷锁了吧？

但为什么对于很多人来说，爱就是沉重的包袱乃至枷锁呢？一方面是因为现在的人越来越孤独，他们不想、也不会真正向别人敞开心扉。另一方面，现在的人越来越无聊，他们能够承受的最大限度的精神强度就是刷屏和刷抖音，而爱这么强烈的精神体验，甚至强烈到让人神魂颠倒、不能自已，这个是很多人根本无法承受的，甚至避之唯恐不及的。

无处不在，但又极度匮乏。这就是这个时代的爱的典型症状。那么，如何回应呢？肯定有不同的方式，比如艺术和心理治疗就是两种常见的途径。我们在这个主题里要围绕爱的哲学来进行一点反思。爱的哲学，跟所有其他哲学一样，一开始当然就要问一个非常哲学的问题："爱是什么？"如果这个终极的问题太难，那么还可以问一个简单点儿的问题，"爱有几种？"对这个问题，法国当代哲学家吕克·费里（Luc Ferry）在其著作《论爱》(*De L'amour*) 里面给出了极为明确的回答，那就是eros、philia和agape这三个希腊词[3]。我分别译成情爱、友爱和圣爱。只能说大致是准确的。当然，最准确的方式还是就用这三个词的原型。尤其要注意的是，费里把圣爱放在了最后，这显然是有深意的。

首先，什么是情爱（eros）呢？"基本上总是与战胜和满足（快感）相关。"（第47页）一句话，情爱的基本逻辑就是欲望的逻辑。因此，情爱，说到底就是"爱欲"。这个其实是我们身上最基本、最普遍的一种爱的形式。虽然它的表现形式千差万别，但基本的逻辑都是相通的，那就是："我爱你=我要你"。爱一个人，就是要想方设法把他/她搞到手，但一旦搞到手之后就会发生两种情况。一是牢牢把爱人抓在手心里，别人想都别想，因为他/她"是我的"。这样就把爱的关系简化成了征服与占有的关系。还有一种情况正好相反，就是一旦得到之后，就开始不珍惜了，觉得也就那样了，不满足了，没新鲜感了，审美疲劳了，然后再去寻觅和征服下一个猎物。所以简单概括一下，情爱的基本逻辑恰好体现为叔本华早就说过的人生钟摆的两极，一极是欲望，另一极就是无聊。当然，我们这么一说，好像情爱就是一种很低级的东西。其实不是如此。它只是比较简单和表面。

---

[3] ［法］吕克·费里：《论爱》，杜小真译，北京大学出版社，2017年，第46页。

第二种爱，友爱，看起来要更普遍，也更深刻一些。"Philia，是当我们在街上和我们所爱的、久未谋面的某个人不期而遇的那种情感。……我们说这是没有原因的爱，除了存在，被爱者的存在之外，没有任何原因。"所以跟情爱相比，友爱有两个特征。首先，它不是欲望的逻辑，不是征服和占有的关系，相反，在友爱里面，人和人之间是完全平等的。你朝迎面走来的人笑，不是因为你对他/她有什么欲念，而单纯就是在你们之间发生了一种强烈的吸引。其次，友爱又比情爱要深刻一些。情爱所触及的只是欲望，而友爱更深刻地关涉人的存在。什么叫存在？就是你之为你、人之为人的那个最本质的东西。它可以是理性，可以是意志，也可以是德性，等等，但无论是什么，它都是人生命里不可或缺的要素。而友爱触及的恰恰就是这个方面。它告诉我们一个生命的终极哲理：真正完满的生命，只靠自己是不够的，只有通过对身边的人的爱才能够实现。"四海之内皆兄弟姐妹"，这是一种博大的情怀，但绝不空洞，因为它就落实在你对别人奉献出的每一次善意的笑容、每一次握手、每一次拥抱中。爱自己和爱他人，在友爱之中是联结在一起的，是彼此相关的两个环节。所谓自由、平等、博爱，被视作人类社会的三大终极理想，这里面，博爱是一个相当重要的环节。

爱还有第三个更高，甚至是最高的形态，那就是圣爱（agape）。圣爱当然首先是对上帝之爱，但它在人类社会之中还有一个更为鲜明而强烈的表现形态，那就是"爱敌人"。正是在这一点上，圣爱明显超越了友爱。友爱的基本原则当然是爱友人，但它的潜台词就是"恨敌人"。很多时候，我们之所以成为朋友，就是因为我们有相同的敌人。同仇敌忾，往往是缔结友谊的强大纽带。这么一说，友爱还是有点狭隘的，还不够博大。因为好像友爱就把人类分为一个个小群体，在群体内部，联结是非常密切的；但在群体之间，好像就没有如此密切的纽带了。圣爱所补充的就是这样一个环节，它是最大限度的爱，是最强烈程度的爱，同时也是最普遍的爱。正因为此，我们有理由把圣爱当成是包容其他各种爱的最高综合形态。后面几节，让我们结合圣爱的至高诗篇《忏悔录》来仔细体味其中的深邃含义。

第二节 "内在的人存在于真理之中"

在细读《忏悔录》之前，先交代三点。

首先，我们不讲书中神学的内容，只讲跟哲学相关的部分，或者说只专注于哲学问题来对文本进行解读。所以大致会涉及以下重要的哲学问题，比如第一人称的反思、忏悔和怀疑的方法、内在深度及其超越运动、记忆和遗忘的辩证关系、罪与恶，以及全书最深奥的一卷，也就是第十一卷中的时间之谜。所以我们的重点是卷一（第一人称）、卷五（怀疑方法）、卷十（记忆与遗忘），以及卷十一（时间之谜）。

其次，我们不讲故事，只讲论证。这是我倡导的学习哲学的基本方法。《忏悔录》这本书有点特别，就是它里面大概一半多的篇幅都在讲故事。但你必须看到，这些故事不单单是叙旧，而是往往会有一些内在的哲理，这个哲理才是我们要重点关注的。这个方面，大家可以比较一下奥勒留的《沉思录》。这两本书放在一起，也是一个很有意思的比照，因为都是关于回忆、总结人生，并且进一步用哲学的方式来进行升华的。

最后，我们的主题是爱。所以对于《忏悔录》里面讲的爱，大家切莫进行过于狭隘的理解。前面讲到的情爱、友爱和圣爱是彼此交织和渗透的，你中有我、我中有你的，并且最终都可以用圣爱这个具有内在超越性的维度来统合在一起。所以，《忏悔录》里面每一次爱的呼告，每一句爱的表白，那个对象当然是上帝，但我觉

---

1 "当听众的情感被演说打动的时候，演说者可以利用听众的心理来产生说服的效力，因为我们在忧愁或愉快、友爱或憎恨的时候所下的判断是不相同的。"（亚里士多德：《修辞学》，罗念生译，生活·读书·新知三联书店，1991年，第25页）

得，你把这个对象替换成爱人、友人、家人、亲人，甚至敌人都是可以的。"像爱上帝一样爱别人，像敬神一样敬重他人"，这听起来有点夸张，但读完《忏悔录》，我想让你认同的正是这样一种终极的爱的形式。

我们先从第一卷开始，找一下奥古斯丁在哲学史里的定位。这个定位，我主要参考的是加拿大著名思想史家查尔斯·泰勒的名著《自我的根源：现代认同的形成》。我从这本书里面学到了太多东西，也强烈推荐给大家。

翻开《忏悔录》的第一页，你会有一种错愕的感觉：这真的是哲学书吗？为什么跟我们之前读到的哲学书都那么不一样？虽然有一个大哲学家，就有一种鲜明的思辨风格，但奥古斯丁的风格也太"独特"了吧。你至少觉得有三点显得很不"哲学"。

第一，全书第一句就从《圣经》里面的引文开始，这个不像是哲学家该做的。哲学家要么从问题开始，要么从清晰界定开始，要么从批判成见开始，但上来就摆出一个不可置疑的信条，这种态度就有问题吧？

第二，整个第一卷第一节，你读下来就是两个人在对话，也就是从头到尾只有两个人称代词，"我"和"你"。没错，哲学可以从个人的体验开始，但整个基本论证就像是两个人之间的"对话"，好像很大程度上削弱了哲学思考所应该具有的普遍性吧？哲学思考恰恰应该突破人和人之间的藩篱，在最为广大的世界之中将不同的灵魂连接在一起。那么，奥古斯丁把哲学思考弄得这么私密和内在，是不是也走偏了呢？

第三，可能看起来不是那么大的问题。就是奥古斯丁的行文之中的情感力量太过充沛，有点淹没了严肃冷静的思辨和论证。当然，一个令人信服的论证也往往包含着情感的力量，亚里士多德不是就说过，logos（理）应该跟pathos（情）结合在一起吗？[1]话这样说是没错，但理始终应该是主导，情应该起到辅助的作用。但是，奥古斯丁好像恰恰弄反了主次，甚至你看完第一卷最大的印象就是,他就是在那里用排山倒海的爱的力量来征服你。这还是哲学吗?这难道不更像是一篇"情书"?

这三个质疑都有道理,但我要说,这三点恰恰是深刻理解奥古斯丁的独特之处的三个重要入口。让我们结合第一卷的文本一点点来分析。

首先,按照一般哲学史教科书上的说法,奥古斯丁被归入"教父哲学",也就是后来逐渐形成系统的中世纪经院哲学的发端或早期形态。关键就是这个"发端"。在发端之处,没有什么现成的方法,也没有拿过来就可以用的论证,很多时候其实都需要奥古斯丁这样的教父哲学家们去探索、去尝试。所以你看到《忏悔录》里大段大段地引用《圣经》,这没什么奇怪的,因为中世纪神学和经院哲学的最基本特征就是主要用古希腊哲学遗留下来的资源去论证上帝的存在,去解释《圣经》的文本。但在《忏悔录》里面,我们读出了另外一层不一样的意思。

奥古斯丁当然不可能质疑,甚至否定《圣经》里面的话,这是基本底线。但你仔细看,他的论证、阐释、说明其实很多时候都是以提问的方式来进行的。提问有两种,一是叫疑问,一是叫反问(还有设问),这个大家在修辞课上都学过。疑问是对答案不明了,但反问或设问则是明知故问。这样看起来,奥古斯丁的追问方法就非常特别了,因为他恰恰把这两种提问方法完美地结合在一起了。首先,他肯定是知道结论的,因为每一个结论都清清楚楚地事先写在《圣经》里面了。那又为什么要问呢?是要针对那些还不知道结果的人、不坚定的人、将信将疑的人,一步步引导他们走上"正道",也就是《圣经》里面给出的大道。在这里你或许会突然领悟到,以提问的方式一点点引导论证的思路,这不就是苏格拉底的"助产术"吗?不就是笛卡尔的"普遍怀疑"吗?甚至扯得远一点,不就是《存在与时间》中所说的此在对于自身的先行领悟吗?从这个脉络看,奥古斯丁实际上是非常"哲学"的,他的身上流淌的绝对是最纯正的philo-sophia的血液。

2　[加]查尔斯·泰勒:《自我的根源:现代认同的形成》,韩震等译,译林出版社,2001年,第194—195页。
3　"那么交换和干涉就是不正义。或者换个方式来说,挣工钱的人、辅助者和护卫者在城邦里各自做他自己的工作,是正义的。"(《柏拉图全集》增订版,中卷,第133页)

再说第二个印象。你可以数一下前三节里出现过多少次"我"。甚至连"我们"这样的全体性称呼也一次都没有出现过。注意：将哲学的思考第一次引入自我的内在领域之中，以一种极端的"第一人称"（我）的方式来进行追问、反思和对话，这绝对是奥古斯丁在整个西方哲学史上的最大功绩之一。[2]

要真正理解这一点，不妨比较一下三个重要的命题。第一个命题是古希腊的："认识你自己。"第二个命题是奥古斯丁自己的："内在的人存在于真理中。"（in interiore homine habitat veritas）第三个命题是近代，也即理性时代的，那正是笛卡尔的："我思故我在。"从表面上看，这三个命题说的是同一个意思，就是要让我们回归自我，回归内心，然后才能一步步发现真理。但如果仅仅停留在这个表面的意思，那就完全没有办法理解哲学史的发展。没错，哲学史的发展不只是线性的，但它确实沿着论证的脉络一步步地推进。这三个命题之间的关系就是一个明证。

先看第一个命题，"认识你自己"。这个简短的句子有三层意思，谁是"你自己"？怎样"认识"你自己？这样的认识最终要实现怎样的目的？第一层意思很简单，"我自己"是谁呢？无非就是存在在这里的、有理性有情感、有血有肉的人类群体的一员。那么，怎样认识呢？这个思路在柏拉图的《斐多篇》里面说得很明白了，就是"第二次航行"这个典故。说简单点，就是苏格拉底对宇宙的追问从"原因"转向了"目的"。"原因"问的是这个宇宙从哪里来，来自水、气，还是种子、四根？"目的"问的是这个宇宙往哪里去，也就是理念的世界，真、善、美和正义的世界。正是这样一种转向让苏格拉底真正从感觉的洞穴里面走出来，一步步走向阳光普照之下的真理之境。所以，"认识你自己"真正的归宿并不仅仅是"你自己"，而更应该在后面补上一句，"认识你自己，在整个宇宙之中"。《理想国》里面的"正义"概念即："人各有其位，各行其是，各司其职。"[3]真正的正义就是在一个更大的秩序（宇宙、城邦、群体、家庭）中找到自己的位置。

这么来比较的话，你就会发现，奥古斯丁说的那个"内在的人"绝对是哲学史上的一个创举，是一个前所未有的概念，是这个概念为后来的笛卡尔和整个近代哲学铺平了道路。"内在的人存在于真理中"，这句话也有三个要点："内在的人"是谁？"存在于"是一种怎样的关系？这种关系怎样能够通往最高的真理？首先，内在的人和外在的人这个区分是奥古斯丁的创见。将人分为内和外两个方面，内是灵魂，外是肉体，这个对于我们来说好像已经是常识了，从笛卡尔一直到莱布尼兹和康德，这个区分几乎都是一个基本预设。但这样一种区分在古希腊是并不存在的。虽然在奥勒留的"内在堡垒"这样的说法里已经有端倪了，但在"认识你自己"这个开端性的伟大命题之中，"你自己"是根本没有什么内在/外在之分的。借用《自我的根源》中的说法，古希腊还没有我们今天所说的"内在性"的自我意识的领域，而只存在着"个体"的人与"整体"的宇宙秩序之间的关系（第181页）。所以苏格拉底用的根本不是笛卡尔式的"反思""内省"的方法，而是"模仿"：认识你自己就是找到你在宇宙之中的位置，就是去"模仿""追求"那个更高的秩序。

但在《忏悔录》里面我们读到了一个全新的意思。在第十卷的第六节，奥古斯丁先是在"外部"的世界，也就是那个庞大的宇宙之中去追问上帝的存在，去探寻真理的根源。但结果是很失望的。他问"大地"，问"空气、大气以及一切飞禽"，再问"苍天、日月和星辰"，但最后得到的回答是众口一词的，"我们不是你所追求的天主"。所以，在外部的宇宙之中，无论是怎样宏大完美的秩序，"我"既找不到上帝的位置，同样也找不到自己的位置。一句话，在外部的世界之中，我是没办法"认识我自己"的。我在其中是迷失的，是困惑的。

既然外部世界不行，唯一的选择就是退回到内心，从内在去探索上帝和自我。 再次提醒大家注意，这不是说古希腊人从来不反省自己、没有自我意识。问题在于，他们并不认为反省是一种重要的哲学方法；即便他们始终有自我意识，他们也并不认为这个自我意识可以从外部世界中分离出

来，变成一个独立的、内在的，甚至封闭的"内心世界"。

所以你应该体会到奥古斯丁的哲学的美妙和伟大之处了。*他在哲学史上首次将"内省"和"反思"作为一种哲学的基本方法，并且他首次在"内在的人"和"外在的人"之间进行了本质性的区分，并鲜明地、毫不含糊地强调说，只有在"内在的人"之中才能找到真理。*这个意思在第六节里说得已经极为完美了。这一段开始的问题就是："你是谁？"然后他自问自答："我是人。"人又是什么呢？一外一内，亦身亦灵。那么外和内，肉与灵到底哪个才是真正的"我"呢？回答是明确的："我，内在的我，我的灵魂。"这样的表述在全书中比比皆是，再比如，"而这方寸之心才是真正的我"（第199页）。

读完这一段，如果不说出处，你甚至会误以为，这不就是笛卡尔的《第一哲学沉思集》里面的原话？没错，没有奥古斯丁这个重要的铺垫，就不可能有笛卡尔和整个近代理性主义传统。

大家都知道整个近代哲学始于"我思"（*Cogito*）这个概念，但你大概没想到，这个概念在哲学史上的第一次明确出现正是在《忏悔录》之中（第十卷第十一节）。

但你要是把奥古斯丁这个虔诚的信徒和笛卡尔这个无所畏惧、怀疑一切的数学家画等号，那当然是错误的。我们就说一个差异。笛卡尔那个方法叫普遍怀疑，但奥古斯丁最拿手的可是*忏悔式追问*。什么叫忏悔？第十卷第二节说得最清楚。首先，为什么要忏悔？因为上帝"洞烛人心的底蕴，即使我不肯向你忏悔，在你的鉴临之下，我身上能包蕴任何秘密吗？"。一句话，忏悔首先就是敞开自我，向上帝敞开，当然，也是向自己敞开，让你自己意识到，你还有一个巨大的内心世界可以去探索，可以去沉潜，真理就在那里，光明就在那里。所以，"忏悔，既是无声，又非无声。我的口舌缄默，我的心在呼喊"。为什么"无声"？因为忏悔要倾听的是"内在的声音"，而不是肉体所发出的"有形"的声音。

到这里你应该明白为什么《忏悔录》全书弥漫着那种浓重的情感氛围了吧？那既是来自探索真理的诚挚的热情，又是来自一次次叩问内心的虔诚。爱，就从忏悔这个哲学的方法开始吧。

第三节 「但我爱你，究竟爱你什么？」

本节主要讲两个部分，分别涉及《忏悔录》第一卷和第十卷的开头部分。在第一卷里，重点谈一下"*内在超越*"这个说法。这个说法虽然很有名，但不是奥古斯丁自己说的，我也只是借来说明一下他的"内在深度"这个意思。在第十卷里，我们将进一步展开谈*爱的忏悔作为一种基本的哲学方法*，大致有三个重要的环节，分别是*疗治、希望和试练*。一句话，第一卷是原理和基础，第十卷则是具体的实现和运用。中间八卷的内容大致都是在诉说生平，里面有很多有意思的地方，但确实不需要在哲学书里来重复了。

我们先从第一卷说起。奥古斯丁对"内在的人"的阐释，及其在哲学史上的承上启下的巨大作用，上一节已经解释清楚了，这里我们从奥古斯丁和笛卡尔之间的差别来展开。

首先，笛卡尔的"我思故我在"强调的也是一种内省和反思的方法，简单地说，这里的"我思"的本性也就是一种"自我意识"。比如，当你在埋头认真读书的时候，你感觉到你所有的思绪都被书里面的精彩内容吸引过去了，好像仅仅意识到"在读书"这个内心活动，而根本没有意识到"我在读书"这个反思的向度。但借用萨特在《存在与虚无》中的说法，其实反思这个维度是始终存在的，即便没有清晰地呈现在意识里面，它也是始终或明或暗地伴随着你的所有心灵活动的。[1] 就比如，即便你在全情投入地看书的时候，好像真的是"忘我"了，但如果有人问你"刚才你在干什么？"，你一定会脱口而出，"我在读书"。这就说明，即使你没有注意到这个"反思"的我，但这个"我思"是一直在那里的。正是这个反思的我监控着心灵的一举一动，由此把心灵划定为一个内在的封闭的领域，可以从外部的物质世界里面分离出来，甚至跟外部世界相对立。今天我们把这个意思叫作"笛卡尔的剧场"[2]，就好像是在你的眼球后面还坐着一个小人，他始终在那里"反思"地监控着眼前发生的一切。

奥古斯丁的"内在的人"毫无疑问也有这个意思。他在第十卷里就把心灵比作一个巨大的宫殿和宝库，在那里，依靠记忆这个奇妙的力量，将"官觉对一切事物所感受而进献的无数影像"分门别类地储藏起来。奥古斯丁这里其实已经把内心比作一个剧场。比如在第八节的后面，他就明确地指出："这一切都在我身内、在记忆的大厦中进行。那里，除了遗忘之外，天地海洋与宇宙之间所能感受到的一切都听我指挥。那里，我和我自己对晤，回忆我过去某时某地的所作所为以及当时的心情。"这段话比笛卡尔的《第一哲学沉思集》里对"我思"的干巴巴的证明生动鲜活多了。在内心这个巨大的宫殿里面，如果说真的有一个气定神闲、一览无遗的"观众"，那正是我自己，在那里，我每时每刻监控着内心的所有活动。通过奥古斯丁的论述，你会发现这个监控大致有三种不同的操作方式。首先是留存各种各样的感觉的印象，然后把它们进行分类、整理。在这个基础之上，再进行更高级的认识活动，比如类比、判断、分析、综合等等，以形成连贯和系统性的知识。

但记忆并非仅仅留存印象，还留存另外一种重要的内心活动，那就是体验和情感（feeling）。我们是有血有肉的人，不是顽石，不是机器，所以我们的内心不是被动地接受外部世界的痕迹，而是接受的同时在内心激发出各种情感体验。美好的事物激发爱的情感，丑恶的对象则激发恨的体验。

这里可以对比一下霍布斯。霍布斯认为，人心中没有什么先天的主动

---

[1] "对我的感知的这种自发的意识是我的感知意识的构成成分。换句话说，所有对对象的位置性意识同时又是对自身的非位置性意识（conscience non positionnelle）。"（《存在与虚无》，第10页）

[2] ［美］丹尼尔·丹尼特：《意识的解释》，苏德超、李涤非、陈虎平译，北京理工大学出版社，2008年，第45页。

的力量，情感体验啦，爱与恨啦，这些也不是人心中先天就有的能力，而说到底也是外部世界在内心里面留存下来的运动轨迹而已。但奥古斯丁说的则恰恰相反——我们的心灵不是被动接受，而是在接受的时候就开始整理、体验、"反省"了。

"我看到一朵红色的花"，按照经验论的说法，重要的是这个红色的印象进入心灵之中是怎样留存印迹的。但按照奥古斯丁的说法，重要的是心里面始终有一个"观察者"，一个"反思者"在那里看着呢。是"我"在看，在听，在判断，是"我"把红色和绿色的花区别开来，是"我"把今天的快乐和十年前的痛苦进行比较，是"我"每天早上起来面对镜子，然后告诉自己，"我"还是那个我，没有变成卡夫卡《变形记》中的甲虫，也没有变成一个面目全非的外星人。说得再极端一点，即使你现在闭上眼睛，合上嘴巴，也仍然可以自己跟自己说话，仍然可以清清楚楚地听到自己内心的呼唤。这个我就是反思的我。

除了留存和体验之外，反思还有第三种操作，那就是意志。除了"我感觉""我体验"之外，还有"我意欲"这个方面。在"我想要做这事、做那事"的内心活动之中，你能够更为强烈鲜明地体验到那个反思的我的在场。只不过，他现在可能不仅仅满足于做一个看客，而更想做一个指挥官。也就是说，不仅仅是冷静地旁观，而更想积极地介入。

*但你要是由此把奥古斯丁和笛卡尔混为一谈就错了。*奥古斯丁的记忆宫殿和笛卡尔的剧场有很多相似之处，但二者之间有一个最重要的区别。在笛卡尔的剧场里，观众只有一个，那就是"我思"这个监控全局、冷眼旁观的人。但在奥古斯丁的宫殿里，可不是只有"我"自己，还有一个更高的监视者，那就是上帝。奥古斯丁的"内在的人"沐浴在上帝普照的光芒之中。忏悔，也就是首先敞开这个内在的领域，向往着、憧憬着、爱慕着上帝这个更高的"超越"的光芒。

对于笛卡尔来说，始终是自我在反思自我，内在领域是完满自足的，根本不需要诉诸上帝这个超越的力量。当你感觉不清晰的时候，你只需要比较一下当下的感觉和过去的记忆就可以了；当你判断错误的时候，你只需要回想一下最高的理性法则就可以了；当你行为失当的时候，你只需要反思一下大家都认同的道德法则就可以了。所以在笛卡尔这里，始终是自我对自身进行监控、调整、修正、引导，根本不需要劳驾上帝出场。但对于奥古斯丁就不一样了。他的命题是："内在的人存在于真理之中。"仅回到"内在"还不够，这只是起点，因为所有的内在都需要被引向一个更高的真理，在这个真理面前才能更清晰更透彻地"反思"自己。这个意思《忏悔录》的全书都在说，但第一卷说得最为美妙。

比如第二节的开头他就向着上帝呼喊："请天主降至我身，……因为除非你在我身上，否则我便无由存在。"你已经注意到了"降至"这个说法，从哪里降下来呢？就是从超越的高处，就像是万丈光芒从天顶之处倾泻而下。正是在这片光芒的笼罩之下，你才突然看清内心；正是在这片光芒的引领之下，你才一步步走进内心；正是在这片光芒的化育之下，你才慢慢成长为一个成熟的灵魂。

"你倾注在我们身内，但并不下坠，反而支撑着我们；你并不涣散，反而收敛我们。"（第三节）为什么"不下坠"？因为上帝本来就是最高的真理，他之所以屈尊下降，并不是为了和尘世间的我们平起平坐，而是为了把我们的卑微的灵魂引导到一个更高的境界。为什么"不涣散"？因为这个光芒之源是恒久的，是单一的，是静止的，无论我们的灵魂怎样躁动不安，无论我们的生活怎样云谲波诡，只要我们能够收心自问，就总是能够洞察有一束永恒的光芒从头顶射下，它赋予生命以统一的意义，赋予自我以终极的根基。在笛卡尔那里，是理性每时每刻照亮着内心的剧场；而对于奥古斯丁，则是上帝无时无处不在提供着永不枯竭的照明。

经由上面这一通比较，我们似乎能够明白奥古斯丁在这里要传达的爱的真意。首先，他不同于经验论者霍布斯，对于他，爱不仅仅是（或简直就不是）心灵和对象之间的关系，从本原上来说是对灵魂的内在根源的探索和敞开。其次，他又不同于唯理论者笛卡尔，对于他，爱不仅仅是源自倾听内心的理性之声，而是首先回归内心，进而向着更高的光芒飞翔。简单地说，奥古斯丁的爱的原理可以概括为一句话：*爱自己，但只是为了爱更高的真理。*

在赞颂了上帝这束最高光芒之后，奥古斯丁就将这种由内在而超越的真理之爱形容为两点，一是"慈爱"，二是"生命之爱"。"你的慈爱收纳抚慰我，一如我从生身的父母那里听到的。"什么是"慈爱"？就是被"收纳"进一个更高的力量之中、一个更宽广的胸怀之中，因为它是光，照亮了世界，也照亮了每个人的内心；因为它是生命，化育着万物，也同样化育着每个最内在的灵魂。

亚里士多德对于爱的定义，正是纯粹的灵魂之间充满欣赏的对视。在奥古斯丁这里，则需要补充一点，两个彼此爱慕的灵魂能够看清彼此，进而欣赏对方，从根本上是因为"我"和"你"都沐浴在更高的超越的光芒之下。也许，这就是圣爱的真谛吧。也正是因此，圣爱才能够超越情爱和友爱，作为至上之爱的终极形式。转述一下奥古斯丁的说法：*真正的爱，首先是在对方身上发现自己，然后在自己的灵魂深处又发现了将心灵与心灵连接在一起的更高力量。*

但这看起来难道不是一个高不可攀的境界吗？难道除了赞颂上帝、默诵《圣经》之外，我们当真就没有别的方式能够实现此种至高的圣爱吗？也许有。答案就是第十卷的开头部分。这卷的核心问题也正是本讲的标题："但我爱你，究竟爱你什么？"（第六节）在这个问题的后面，是一大段令人动容的爱的表白。毫不夸张地说，把这里的"你"替换成你爱的人，那这一段文字完全可以位列文学史上最优美真挚的情书之一。

但我们还是要稍微讲一下通往圣爱的三个步骤。

*第一个是疗治。*这是第三节里面的意思。这一节一开始提醒大家，为什么要忏悔？为了治愈。怎样治愈？"意识到自己的懦弱而转弱为强"，

意识到自己的罪恶进而"改过而迁善"。注意这里有一个从弱到强、从恶到善的清晰的转变过程。忏悔，不仅仅是敞开内心就足够，不仅仅是把你心里面压抑的东西释放出来就可以。这样的忏悔可以说是消极的，因为那就像是实在压不住的东西最终要迸发出来，你根本控制不住。但奥古斯丁说的更是积极的、主动的忏悔，是通过敞开心灵而认识到你内心的力量有多软弱，你的心灵状态有多浑浊。忏悔，就是为了治愈自己，就是为了净化心灵，就是最终展现出灵魂深处的那个"我"的力量。所以这一节一开始就说："人们都喜欢听别人的生活，却不想改善自己的生活。"这就误解了忏悔的真正作用。奥古斯丁会提醒你，无论有没有人在倾听你，无论有没有人理解你，你都应该忏悔，必须忏悔，因为这是你跟自己的对话，是你对自己承担起来的责任，是你对自己的治疗。想恢复灵魂的力量？想激活爱的信念？那就从自我疗治的忏悔开始吧。

但只疗治自己的灵魂当然不够，因为接下去还需要从自己的灵魂通向别的灵魂，从自爱拓展到友爱。这就是第二个步骤，即希望。"不但在你面前……向你忏悔，还要向一切和我具有同样信仰、同样欢乐、同为将死之人、或先或后与我同时羁旅此世的人们忏悔。"（第四节）所以，人生的希望何在？就是在向自己敞开心灵的同时，也向身边的人敞开自我。希望，就是在艰难困苦的人间，意识到还有千千万万同你一起沉沦受苦的人们；就是在转瞬即逝的一生，意识到还有一种超越的光芒能够照亮万千灵魂，让生命世代相传，让历史绵延不息。

不过，从自爱到友爱也还不够。所以奥古斯丁在第五节中进一步提出了第三个步骤，即试练。什么是试练呢？疗治和希望之路不可能是一帆风顺的，其中注定充满着艰辛、迷惘，甚至错误。这就需要我们在通往爱与真理的道路上充满坚定，而不是一遇到挫折就灰心丧气。一句话，爱是需要强大的力量去坚持的，是需要强大的勇气去贯彻的，因为这一路走来，不可能尽是春风与阳光，也往往会跌入深渊与黑暗。试探，正是在最黑暗之处鼓起勇气前行，将"黑暗"转化为"正午"。

第四节 「永燃不息的爱,请你燃烧我」

这一节继续一起阅读奥古斯丁的《忏悔录》,主要是第十卷的第八节到第二十九节。我们承接上一节的思路,探讨记忆的问题,说"难题"(puzzle)、"谜题"(mystery)可能更恰当。在进入《忏悔录》的文本细读之前,还是再提及两个比较晚近的涉及记忆问题的研究,供大家参考。之所以插入这个背景,也是因为它们多少都与奥古斯丁在第十卷里面的讨论有相关性。

第一个就是尼采在《历史学对于生活的利与弊》这篇经典论文中对"历史学热病"的批判,[1]以及由此引出的对遗忘作为一种"大健康"状态的阐释。简单地说,什么叫"热病"?就是被一种狂热冲昏了头脑,失去了冷静地反思和判断的能力。尼采用这个词来讽刺当时欧洲文化界里充斥的那种"复古""迷古"乃至"食古不化"的倾向。一句话,就是"为了记忆而记忆",而根本没有想过记忆对于人生、对于社会能够起到何种作用,是积极的作用还是消极的作用。以尼采一向的叛逆风格,他就反过来说,遗忘比记忆更重要,因为当你背着记忆的重负像只蜗牛一样艰难地爬行的时候,恰恰是对生命的创造本性的蔑视乃至压制。这个时候就需要遗忘,去清洗沉重的记忆的污垢。尼采这个说法是挺偏激的,但至少让我们注意,除了记忆之外,还有另外一种重

---

[1] [德]尼采:《不合时宜的沉思》,李秋零译,华东师范大学出版社,2007年,第136页。

要的力量不应该忽视，那就是遗忘。大家将看到，在《忏悔录》的第十卷中，记忆和遗忘的辩证是一个关键主题。

第二个研究是更为晚近的，即法国当红哲学家斯蒂格勒在三卷本的《技术与时间》中所提出的"第三记忆"或者说"代具记忆"这个重要说法。什么是第三记忆呢？第一记忆是"自然记忆"，就是人身上先天的记忆能力，只要你的身体和大脑可以正常运转，你就拥有和可以发挥这些能力；第二记忆可以叫"文化记忆"，就是各种外化的记忆媒介和载体，比如文字、符号、空间环境等等，它们对第一记忆起到辅助和拓展的作用，当然在一定程度上也实质性地推进甚至"改造"着人的自然记忆能力。举个简单的例子，单靠你自己的脑子，你能算多么复杂的算式呢？小九九背得熟，但你算个圆周率试试？这个时候你就得掏出纸笔，"辅助"你的大脑进行记忆和计算。久而久之，这些外在的工具就慢慢地变成了你身体的一部分，就像我们今天好像都觉得眼镜不算是外在的工具，那简直就是我们身上的一个视觉"器官"了。

第三记忆就是在这个技术发展的背景下提出来的。[2] 只不过，这个前景更为不确定，充满威胁。因为飞速发展的存储技术（"人造记忆"）已经不满足仅仅作为人的附庸，而是更想一跃变成主人。从今往后，你是不是记得、能不能记得都不再重要了；唯一重要的是机器的存储能力、容量和算法。这些都是后话了，但斯蒂格勒在这里提出了一个非常重要的问题，就是：*记忆可能不仅仅是人的一种心灵能力，从根本上说简直就是人的心灵本身*，在技术的加持之下，它完全可以全面地改造、支配甚至取代人的心灵。记忆的这种令人惊叹但也令人担忧的"伟力"，奥古斯丁已经清楚地意识到了，他在第十四节里就明确地说："*奇怪的是，记忆就是心灵本身。*"

让我们带着这两个线索深入阅读一下第十卷。首先思索一下记忆和遗忘的关系。前七节大致已经把记忆的重要作用烘托出来了，可以概括为两点。首先，在记忆之中存储的有感觉的影像，有概念和语词，也有情感体

---

2 "工具首先作为图像意识而起作用。这种'第三回忆'的构造性奠定了'谁'的不可磨灭的中立性，即它的可程序化的性质。"（［法］贝尔纳·斯蒂格勒：《技术与时间：1. 爱比米修斯的过失》，裴程译，译林出版社，2012年，第280页）

验。其次，记忆之所以重要，正在于它是从感觉到理性进行提升的中间环节。在第八节中，他提出了三个新的问题。

第一个是记忆的主动和被动的问题。从主动的方面说，大多数记忆都是听从心灵的吩咐和指挥的，比如我想要想起什么事情什么人，然后就把相关的记忆从那个庞大的宫殿里面提取出来。也有一些记忆是被动的。比如，本来我想回忆的是某个人，结果出乎意料却想到了另外一个人，可能还是自己很讨厌的人，根本不愿意想起的。再比如，本来我根本没在回忆，但不知怎么就是有东西从"隐秘的洞穴"里面一下子跳出来，提醒我，甚至烦扰我。被动记忆的存在，就说明记忆这个宫殿是极为巨大的，除了被照亮的部分之外，还有很多空间是隐藏起来的。这个宫殿更像是迷宫，一不小心就会迷路。

所以奥古斯丁在这一节的最后感慨道："记忆的力量真伟大，太伟大了！真是一所广大无边的庭宇！"这个"伟大"有两个意思，一是空间之庞大，因此我们真正能探索的只是这个无边庭宇的一个小角；另一个意思更重要，记忆既然是无边无际的，那说明其实我的整个内心世界也是无限开阔的，那么，它的无限性到底在哪里？是哪一种力量将我这个看起来小小的内在空间拓展成一座恢弘富丽的宫殿呢？当然是上帝，因为"你是我心灵的主宰，以上一切都自你而来，你永不变易地鉴临这一切；自我认识你时起，你便惠然降临于我记忆之中"（第二十五节）。上帝作为心灵的至高监督者的地位，上一节已经说过了。但在这里，记忆的主动和被动这个二重性，又引出下面两个问题。

第二个是记忆打开心灵的先天能力。在第八节里，奥古斯丁承认，"但影像怎样形成呢？没有人能说明"。中世纪的科学水平当然说明不了，但今天的生理学和神经科学已经很发达了，我们可以很好地解释感觉的信号怎样一步步转换成心灵里的"痕迹"和"印象"。但这个其实并不是奥古斯丁真正关心的问题。他想说的是，人心里面记得的东西，其实有两

类。一类是后天的，也就是从外部世界经过感觉的途径进入心灵里面的，这一类就叫作"影像"。还有一类是先天就有的，这个叫作"意义"。这个区分是在第十节。

比如，各种各样的红色的印象从眼睛进来，然后在记忆里留下了影像。当我看到一朵红色的花就说"它是红色的"，那么"红色"这个词的"意义"是从哪里来的呢？肯定不是通过感觉进来的，因为无论我一生看过多少朵千姿百态的红色的花，这些红色的感觉都没办法在心里面自动形成"红色"这个词，这个抽象、普遍的概念。所以奥古斯丁说，像"词语、概念"（第十一节）、"数字、衡量的关系与无数法则"（第十二节）等其实都是心中本来就记得、先天就有的"意义"。一旦我们"感"到了跟这些意义相符合的印象，就会主动地将这些意义赋予这些印象。"*我的获知，不来自别人传授，而系得之于自身，我对此深信不疑，我嘱咐我自身妥为保管，以便随意取用。*"这样一种先天、主动的记忆能力，奥古斯丁用了一个词来概括，就是拉丁文的"*思考*"（*Cogitare*）。我们已经说过了，这个词就是笛卡尔的"我思"的雏形。当然，教父哲学家奥古斯丁赋予它的含义有点不一样。它有两方面作用：一是"抽取"，即把那些原先深深隐藏在记忆宫殿里的词语和概念瞬间"取出来"；二是"集合"，因为抽取出概念还只是第一步，关键是利用概念和语词把那些千变万化、复杂多样的感觉印象"汇聚"在一起，形成秩序、形式和结构，这样我们才能慢慢认识外部世界。

但你也知道，奥古斯丁对认识外部世界没什么兴趣，他更关心的是通过记忆这个"伟力"深入到内心的庞大宫殿之中，在其中找到内在超越的能力，找到从有限到无限进行拓展的真正力量。所以他才会说："记忆就是心灵本身。"

由此终于涉及整部《忏悔录》里的两大终极难题之一，即*记忆和遗忘的关系。这也是这一节要讲的第三个问题*。另外一个终极难题当然就是第十一卷里的时间问题。

　　遗忘为什么是难题呢？因为它听起来就是一个悖论：你如果不记得，怎么知道你忘了？但如果你还记得，那你到底忘了什么呢？说到底，遗忘这件事压根儿就是不可能的吧？先看奥古斯丁说的很简单的一个例子："一个妇人丢了一文钱，便点了灯四处找寻，如果她记不起这文钱，一定找不到"（第十八节），因为即使找到了，她也认不出这个就是她丢的那文钱。这个例子看起来挺傻的，因为你就会问，这个妇人到底忘了什么呢？"丢了"和"忘了"是两码事吧？但奥古斯丁只是用这个例子做引线。没错，那些身外之物可能"丢了"，"找不到"了，这个时候只要你还记得，就有可能把它们找回来。但那些"心内之物"呢？那些印象呢？概念呢？这些在奥古斯丁看来也没多大麻烦，因为在心里也没有什么东西能够真正、彻底地"丢失"或"遗忘"，因为一旦你说出"我忘了什么"，这同时就证明你根本没有忘记，你始终都记得，只是那个印象和观念暂时被隐藏在记忆的某个角落了。所以，无论在心内还是身外，遗忘都是不可能的，不仅因为记忆是心灵的根本力量，更是因为记忆就是凝聚我的心灵、将我带向至高无上的力量。

　　由此，奥古斯丁说了两句相关的话。第一句在第十五节最后：*"那么，呈现在记忆之中的，是记忆的影像呢，还是记忆本身？"* 看起来是极为晦涩的一句话，实际上这个问句要强调的就只有一个意思：记忆本身，即记忆的这种内在的、先天的能力，记忆与心灵之间的同一性，才是至关重要的问题。至于你的记忆中到底储存着多少不同种类的影像，它们怎么分门别类，都是次要的问题。

　　第二句在第十六节：*"是在探索我自己，探索具有记忆的我，我的心灵，一切非我的事物和我相隔，不足为奇，但有什么东西比我自身更和我接近呢？"* 所以，对所有那些身外的、"非我的事物"的记忆无关紧要，"不足为奇"，因为记忆更重要的作用本在于拉近我和我自己的心灵的距离。正是记忆在时间的长河中把不同的印象、观念、情感连贯在一起，"汇聚"成一个"我"；也正是记忆不断拓展着心灵的边界，不断用内心的光芒驱除着遗忘的黑暗与阴影。我们看到，奥古斯丁和尼采正相反，对于他，记忆不是一种需要被治疗的"热病"，而是恰恰相反，它是内心的光源，是内在的动力，是维护心灵健康的最重要的生命源泉。如果你不记得，又怎样认识？如果你不认识，又怎样去爱？没错，在我们这个人工记忆、第三记忆日渐成为主宰的时代，记忆好像已经不再是人的内心力量的确证，反倒是人日益沦为机器之傀儡的明证。这个时候，遗忘似乎反倒是人的力量的一种展现。当"机器记得一切"的时候，"主动选择遗忘"好像变成了人之为人的根本尊严。

但仔细读读奥古斯丁，你会发现其实记忆还可以有另外一种主动的力量，这种力量或许是机器取代不了的。机器记住的是什么呢？只是各种各样的信息和数据，用奥古斯丁的话来说，就是各种各样的"影像"。或许机器还能记住意义、语词、概念、法则等等。但机器唯独无法具有奥古斯丁反复强调的记忆的根本作用，那就是<u>对记忆自身的记忆</u>，或者说，通过记忆来探索内心世界，来拉近自我和自我的距离的那种力量。一句话，<u>记忆的"抽取""汇聚"以及抗拒遗忘的作用，才真正使得"我"成为"我"</u>。机器的存储、人工的记忆能够具有这样一种探索和建构自我的作用吗？所以奥古斯丁的《忏悔录》绝不过时，而且也绝不能仅仅从神学的角度来理解。它在哲学上的巨大启示作用，即便在今天仍然很明显。

记忆这个难题终于说清楚了。想明白这个问题之后，你才会明白为何记忆与真理、记忆与爱之间有着如此密不可分的关系。首先，和康德一样，奥古斯丁认为快乐不等于幸福，因为幸福有一种更高的追求。所以单纯的记忆还不是爱的力量，而只能说是通往爱的道路。"我记得"，这是我开始探索内心世界的起点，我开始意识到，只有在我内心的庞大庭宇才能真正发现那个真理的光源。但爱显然要比记忆的力量更进一步，因为它从这个内在的光源进一步推进，向着高处飞升。记忆是抽取，是汇聚，是拓展；而爱更强大之处在于，它是敞开，是倾听，是忏悔，是让心灵进一步站到真理的光亮之中。这也是奥古斯丁真理观的独特之处，"真理"不是概括总结出来的，也不是推导演绎出来的，而是"显示自身"（第二十三节），这也就是本节标题的那句引文的意思。所以，*单纯将内心汇聚起来还是不够的，汇聚是为了进一步敞开，向着真理敞开。我们必然要从记忆走向爱。*

第五节 「我将坚定地站立在你的真理之中」

这一节我们要集中探讨《忏悔录》里最深奥、玄妙的一卷,那正是第十一卷里的时间性谜题。这个谜题的原型,稍微了解一点哲学的读者应该都熟悉,就是这一卷第十四节的那句名言:"那么时间究竟是什么?没有人问我,我倒清楚;有人问我,我想说明,便茫然不解了。"这两句话你会在各种哲学入门书和时间哲学的著作、论文里面反反复复读到。但它的意思到底是什么呢?光看字面的话,它的意思只是在强调说,时间是一个难解的谜,是一个让芸芸众生都困惑的根本性的问题。

那么,"时间究竟是什么?"这个问题有一个大家公认的回答吗?从笛卡尔到康德,从柏格森到海德格尔,有各种解答,莫衷一是。大致说起来,关于时间,我们现在可以接受一个基本的三元区分,也就是物理的时间、心理的时间和内在的时间。

物理的时间,最简单的形态就是时钟,所谓全球的标准时间,这个是我们生活的实在世界的一个基本参考系。心理的时间,最基本的形态其实就是记忆,为什么?因为物理的时间是分分秒秒流逝的,它没有一个"留存"的基础,而记忆则给人的心灵提供了一个"庞大的庭宇",把各种印象、观念和情感保留起来,给心灵提供了一个统一性的基础,也给时间本身提供了一个稳定的"本体"。时间去哪儿了?从心理时间的角度说,答案很明白:时间都到记忆里去了。时间其实是从过去里面一点点流出来，流进现在，流向未来。说得简单直白一点，物理学的时间就是牛顿力学的时间，而心理学的时间就是柏格森的绵延的时间。

但仅仅谈这两种时间还不够，因为无论物理时间还是心理时间看起来有多大的差别，它们充其量只是时间的两种不同形态，偏重的只是时间本身的不同维度——物理时间偏重现在，心理时间偏重过去。但从哲学上来说，还有一个根本的问题有待解决，那就是：*时间到底是怎样被构成的？* 如果心理时间比物理时间更根本，那么时间到底是怎样在内在的意识活动之中被构成的呢？或者再进一步追问，到底哪一种内心的活动才能真正给时间一个"奠基"？记忆肯定不行，因为它仅仅是留存时间，并没有能力"构造"时间。正如我们上一节所说的，记忆仅仅是凝聚心灵，它只是一个初始条件。要想进一步向着上帝敞开心灵，进行爱的忏悔，还必须有一个更高、更根本的心灵的力量。在第十卷第十七节的最后，奥古斯丁就明确地说："我将超越记忆而达到你，天主。……我将超越记忆而寻获你。"所以，为了找到上帝，为了真正体验到那种内在而又超越的圣爱，必须首先"超越记忆"，再度向上攀登。

这就是第十一卷里最重要的问题。奥古斯丁最后给出的答案也非常明确：*什么是时间？"时间是一种延伸"（distentio）。在哪里延伸？在心灵里面延伸。哪一种心灵的活动能够确保时间的延伸？那正是"注意力"（attentio）。* 下面就让我们按照这三个基本方面来思索一下时间的难题。

先说*第一个难题，为什么说时间是一种延伸？* 初看起来，这不算是什么问题，而是常识。"光阴似箭"，时间就像是一支向着未来射去的箭，飞过之处留下的是一条连续的轨迹，这个连续的轨迹就是时间。"逝者如斯"，时间就是一条向着未来奔流不息的河流，而这个持续不断的流动过程就是时间。所以，时间是连续的、流动的、有方向的。难道时间不是延伸的，还能是间断的？那么间断的时间是怎样串在一起的呢？如果串不在一起，那又怎么解释那么明显的流动现象呢？

但奥古斯丁会说，这仅仅是我们人类的心灵对时间的体验。他之所以要写《忏悔录》，正是不满足于仅仅停留在人的内心世界，哪怕这个世界再恢弘壮阔，跟上帝相比，还是显得局促了许多。所以，必须找到一种力量，能够从人的心灵一点点地向着上帝的精神去超越。时间性也是如此，必须找到一条途径超越人类的时间、世俗的时间，向着上帝的时间、天国的时间迈进。但说"上帝的时间"，这不是自相矛盾吗？上帝是整个宇宙的终极创造者，当然也是一切时间的创造者，他怎么可能"在时间之中"呢？在时间之中的存在者怎么能创造时间呢？更严重的问题是，在时间之中的万事万物都是有生有灭的，但上帝是永恒的，那又怎么有生有灭呢？

这么看起来，从人的时间跳向"上帝的时间"好像是痴人说梦。因为人注定在时间里面，无论怎样也挣脱不了时间的牢笼，上帝注定在时间之外，在任何一个方面都超越了时间的束缚。那么，人和上帝、有死者和永恒者，到底怎样以时间为纽带连接在一起的呢？或者换一个问法：在人的时间里面，到底哪个维度最接近上帝？在第十七节一开始，奥古斯丁就说："我们从小就有人教我们，时间分现在、过去和将来，我们也如此教儿童。"那么，现在、过去和将来，哪个最接近上帝呢？哪个可以作为通往上帝的"时间阶梯"呢？很显然，是"现在"。

回到第十四节，奥古斯丁在提出那个经典的"时间究竟是什么？"的难题之后指出两个要点。首先，人们说时间有三维，但在这三维之中，好像只有现在是最真实的、最实在的。跟现在相比，将来和过去好像都不那么"实在"，因为"过去已经不在，将来尚未到来"。现在，你可以直接说它是"存在"，至于过去和将来，它们的"存在"前面都要加上修饰词：是"已经不"，是"尚未"。所以，它们的存在都是参照"现在"这个维度才能得到理解，或者说，它们的存在仅仅只有一种"间接"的含义。但"现在"的存在是直接的，是真实的，是充分的。

其次,"现在"不仅对于人来说是最真实的,也是最接近上帝的时间维度。如果上帝一定要进入时间里跟人沟通,如果上帝一定要显现在时间的某个维度之中,那么就只有"现在"了。"现在如果永久是现在,便没有时间,而是永恒。"这句话有两个意思。一、上帝只在"现在"才能最真实地显现,因为无论将来,还是过去,它们的存在都是不充分的,是模糊的,是不确定的,只有"现在"才配得上上帝的完满存在。二、虽然上帝只能进入"现在",但他当然不是局限于"现在"这个维度之中。换句话说,"现在"这个点只是人和上帝直接沟通的连接点,是从人的时间迈向上帝的永恒的最直接、最根本的途径。这个迈进和提升,就来自一个根本的领悟,即人的"现在"和上帝的"现在"是完全不一样的。

人的现在是不断流动的,它不能持久地保持自身,而是要不停地流向过去("曾经"),迎向未来("尚未")。但上帝就不一样,他一直、始终、永远是"现在"的,因为他的存在是完满的。因为他不可能有生灭变化,他就需要一个点来"下降"到人类的灵魂之中,所以在第十卷第四节中,奥古斯丁说了一句非常深奥的话:"这是我忏悔的效果,我不忏悔我的过去,而是忏悔我的现在。"为什么?因为过去只属于我,而"现在"才真正属于我和上帝。只有在现在,我才能真正向着上帝完全、彻底地敞开心灵。所以仅有记忆是不够的,还必须进入"现在"的忏悔和由此敞开的无限的圣爱之中。

既然只有现在才是真实的,只有现在才是人和上帝的连接点,那就涉及第二个难题了:"现在"到底是怎样存在的呢?它的基本形态是什么?是一个点,还是一个线段("延伸")?如果"现在"是一个点,那就是无限可分的;如果无限可分,那它就不可能有任何"长度";但没有长度的现在,又怎么能构成有长度的时间呢?在生活里,我们不是经常说时间的长短,还用各种方式去测量时间的长短吗?奥古斯丁由此在第十五节里得出结论:既然"现在"不是点,那么就只能是一段"延伸",只有延伸的"现在"才能构成有长短的时间。

现在是一种延伸，就引出下面这个极为重要的结论，是在第二十节里："说时间分过去、现在和将来三类是不确当的。或许说：时间分过去的现在、现在的现在和将来的现在三类，比较确当。"

奥古斯丁的前提是："现在是延伸"，接下去必须问的是"向哪里延伸？"，当然只能向着未来和过去延伸。那就意味着，现在通过这种"延伸"，把过去和未来"吸收"到自身之中，变成了自身"内在"的两个环节。奥古斯丁的时间理论的深邃之处全在这里。他最后得出的结论是：真正的时间只有一维，那就是现在，而所谓的过去和未来，只不过是现在向着前和后这两个方向稍微延伸出去一段。向前的延伸，就是"未来的现在"；向后的延伸，就是"过去的现在"。但无论怎样，它们都不是独立的时间维度，而都是从属于"现在"的。奥古斯丁之所以要提出如此逆于常理的时间观，正是为了驳斥"时间三维"这个人类特有的幻象，由此向着"永恒现在"这个上帝时间迈进。

最后一个难题，第二十六节里的追问："根据以上种种，我以为时间不过是伸展，但是什么东西的伸展呢？我不知道。但如果不是思想的伸展，则更奇怪了。"这句话实际上说的意思是，时间就是现在的延伸，但它是在哪里延伸的呢？不可能是在外部的物质世界里，因为那里面的延伸最后还是要用心灵的活动来把握。那么，在心灵里，真正让现在向过去和未来延伸出去的力量是什么呢？用一个更现象学的问法：在人的种种意识活动之中，真正能"构成"奥古斯丁的这种一维神性时间的力量是什么呢？感觉肯定不行，一是它转瞬即逝，不稳定；二是它的力量不在心灵之内，而要受到外部世界的左右。记忆也不行，我们说过了，因为它只留存，没有"构造"的力量。理性可以吗？好像也不行，因为它的作用是普遍的、抽象的，好像与真实的时间流动相去太远了。

这些都不行，最后只剩下一个备选项了，那就是注意力。第二十七节一开始就说："我的灵魂，你再坚持一下，努力集中你的注意力。"而第二十八节继续说，未来、现在、过去分别对应着人心的三种活动，也就是"期望、注意与记忆"，但只有注意力"能持续下去"，能"把将来引入过去"。一句话，只有注意力能把现在延伸出去，能让时间贯穿起来，这样才能让心灵进入忏悔的敞开模式，让上帝真正降临心间。所以，爱是什么？*爱就是"专心致志"（第三十节），就是让心灵坚持下去，坚定地站到真理的光芒之中*。所以，为何圣爱超越并包容了情爱和友爱？情爱虽然也是"现在"，但这个现在是脆弱的、不确定的、不稳定的；友爱更关注过去，因为稳固的友情往往来自一段长时间的"累积"。只有圣爱能够超越过去和未来，真正坚定地进入现在，实现着人向上帝、有限向无限的超越。

第三章

快乐

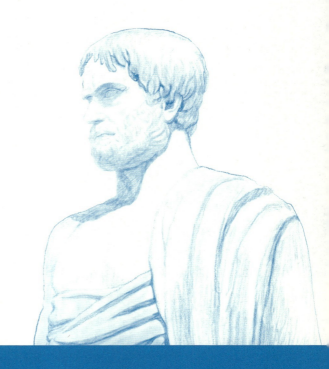

亚里士多德（前384—前322）

推荐图书

《尼各马可伦理学》
［古希腊］亚里士多德 著，廖申白 译注，商务印书馆，2017年。

第一节
快乐不肤浅，它是通往幸福的力量

怎么理解快乐呢？肯定不是一上来就给它一个定义，那样的话，要么别人会说你武断，要么你就会忽视一个非常重要的现象——和人生的很多重要的体验和活动一样，快乐本身也是非常复杂的。所以重要的是，从细致地描绘和观察生活中的种种快乐入手，慢慢上升到一些普遍而抽象的思索。这个基本思路出自亚里士多德《尼各马可伦理学》第二卷第二节，"实践的逻各斯"。

我们先从日常的快乐体验出发来描述。怎么描述呢？很重要的一个方面，就是看大家在日常生活里是怎样用语言来描述快乐、表达快乐，甚至评判快乐。当然，语言这个东西尤其具有时代性和历史性，我们就从最切近的事情说起。

首先，我一直觉得，"快乐"在日常的汉语里地位很尴尬，不高不低，不庄不谐。你想想看，快乐一方面是一个挺正式的，甚至有点文绉绉的词。所以在日常生活里面，你一般不会直接问别人，"你今天快乐吗？"你真这么问的时候，要么这本身就是一个书面的语境，要么对方是你尊重的人，或者是你很在乎、很爱的人。一般的朋友和熟人彼此说话，就会用一些很随意的词来代替。我想到的就是"嗨"（hāi）。甚至还有把英文的happy直接音译成"嗨皮"的，也很形象。

但接下来我又要指出相反的一面，就是"快乐"现在好像越来越变成一个搞笑的、带点贬义的词。我们读了《尼各马可伦理学》之后，就会明白,"快乐"对于人生是很关键的一件事。但我们身边的人是怎么谈这件事的呢?我是球迷,2018年世界杯期间最火的两件事,一个是梅西的牛奶广告,另一个就是斯特林的"快乐足球"(英格兰前锋拉希姆·斯特林多次以令人意想不到的方式错失进球良机,被球迷讽刺为"快乐足球")。

"快乐"在这里肯定是贬义的,贬义在哪里?有两点。首先,沉迷快乐的人,你会觉得他分不清人生的主次和轻重。他只知道享受当下的快乐,却看不到人生还有更为长远的、更为重要的目标。所以,快乐的第一宗罪,就是会让你迷失目的。

第二宗罪是什么呢?再想想斯特林。你会说,他在那里秀脚法的时候很快乐,很投入,也很享受。这个状态最大的问题在哪里?就是它虽然往往能带来很强烈的体验,但却不能持久。而且一旦这个强度减弱了,你就会从快乐转变为无聊,甚至痛苦。你看每次斯特林玩了半天,空门也打不进的时候,你觉得他还快乐吗?写在他脸上的可是满满的失望和自责。

所以,我们就从快乐的这两宗罪入手,进入亚里士多德在《尼各马可伦理学》中的最基本思路。亚里士多德在《尼各马可伦理学》里对快乐的思考,正是为了纠正上面两个对快乐的常见误解。他对快乐的最基本理解恰恰是这样两点:

第一,快乐虽然不是人生的终极目的,但确实是通向这个目的的重要途径。当然,他没说快乐是最重要的,或者说唯一的途径。

第二,快乐作为一种高强度的体验虽然是多变的、不稳定的,但它的这种力量也可以被好好地利用。比如在理性和反思的引导之下,快乐这种盲目的力量就可以成为实现良好人生的积极力量。

亚里士多德关于快乐的基本论断散见于《尼各马可伦理学》的各处,但中译者廖申白先生写的导言集中梳理了关于快乐的一些基本要点。我概括如下:

亚氏认为快乐并不是很罕见、很珍稀的状态，也不是少数人才能有的状态。相反，快乐就是人生相当普遍而常见的体验，而且几乎是人人都能有、经常有的状态。即便大家今天在日常语言里经常调侃快乐，但如果你真的去问问身边的人，活着最重要的目的是什么，相信很多人还是会脱口而出，"快乐呗"。活着就是为了快乐，这甚至是日常生活里相当普遍的共识。这也是亚氏的意思，所以他说"众口相传的事，绝不会是胡说"。

然而，仅仅说快乐是一种普遍的状态还不够，还要继续问这是一种什么样的状态。这里就涉及亚氏的一个很重要的说法，即对三种生活的区分（第一卷第五节）。哪三种呢？分别是享乐的、政治的和沉思的生活。后面两种咱们慢慢说，第一种生活态度，亚氏认为是"最流行的"，是"多数人"都认同的。但亚氏马上指出，这种生活态度其实是最低级的、最不可取的，因为它里面有一种"奴性"，是一种"动物式的生活"。这话听起来就刺耳了。

但"动物式的生活"，其实在亚氏那里没什么贬义。他本来就把人的灵魂分成三个部分，比较低级的两个部分就是植物灵魂和动物灵魂，最高级的是理性灵魂。低级的部分不是说它不好，而只是说这个是绝大多数人都有的，人和动物、植物都分享的状态。简单说，人都要吃饭、呼吸、睡觉、繁殖等等，这些是生命的基础。但仅仅停留在这个状态，那就错了。吃饭、喘气、做爱，这些都是必需的，但你还必须知道为什么要吃饭，为什么要喘气，在这个最基本的快乐状态之上还有更高的目的，叫幸福，happiness。所以，快乐本身没什么对错，但如果你仅局限于快乐，认为快乐就是一切，而没有看到快乐可以通往更高的目的，这就错了，而且大错特错。

亚氏把仅仅沉迷于快乐的状态叫作"奴性"。其实奴性也没那么强的贬义，它只是强调一种被动消极的状态。这一点序言里说得很清楚了，其实"快乐"这个古希腊词用英文来翻译大致就是一种被动状态：passive （xxxvi）。也即，日常生活里绝大多数人都是"被快乐"，而很少有"主动快乐"。

那些生理的、本能的快乐其实并不是你主动寻求的，而是生下来就强加在你身上的一种法则、一种枷锁。你不吃饭，不喘气，就会死，你命都没了，还搞什么政治，还搞什么哲学？所以，"被快乐"强调的是那些压在你的生命上面的物质的需要和力量。其实这些力量是很沉重的，你看看身边的人，有多少人辛辛苦苦每天挣扎，都是为了五斗米折腰。

但亚氏要强调的是，我们可以通过其他的手段对这种被动消极的状态进行转化。快乐本身是一种力量，可以被引导到不同的方向。就像是河流，当泛滥的时候，它造成的就是灾害；但兴修水利，对这种力量加以引导，它就会变成造福人类的力量。快乐也是这样，你深陷在快乐里，感到的往往是一种喘不过气来的压力，这样，你就是它的奴隶，你过的就是本能的动物性的生活。但按照亚氏的意思，你还可以培养德性，思索哲学，将快乐引导到更加美好的方向。

这个意思亚氏在《尼各马可伦理学》第二卷的第三节里说得很详细。虽然有的时候做坏事你也会很快乐，比如逃个课去逛街，但这样的快乐不是真快乐，因为长此以往你会慢慢迷失人生的真正目的。所以亚氏说，要把德性和快乐紧密联系起来，他引用他老师柏拉图的话说，"重要的是从小培养起对该快乐的事物的快乐感情和对该痛苦的事物的痛苦感情，正确的教育就是这样"。

快乐作为一种力量，必须和明辨是非的伦理行为、洞察真伪的哲学思考结合在一起，才会是正确的力量。

第二节 过德性的生活，就是最快乐地实现自我

上一节我们大致提及了亚氏关于快乐的两个基本命题，也了解了他关于享乐、政治和沉思这三种生活的基本区分。这些大家都应该至少记在脑子里。读哲学要按照论证的思路来进行，所以前后要贯穿在一起。

上一节的最后亚氏抛出一个基本的观点，即就快乐本身而言，它往往只是一种动物性的需求，一种盲目的力量。利用好了，它可以成为促进你人生的美好力量；利用不好，它所产生的负面效应和破坏力量甚至要远远大于你的想象。然后我们就提到了，引导快乐的一个很重要的因素就是"德性"（virtue）。先解释一下德性在亚氏那里到底是什么意思。

我们还是从日常的语言表达入手。首先，一听到德性这个词，无论是说中文，还是讲英语，肯定有两个很习惯性的反应：一、德性是人才有的；二、德性是少数人才有的，尤其讲的是那些品德非常高尚的人。

那可以再进一步想一想，有德性的人一般都是什么样子？首先，他们应该很坚持原则，无论外部环境如何恶劣，他们都能够心无旁骛地、不受影响地坚守原则，不会因为一些世俗的利益改变自己的坚持。所以，*德性首先体现为一种持之以恒的行动，体现出人身上有一种很强大的意志力*，这种力量可以推开各种各样的障碍，把原则贯穿下去。

但仅仅有意志力还不行，因为意志力在各种人的活动里面都有。就说体育运动好了，其实也是非常需要意志力的。一个运动员要想获得冠军，平时就要克服各种各样的障碍和诱惑，坚持每天锻炼自己的体魄。但有德性的人并非只有力量，他还有一个东西是令一般人敬仰的，那就是卓越的精神理想。有德性的人是有理想的人，他能够看淡眼前的、世俗的利益，那是因为他能看清人生的更高的目的和意义，然后在一种强大的意志力量的推进下不断地靠近这个理想，一步步地把它化为现实。

总结上面两点，有德性的人首先是有坚持力量的人，其次，他也是有着更高理想的人。

这两点也恰恰就是亚氏德性概念的基本含义。大家可以先看一下廖申白老师在"德性"这一节的译者注，他一开始就很清楚地给出了德性的定义，"*德性就是人们对于人的出色实现活动的称赞*"。就这么一句话，至少牵涉三层很关键的意思。这里的关键词就是"实现活动"。

那么，一种"实现活动"至少涉及几个要素呢？比如这样一句话，"我终于实现了我的梦想，成为一位小说家"，这句话里面，小说家这个梦想就是你的实现活动的目的，但光有目的还不行，你还必须首先有成为小说家的素质，也就是说，你至少要有写作和鉴赏文学作品的能力。你具备了能力，也有了明确的目的，那就一步步地持之以恒地努力吧。所以，这个努力的过程也很重要。在亚氏关于德性的界定之中，其实就包含着这三个要素，也就是*目的、能力和过程*。

在这三个要素之中，其实都渗透着、包含着、伴随着快乐的成分，甚至我们可以说，*快乐对于德性来说是必不可少的*。

首先，*从目的上来说*，选择正确的人生目标，这本来就是一件很快乐的事情。当然，选择不正确的目的有时也很快乐，但这种快乐只是暂时的，不稳定的，不长久的。因为你别忘了，快乐从根本上只是一种盲目的力量。所以，如果你想要体会更为持久而强烈的快乐，那就势必需要更高的、更为强大的引导力量，而这个力量只能源自正确的目的。

其次，*从能力上来说*，快乐就更为重要。德性这个活动，古希腊人的理解跟今天有很大的不同。它是一种实现"目的"的活动，这个活动在古希腊人看来其实是万物都有的，并非人的专长。你甚至可以说一匹马也是有德性的，只要它跑得快，跑得美，非常好地展现了自己的能力，实现了目的。话虽然这么说，其实德性在古希腊人的生活里面还是有一个特别的意思的，就是"卓越"。这个词大致相当于英文的excellence，也就是出色、优秀。那么，卓越是什么意思呢？是你展现出超越一般人的能力和才华，进而获得了别人的赞美和肯定。这个意思在古希腊人的生活中也是相似的。

大家知道古希腊是城邦制，雅典和斯巴达是两个非常有名的城邦。雅典又以民主闻名，至少成年的男性是可以，而且应该积极地参与到公共事务之中的。在那里，每个人不是仅仅表达自己的意见和观点就够了，更重要的是展现出自己在能力上的卓越和优秀，进而获得别人的赞美和肯定。而真正的、强烈的快乐不正是源自这样一种卓越吗？

上面我们说，正确的目的能够给快乐带来一个持久而稳定的引导，卓越作为一种快乐，真的是名副其实，而且是非常强烈而持久的。为什么呢？因为在这种快乐里，你和他人之间建立起了一种非常平等而又真实的关系。

孔子有句话大家都熟悉，"独乐乐不如众乐乐"。这句话说了一个很简单的道理，人生有各种各样的快乐，但*最强烈的、最真实的快乐，就是和他人在一起所获得的那种快乐*。当然，这个"众乐乐"说的不是在一起花天酒地，胡作非为，而是每个人在真实、充分展现自我的过程中，获得了别人的赞美和肯定。

所以，后来亚氏也把德性理解为"以积极主动的方式"去实现目的。什么叫"积极主动"呢？或者说，有哪一种力量真正能推动这样一种积极主动呢？那不正是快乐吗？当你看清人生的正确目的之时，你是快乐的；当你获得别人的真心赞美之时，你是快乐的；如果你能以如此充实的快乐走完你的人生，夫复何求？

接下来就要谈《尼各马可伦理学》里的一个首要概念："善"。善在东西方文明中都是一个很宏大的问题。但我们讲的是人生哲学，所以还是应该把善跟人生的真实体验联系在一起。简单翻一下《尼各马可伦理学》第一卷的前面几节，就会看到，亚氏关于善给出了三个基本的命题：

第一个命题："所有事物都以善为目的。"

第二个命题："在各种各样的善之中，有一个最高的善。"

第三个命题："幸福就是最高的善。"

你把这三个命题串在一起，就会发现它们就像是三个依次上升的阶梯，完美地解释了人生幸福的终极法则。第一个命题讲的是一个很简单、普遍的道理，就是万事万物的运动发展都不是盲目的，都有目的，即它的善。俗话说："人往高处走，水往低处流。"这一高一低，就是对于人和水来说的不同的善。

既然万物都有善，那么这个世界上岂不是有各种各样数也数不过来的善？人有人的善，马有马的善，水有水的善……而且更麻烦的是，善不仅种类特别多，而且在阶段上有前后之别。

比如一个学生，他读了四年大学，最终是为了什么呢？为了一张文凭，这就是他求学过程所追求的善。拿了文凭又为什么呢？很显然是为了找到一份好工作。那么好工作就变成下一步的善。这样推下去的话，善的链条是无穷无尽的。所以就需要亚氏的第二个命题：各种各样的善不是同样重要的，不是分散的、并列的；相反，所有的善最终都指向一个最高的善，即终极的目的。

那么，这个终极的目的是什么？亚氏说，就是幸福。什么是幸福呢？亚氏毫不含混地给出了明确的界定：它有两个基本特征，一是<u>完满</u>，二是<u>自足</u>。什么叫完满？它对应英语中的"perfect/perfection"。用通俗的话来解释，就是正好，不多不少。参照什么东西来说正好呢？就是参照事物的本质。

对于人的生命来说，<u>真正的幸福，就是你最终实现为一个完满的人，一个在身体和心灵上都得到全面的、充实的、真正的发展的人</u>。当然，你会反驳说，人无完人，这样一个完美人生的理想有几个人能达到？这当然没错，但这并不是你放弃追求和努力的借口。相反，正是因为人生的终极幸福是朝向这样一种完美，每一个细节、每一个步骤、每一个选择都需要尽量做到完美。当你做到了，也就朝着幸福迈进了一步，实现了德性的人生，获得了最真实最强烈的快乐。

第三节 适度，也可以创造平凡的快乐

跟着亚氏的思路读到这一节的人大概都会有这样的感觉，就是《尼各马可伦理学》里讲的幸福和快乐似乎拔得太高了，像是完善、自足、卓越、目的……好像都不是一般人所能企及的。你可以想想，真正能够进入雅典的广场进行平等的对话和辩论的那些人，不说是圣贤，至少也都是精英。以这帮人的伦理标准来衡量的话，日常生活中的平凡大众，又有几个能真的做到？

多数人的幸福，大致就是考上一个不错的学校，找一份体面的工作，有一个温暖安定的家庭，然后就是一天天过日子，积累财富和人脉，再把所有这一切留给自己的孩子。

我最近看了一部很好的电影《小偷家族》。在里面我看到人生的另一种真相，就是我可以不需要多么远大的理想，不具备怎样卓越的才能，但我仍然可以有一种实实在在的快乐，只要我认认真真地做好手边的每一件事情，只要我诚诚恳恳地去面对身边的每一个人，只要我真心实意地去享受生命里的每一个点滴的快乐和幸福。台湾有一个词"小确幸"，意为"小小的确定的幸福"，不管这个词听上去有多俗，它确实说到了快乐的另一种真谛，就是平凡的生命也可以有真正的快乐。平凡的目的，也可以带有幸福的意义。

这就是亚氏在《尼各马可伦理学》里面接下去要解决的一个关键问题。大家读过了幸福，读过了德性，这个高度已经是很高的了。亚氏也意

识到了这一点，所以他必须把高度降下来，把那些关于幸福和快乐的抽象思辨带回到人间，带回到活生生的具体行动中。这就是他的伦理学一个最核心的意思，就是"实践智慧"。具体的出处是在第二卷的第二节。

在这里，亚氏区分了思辨的智慧和实践的智慧。思辨的智慧，就是那些很抽象、很普遍的理论，那往往很空洞、很玄，因为它谈的都是关于宇宙、人生的大道理。但实践智慧就不一样了。面对具体的人生，怎么去选择，怎么去行动，怎么去追求快乐和幸福，你只是抛出一大通玄奥高深的哲理是无效的，你还必须有办法把哲理与具体的生命结合在一起。

这一节里，亚氏就用了一个非常有启示性的说法。我用自己的话解释一下：实践的问题跟理论的问题不一样，人生不是解数学题，没有现成的公理和公式可以拿过来套用，也不可能有一套到处都适用的解题方法和步骤，所以，对于人生，你只能"因地制宜"。

这里有两个要点，一是"地"，二是"宜"。"地"，就是说你人生中面对的各种各样的情况都是具体的，要考虑到不同的场合、时间和地点，所以你首先要直面现实，而不是一上来就搬弄理论和概念。这就涉及第二个要点，就是"宜"。面对现实，也不是让你随波逐流，得过且过，甚至放弃自己的思考和立场，委曲求全。正相反，"宜"强调的就是实践智慧的一个最基本的原理，"适度"。什么是"适度"？汉语里有一个成语可以与之完美对应，就是"过犹不及"。亚氏说的也正是这个意思，他强调说："不及与过度都同样会毁灭德性。"

仔细读读《尼各马可伦理学》的第二卷第六节，你会发现，亚氏在思辨的智慧和实践的智慧之间做了一个类比。比如，对于一条线段，最适度的显然是中点。但是我们已经说过，人生不是数学，你手里没有一把现成的尺子去测量、去判断这个"适度"的点到底在哪里。或者说，如果真的有这样一把尺子，那就是你自己，就是你在人生历程中一次次磨炼出来的眼光、洞察力与气度。

但你可能会觉得这是一种"老油条"的做法。难道亚氏说的实践智慧就是所谓的社会阅历？就是混社会混久了，然后变得八面玲珑，圆滑乖巧？肯定不是。因为"老司机"只有经验，而没有智慧。经验不是真正的智慧，它只能让你不断地作茧自缚，因循守旧，而无法真正让你洞察世界的真相，领悟生命的目的。

我们一起读一下亚氏关于实践中的适度的定义："在适当的时间、在适当的场合、对于适当的人、出于适当的原因、以适当的方式感受这些感情，就既是适度的又是最好的。"（第二卷第六节）这句话太精彩了，值得仔细品味。亚氏强调的意思是，在你人生的每一步，做出的每一个选择，其实首先面对的就是纷繁复杂的人与事。关键就在于，你不要让这些外部的力量伤害你、破坏你甚至摧毁你（这个就叫"不及"），但同样不要试图凌驾于这些力量之上，甚至轻视它们、抗拒它们（这个就叫"过度"）。真正的适度是在这些不同的力量之间找到一个平衡，这个平衡又不是像线段的中点那么精确，而是一个大致的方向，推动你向着合乎原则和目的的方向行动。

所以，即便你还不清楚人生的目标是什么，也可能也并不明白正确的原则到底是什么，但当你以适度的方式行动的时候，至少你真切地感受到了周围的世界，至少你没有失去对于自己的掌控，这就是通向幸福的最基本的起点。当你保持了适度，你也就获得了由衷的快乐，这种快乐虽然平凡，虽然微小，但却指引着你的生命。

亚氏在第二卷最后说了这样一句话："这些事情取决于具体情状，而我们对它们的判断取决于对它们的感觉。"这已经说得非常清楚：适度的快乐，恰恰是最生动鲜活的实践智慧。

第四节 快乐与幸福塑造美与善的生命

这一节我们集中处理《尼各马可伦理学》中的一个很关键的问题，*就是快乐与幸福到底是怎样一种关系？*我们集中解读两卷，也就是第七卷和第十卷。如果只看小节标题的话，你会觉得这两卷讲的是差不多的意思。实际上也确实有很多重复，但第十卷更深入一点。

我们先从第七卷开始。第十一节讲到"对快乐的三种批判意见"。别看这一节这么短，但实际上已经把你能够想到的所有对于快乐的否定和批判列出来了。

第一种批判是，快乐是一种盲目的力量，如果任由这种力量操控你，那你就容易失控。做什么事情都只想着快乐，至于这件事情对于自己，对于周围的人有什么好处，有什么意义，这些都不会去想。一句话，只要快乐，怎么都好。我们一般叫这种人"享乐主义者"。但享乐主义者真的快乐吗？或许恰恰相反。他们的人生就像是没头的苍蝇，被一种力量牵着走。偶然间他们也会撞到成功，撞到胜利，但对于这些成功和胜利，他们都不知道应该怎样去理解、去接纳。所以享乐主义者的人生最终陷入的是一次次的挫折和失败，一场场的空虚与徒劳。

我们接下来看对快乐的第二种批判，用亚氏的原话来说，就是："快乐蒙蔽理智，而且它越蒙蔽理智就越是快乐。"我觉得这句话说得有点过了。当然，在《尼各马可伦理学》里，你总是能够感觉亚氏有一种天生的智商优越感。亚氏在这里的意思就是，你如果追求快乐，甚至把快乐当成人生唯一的、最高的目的，那就只能证明你的肤浅。所以我们在日常生活里经常说"傻快乐傻快乐的"，"像猪一样的幸福"等，也说明大家心目中有这样一个默认的标准：快乐是不需要动脑子的，甚至是你越不动脑子，越不想问题，你就越快乐。确实，往往身边很多人都会劝你，"想那么多干吗啊，多累啊，人生快乐就好！"。亚氏后面也说："儿童和兽类都追求快乐。"意思就是，追求快乐是心智不全的宝宝和没有心智的狗狗才会做的事情，有理智、有德性的成年人是不齿于此的。

第三种批判更有哲学内涵，它提出了一对哲学的范畴，也就是过程与目的。它认为：快乐就是通往幸福的过程和手段，但它本身不是最终的、最高的目的。举个例子，你寒窗十载，最终为了什么？无非是获得知识，领悟智慧。那么，寒窗十载的时间就是过程，最后的领悟就是目的。快乐和幸福的关系初看起来也是这样。

以上三点就是亚氏列出的反对快乐的主要意见。我建议你读到这里，最好先停下来仔细想一想，这三种意见到底有没有道理？如果有道理，你准备怎么去论证它；如果没有道理，你又打算从什么角度去反驳它。

从第十二节开始，亚氏就明确指出，他对于以上三种批判意见都不能接受和赞同。这是当然的，如果赞同的话，他就不会写这本书了。其实，亚氏从根本上要做的事情就是为快乐正名，就是想尽办法把快乐纳入追求幸福、实现卓越的过程之中。用一句通俗的话来说，亚氏认为，**不快乐的人生是不可能幸福的，但仅仅有快乐的人生也不是真正的幸福。**

接下去我们逐条看一下亚氏的反驳。

第一条反驳有点儿弱。很简单的一个道理就是，快乐是多种多样的，有程度上的差别，有性质上的差别，当然还有持续时间上的差别，等等。所以如果快乐是多样的，你就不能一棍子把快乐都打死，说快乐就是不好的、有害的。这样的观点是不客观的、不全面的、不谨慎的。但这不是论证，只是一种意见。

第二条反驳就很强了。亚氏直接针对上面的第三种批判意见，即快乐是过程而不是目的。他说，当你把快乐当成过程、幸福当成目的的时候，你显然犯了一个错误，那就是*把过程和目的完全割裂开来*。当然，对于很多现象，尤其是自然现象，过程和目的是可以被明确区分的。"条条大路通罗马"，道路就是过程，罗马就是目的，二者从空间上就可以明确区分。但当我们谈快乐和幸福的时候，我们谈的不是道路和终点，而是一个连贯、鲜活的过程。就说你自己，从一粒受精卵开始，慢慢长大成你现在的样子，当然很不容易，这个过程能不能被明确地划分为不同的阶段呢？可以，但这些阶段可以被完全地割裂开来吗，就像是道路和罗马？显然不行。因为你过去每一分每一秒的生命都持续到今天，渗透到当下，才造就了如今的你。我们常常把生命比作乐章，就是这个道理。一首交响乐，你可以把它分成不同的部分（开端、发展、高潮、尾声），但所有这些部分都是连贯的、交织在一起的。

在这个意义上说，*快乐就不单单是过程，也是"实现"。什么叫实现？就是它的目的不是在它之外的，而是蕴藏在它本身之中的*。最典型的例子就是生命。生命有什么外在的目的吗？其实没有，生命真正的目的就是把自己展开来，不断延续，不断发展，不断完善。所以它的目的是内在于它本身的运动过程之中的。在这个意义上，生命就是实现。那么快乐就不单纯是一个过程了，因为真的快乐就是你不断地实现自我的过程，就是你不断地展开自己的潜能，然后在这个过程里不断完善自己。前面几讲里，我们也明确提到了，这就是亚氏把快乐与德性联系在一起的重要原因。*一句话，快乐不是趋向于目的的过程，而是一种自我实现的运动。*

第三条的意思是说，任何事情都有好坏两面，快乐用得好，可以促进你的健康；沉思用得不好，也会伤害你的健康。

第四条和第六条说的是差不多的意思，就是快乐也是有高低的。沉思的快乐和节制的快乐，才是真正的快乐。

第五条有点意思，因为承接了上面关于过程和实现的那个论证。亚氏在这里进一步指出，正是因为快乐不是过程，所以快乐也没有技巧可言。*真正的快乐是学不来的，也是教不会的，因为说到底它是你对自己的培育和塑造，是你在生命的历程里不断地去实现自己。*读到这里，你是不是想到了上一节谈到的那个词？没错，快乐的实现也正是一种实践智慧。

搞清楚亚氏这一连串的反驳，我们可以进入最后的问题了，就是快乐与幸福的关系。在第十三节，亚氏看起来将快乐与幸福等同，甚至把快乐称为"最高善"。但你仔细看亚氏的论证，他用了一个反证的形式。亚氏的意思是说，有一些快乐可以达到最高善的程度。他后面也明确说了，这是一种"很特殊的快乐"。那么，这种特殊的快乐到底是怎样的呢？就是那些沉思的、节制的快乐。

为什么快乐可以达到幸福乃至最高的幸福？因为它是"未受到阻碍的实现活动"。什么意思呢？最简单的说法就是激活你的生命，让你的潜能以最充分、最完美的方式展现出来。在这里，快乐与幸福紧密地结合在一起，因为它们所揭示的都是生命和生活的真谛。

对此，后面的第十卷说得更清楚一些。在第四节的最后，亚氏说："*人们都追求快乐是因为他们都向往生活。生活是一种实现活动。每个人都在运用他最喜爱的能力在他最喜爱的对象上积极地活动着。……快乐完善着这些活动，也完善着生活，这正是人们所向往的。所以，我们有充分的理由追求快乐。*"读到这里，基本上书里关于快乐和幸福的主要论断都说完了。亚氏在这里用了一个总结性的词，就是"充分理由"。

这几句结论主要有三层意思。第一层意思，最基本的原则是，生活是一种实现活动，生活没有什么外在的目的，它最终的目的就是将自身的潜能尽可能完美地实现。第二层意思，当我们实现了这种完美状态的时候，当我们的能力在合适的对象上得到了充分实现的时候，就是幸福的。所以幸福有很多种，因为你的能力及其相关的对象也是多种多样的。表演音乐是一种幸福，积累财富是一种幸福，在竞技体育中胜出也是一种幸福。当然，最高的幸福还是沉思，因为人的思想能力不需要任何外在的对象，它在思索自身的过程中实现了最高的完美。

　　第三层意思就是，快乐完善着实现活动。也就是说，快乐总是伴随着人的各种各样的活动，但它并不构成能力的本质。比如说你在表演音乐、锻炼体魄的时候，是否快乐并不是必需的条件。在很多时候其实你是很辛苦的，但快乐可以让你实现自我能力的过程变得更完善，因为它能增强你的感受，让你的能力更自如、更酣畅地实现。亚氏举了一个非常美妙的例子："正如美丽完善着青春年华。"青春年华本可以不美丽，可以很残酷，很痛苦，但只要它让你成熟，让你长大，它就实现了你自身的能力。但当你有了美丽，你就会觉得成长的过程更充满着生命的强度，更具有一种美感，更像是一件艺术品。所以中译本前言特别提到了，在古希腊的理想中，善与美最终是密不可分的，如果说幸福趋向于最高的善，那么，快乐就是在这个实现自我的过程中所不可或缺的美丽的生命强度。

第五节　快乐与真爱不能兼得吗？

这一节我们集中处理一个具体的问题，那就是友爱。其实我们把这个问题放在最后来讨论，就恰恰说明，在亚氏的眼中这可不是一个小问题，甚至可以说是全书的核心问题。你看整个第八卷、第九卷都在讨论这个问题，而且不是翻来覆去地说车轱辘话，而是确实有太多的细节可以谈。甚至读到最后，你还是有意犹未尽之处。

受篇幅所限，我们的讨论还是集中在第八卷，然后略涉及第九卷里几个引申的段落。还有一点，就是我们想从友爱最终上升到爱情，虽然在日常生活里大家可能觉得友情与爱情是两码事，但你仔细品味一下亚氏对友爱的基本界定，就会发现友爱的最高实现形式或许正是爱情。当然，这里的爱情不是单纯的情欲之爱，而是两个灵魂之间的彼此欣赏和吸引。要注意一点，我们讲的友爱主要着眼于生活中的情况，至于亚氏随后大段论述的政治共同体中的友爱，这里就不多提了。

先看看亚氏对于友爱的两个基本定义。第一个定义在第八卷第二节，亚氏说：" 只有相互都抱有善意才是友爱。而且，也许还要附加一个条件，即这种善意必须为对方所知。"第二个定义在下一节，他进一步说："完善的友爱是好人和在德性上相似的人之间的友爱。"看完这两个定义，你一下就会明白为什么友爱在《尼各马可伦理学》里那么重要。首先是它把善和德性这两个基本概念串联在一起。其次是因为，之前我们讲善、幸福和快乐的时候，主要还是集中在个体身上。我们讲的是，作为一个活生生的生命，你应该怎样实现自我，追求完美，感受快乐。而友爱把这个思路又推进了一个层次，因为它要解决的，是不同的自我之间如何彼此促进，共同趋向于美与善的人生。

我们先跳到第九卷的第九节，这里亚氏追问了一个很关键的问题，就是追求幸福到底是你自己一个人的事情，还是必须跟朋友一起才能真正实现？这个小节的标题——"幸福的人也需要朋友"——已经给出了明确的答案：一定需要，必然需要。原因有三。

第一，*幸福的人有三个基本特征：他有明确的目的（善），有实现目的的能力（德性），有敏锐的感受力（快乐）*。你可能会觉得，别人的关心和帮助，对于幸福的人来说只是锦上添花，甚至可有可无吧？但真不是这样。我们上一节说到，生命的本质是自我的实现活动，虽然这个活动的目的是内在的，它还是要依赖很多外部的条件，这些条件不是可有可无的，而是非常关键、不可或缺的。举一个简单的例子，一粒种子长成参天大树，靠的首先当然是它生命内部生长的力量，但也不能离开外部的雨水和阳光。一个幸福的人也是这样，虽然追求幸福是自己的事情，但离开别人的友爱这个关键的外部条件，也是完全没办法实现的。

第二，幸福的人是强大的，但他来到这个世界上不是只为了实现自己，自我欣赏，相反，他的一个非常重要的作用就是用自己的能力和行为去改变身边的人，推动这个世界向着完善的方向发展。亚氏用"施惠"（施加恩惠）这个说法多少有点不妥，这就好像幸福的人有一种高高在上的优越地位。我更倾向于用"感动""影响""促进"这样的说法。读到这里，你可能想到了尼采笔下的查拉图斯特拉，那个用自己的阳光来照耀世界的高贵者。但其实我们也不必拔得那么高。亚氏的意思也可以放在平凡人身上来理解，那就是奉献比索取更幸福、更快乐。

第三，之所以幸福的人需要朋友，是因为人是政治的动物，人的本质必须在群体之中才能真正实现。

好，现在我们回到第八卷，来具体探讨三个问题：友爱为什么重要？友爱有几种？什么是真正的友爱？

第一个问题，友爱为何重要？按照古希腊哲学的一贯思路，那是因为友爱不仅是人类的天性，更是万物的本性。《周易》里的那句名言"天行健，君子以自强不息"也是相似的道理。一句话，人之所以要爱别人，是因为爱是维系万物的积极的、创造性的宇宙力量。亚氏举了一堆例子，说无论是富人还是穷人，无论是青年人还是老年人，没人不需要朋友，也没人能忍受形单影只的凄惨生活，甚至连鸟兽都喜欢聚在一起。所以，友爱是遍布整个宇宙的根本性的力量。万物之所以能够和谐相处，而不是时时刻刻处于分崩离析的状态、彼此争斗、相互厮杀，那是因为从根本上说，万物都是相似的，都能够被纳入一种和谐有序的普遍秩序之中。

但是这一番宇宙论的玄想还是先打住，让我们回到人间，仔细考察一下人与人之间到底是怎样通过相似之友爱联结在一起的。

这就涉及亚氏的第二个问题，友爱的分类。从第二节到第三节，他给出了三种友爱，即出于有用的友爱、出于快乐的友爱和出于善意的友爱。前两种他认为不是真正的友爱，只有最后一种才符合友爱的本质定义。当你爱一个人，仅仅是因为他/她对你有用，让你快乐，这就不是真爱。因为真爱爱的应该是那个人本身，无论这个对象是否能让你发财或让你开心。日常生活里谈到爱情的时候也往往带有这个意思，就说明大家在这一点上是有共识的。比如，大家经常说"爱"不是"欲"，这不是说欲望是一件很低级的事情，而是说单纯从欲望的角度，你至多只能了解一个人的颜值、肉体这些表面的东西，完全没办法深入本质，没办法了解他/她到底是怎样的一个人。

亚氏义正词严地批评了功利的友爱和快乐的友爱。他说，功利的友爱经常出现在老年人那里，因为老年人生活了一辈子，对人性常常已经不抱希望了，对快乐也有心无力了，所以干脆就来点实在的。"老司机"交朋友的首要标准就是：你对我到底有什么用？没用的话，咱俩干吗浪费时间在一起？所以在三种友爱里，功利的友爱其实是最低级的，因为它既没有快乐的友爱那种体验，也远远没有善意的友爱那种对幸福和德性的追求。

与此同时，单纯快乐的友爱，亚氏也觉得不行，因为它最大的弊病就是不稳定、不持久。他说，年轻人之间往往是凭感觉、凭体验交朋友的。但这种单纯出于感情的关系肯定长不了，因为这世上没有哪个人能让你一直愉快。

既然功利和快乐都不是真爱，那么真爱到底在哪里呢？在接下去的第三、四节，亚氏给出了真爱的几个基本特征。

*第一，真爱爱的是一个人自身，而不是他/她的"偶然属性"。*简单说，你爱的是他/她的本质属性，而不是偶然属性。什么叫"本质属性"？就是他/她身上那些持久的、内在的、稳定的特征。什么叫"偶然属性"？就是那些不稳定、多变的、随环境和场合而改变的属性。"路遥知马力，日久见人心"，就是这个道理。为什么偶然属性不值得爱？因为它是可以被伪装的。一个人可以装出很让你喜欢的样子，但他/她的目的可能就是功利的。但你只能装一时，不能装一世，因为你"真正所是"的样子总在那里，是很难被改变的。所以，友爱也好，爱情也好，都是两个灵魂之间艰辛而漫长的彼此发现的过程，偶然属性是根本不靠谱的。

*第二，真爱在两个真正相似的灵魂之间才能发生。*什么叫真正相似？一个本身独立自主的生命，他/她已经在实现自我，展现德性，体验快乐。只有在这样的两个人之间才有真爱，因为他们都不需要从对方身上获得什么实利，也不需要消极被动地依赖对方来获得快乐。这种真爱的状态更像是两根琴弦之间的共鸣，或许彼此之间有差异，但最终都在对方身上发现

了自身的完美的镜像。

所以亚氏在这里说了两段非常令人回味的话。第一段在第四节的开头，他说："*但是爱者与被爱者的友爱不是这样，因为他们并不是从相同的事物中得到快乐。爱者的快乐在于注视被爱者，被爱者的快乐则在于爱者对他的注视。*"这段话说得太美了。第一层意思是说，真爱不是因为两个人长得特像，彼此看对方就像是照镜子；也不是因为两个人都做差不多的工作，一来二去就日久生情了。这些都叫"从相同的事物中得到快乐"。真爱的快乐不是这样的，它的前提是两个人是独立自足的个体；正是因为这样，我们才在对方的身上找到一种真正的共鸣和共振。为什么要说"注视"？眼睛是灵魂的窗口，你要想知道是否真爱一个人，就注视着他/她的眼睛，看看你是否心动。

看到这里，你会发现，亚氏并没有完全把真爱与快乐对立起来。正相反，他认为在真爱里有一种快乐，是持久的，是纯粹的，是至善的，那就是两个独立灵魂之间的合奏。

最后，我们一起来看一下亚氏关于友爱和真爱的最动人的结语。在第五节的最后，他说："*爱着朋友的人就是在爱着自身的善。因为，当一个好人成为自己的朋友，一个人就得到了一种善。所以，每一方都既爱着自己的善，又通过希望对方好，通过给他/她快乐，而回报着对方。所以人们说友爱就是平等。*"但这个平等不是权力和地位上的平等，不是门当户对，而是灵魂的平等，因为每个人都在对方身上发现了自己孜孜以求的完美形象。正是这种爱才能将彼此真正带向美和善的人生境界。

第四章

创造

亨利·柏格森（1859—1941）

推荐图书

《创造进化论》
［法］亨利·柏格森 著，肖聿 译，北京联合出版公司，2013年11月。

第一节　柏格森思想背景：绵延、多样性与直觉

从本节开始我们将一起读法国哲学家亨利·柏格森（Henri Bergson，1859—1941）的名作《创造进化论》，来领会创造何以成为生命的真义。

在谈"创造"这个主题之前，我们先来谈一下"无聊"。无聊是我们这个时代的典型症状，它主要源自刺激的增多带来的注意力溃散和精神力薄弱。[1]克尔凯郭尔对信仰这种强大精神力量的深刻阐发可能会是一个解决的方法。但信仰有一个重要特征，就是它的动力主要还是源自外在的那个无限的超越者，无论你把它理解为上帝还是彼岸。难道生命的重复和循环的无聊模式一定要通过一个强大的外力才能被打破吗？难道在生命之中就没有挣脱无聊枷锁的真正力量了吗？

通过阅读柏格森及其《创造进化论》，我希望大家能明白：生命本身就有一种更强大的内在力量去改变无聊的状态，去超越既有的沉沦，去拥抱新生和希望，那是因为，*生命的本质就是创造，求新求变的意志本身就是生命的真相*。读到这里，你一定会想起尼采的强力意志（will to power），没错，尼采确实是第一位对生命的创造性进行深刻阐发的重要哲人。尼采的很多论述都是以诗和格言的方式来表达的，深意往往是隐藏起来的。

---

[1] "无聊的东西，是把人拖着却又让人无所事事的东西。"（[德]海德格尔：《海德格尔文集：形而上学的基本概念》，孙周兴、王庆节主编，商务印书馆，2017年，第130页。着重号为原文所有。）

这样对照起来，柏格森对创造性生命的阐释更加清晰透彻。首先，柏格森是一个罕见的天才和通才，他在科学和哲学方面都有着精深的造诣。大量吸取生物学和自然科学的前沿知识，使得他的论述能够立足于扎实的科学研究基础之上。其次，柏格森的文笔相当出色，而且是以一种清晰的论证的方式进行的，所以非常有利于大家循序渐进地进行哲学思考。

创造，可大可小，从大的方面来说，上帝创造世界，盘古开天辟地，乃至大爆炸生成宇宙，都是创造。创造也可以从小的方面来理解。日常生活里我们也经常用"创造"这个词："发明创造"主要用在技术革新方面，还有新的生活方式的"创造"、时尚的"创造"，甚至仅仅是"创造"一个新词、一种新的表达方式等等。

无论是大至天地还是小至生活，创造的本义其实都可以被归纳为"从无到有"（ex nihilo）这个基本特征。正是因此，创造跟无聊是鲜明对立的关系：无聊就是重复，就是懒惰，就是无心或无力去改变现状；创造恰恰相反，它追求"不同（差异）"（make a difference），它追求"新异"（the newness），从根本上说，它追求的是发展和进步（progress）。

创造这个词本身是很古老的，中世纪的神学就对创造者与被造物（creator/created）有一套复杂的哲学思辨。到了近现代时期，"创造"开始与"生命"紧密地联系在一起。很多学者指出，现代性的一个基本特征就是持续不断地求新求变，或者说，从时间性的角度来看，现代性是有一个鲜明的进步和发展的指向的。人们普遍相信理性和科学能够不断地引导社会脱离野蛮和愚昧的状态，迈向自由、平等的未来。法国当红哲学家特里斯坦·加西亚（Tristan Garcia）在其著作 *The Life Intense: A Modern Obsession*（可译为"强度性的生命：一种现代的迷执"，尚无中文版）中说，有两个重要的发明（发现）最能够体现出现代性的这一特征：一个是电力，另一个就是生命。

你可以想想，电和生命都有一些相似的特征：比如，都是持续的流动，都有着强度（intensity）的涨落，都可以转化为不同形态的能量。所以，如果说电力是现代性最重要的技术发明，那么生命就是现代性在人身上所发现的最重要的能量。人是知、情、意的结合体，但从存在的基本形态上来说，人更应该是一个持续求新求变、不断发展进步的生命创造的过程。所以，生命这个概念虽然在亚里士多德那里就已经有了深刻的论述（《论灵魂》），但直到近代晚期才逐渐成为一个关键的哲学概念，一个重要的原因就是，人们在生命里重新发现了人的自由和尊严。从生命的角度，才能真正对人的自由给出一个哲学上的论证。遍览近现代哲学史，真正把这个道理说得清楚透彻的，也唯有柏格森一人了。

关于柏格森，我在这里提三件事。

首先，你可能没想到的是，柏格森虽然在今天知名度并不高，但在他活着的时候，影响力简直是如日中天。他的著作动不动就是再版多少次（而且是在很短时间里），而且他在法兰西学院的讲座每次都挤得水泄不通，吸引了当时欧陆的各路名流，甚至连艾略特都来旁听。他的影响力不局限于法国和欧洲，更是世界性的。一个著名的段子，就是他第一次去美国哥伦比亚大学做讲座的时候，竟然造成了百老汇大街有史以来的第一次大堵塞。他后来还作为特使与当时的美国总统威尔逊共商和平大计，这些都说明他不仅是学界和文化界的名人，在政坛也有着举足轻重的地位。

其次，为什么柏格森后来的影响力一下子就消失了，甚至在他死后很长一段时间里都不大听到有人谈到他的思想呢？一个直接的原因当然是他在死前曾经嘱托家人毁掉他的所有论文，而且据说这个遗嘱确实兑现了。这当然就为后人研究他的思想造成了很大的障碍。还有一个原因是学理上的，就是他毕生所宣扬的那种生命创造的精神，经历了两次战争之后，确实会引发人们的反思、质疑乃至批判。"创造"能解决欧洲文明所陷入的困境吗？这两次惨绝人寰的战争在一定意义上不也是"创造"的恶果？对这些问题，在我们一起读完《创造进化论》之后，想必大家会有一个自己的判断。

最后，前面提到了，柏格森既是天才又是通才。这绝无半句虚言。从小到大，他都一直是学霸。他在科学上的天赋很早就体现出来了，甚至他中学的数学老师知道他转学哲学之后，还很惋惜地说："唉，你本来可以成为一个数学家，但你现在只能当一个哲学家啦！"另外值得一提的，当然是1927年他获得诺贝尔文学奖。这也说明除了思想深刻之外，柏格森的文字之美妙也早已获得世界的认可和赞赏。

大致了解了柏格森其人，我们再简单介绍一点他在《创造进化论》之前的思想背景。在这部大作之前，他的思想主要集中在两本书里，一是《时间与自由意志》（英译本的标题），二是《物质与记忆》。我们集中说前面一本，因为它是柏格森的第一部重要作品，而且篇幅不长。在这本小书里，柏格森几个基本的思想要点都已经清晰地呈现出来。

第一就是时间与空间的区分。这个始终是根本问题。大家知道，生命作为一个概念初次登上哲学舞台，正是由于那场著名的争论，也就是*生机论（vitalism）与机械论（mechanism）*的争论。机械论背后是牛顿经典力学所描绘的宇宙图景，它把整个世界设想成一部走时准确的钟表；生机论就奋起抗争，认为机械论可以解释世间各种各样的现象，唯独解释不了一件事，那就是"生命到底是什么？"。是的，你可以把人想象成一部机器，把人体也想象成由不同的零件组合而成的"机体"（organism），但你依旧搞不清生命到底是怎么发生的。当然，随着生物学的发展，这个生命的机制肯定能够得到解答；但从哲学上我们确实可以进行这样一种彻底的追问：科学的方法真的能够理解生命的本质吗？如果科学的方法不合适，那么我们能够找到其他的进路来洞察生命的真相吗？*这就是柏格森的哲学反思的起点*。

首先，他认为自然科学的那种机械论图景有一个根本的缺陷，那就是把整个世界都空间化了。最典型的形象就是大家熟悉的三维坐标系，每个坐标点之间是彼此分离的，但所有点又都是均质的、等价的、可互换的，因为只是标志着不同的位置而已。正是因此，整个世界都可以被纳入精确的测量和计算的系统之中，并最终遵循着普遍的物理学法则。但生命也能够被这样空间化吗？更进一步地追问，*世界的本质到底是空间的系统（system），还是时间的过程（process）？* 从现象上来看，生命的本质肯定不是一个有着严密结构和运作法则的机器，而是接近一种持续不断的流动吧。

机器与流动有什么区别？在流动之中，你是没办法严格区分出不同的部分的，也就是说，不同的部分是彼此渗透、密切交织的。另外一个更为根本的差别是：机器的本质其实是重复，也就是按照一个预设的模式和结构不停地重复运转下去，当然也可以有新的功能，但这个"新"的程度是十分有限的；对比之下，流动就截然不同了，它几乎每时每刻都在诞生新的形态，你可以把它限定在一个稳定的结构和系统的状态中，但那样它就不会流了，就失去生命了。

由此，柏格森给出了一个非常重要的区分，他认为多样性（multiplicity）这个特征在空间和时间上都存在，但表现的方式是不一样的。*空间的多样性是"量的多样性"（quantitative multiplicity），而时间的多样性则是"质的多样性"（qualitative multiplicity）。* 量的多样性很简单，就像是坐标系里面可以互换的等价的一个个点，虽然"多样"，但本质上是"一样"的。质的多样性，就是生生不息的流变，看起来始终是"同一条"河流，但其实每个瞬间都在产生新的东西，都在诞生新的生命。注意柏格森在解释这个区分的时候，举了两个例子，非常有意思。

量的多样性，他觉得就像是羊群，看起来很多羊挤在一起，异彩纷呈、生机盎然的样子，但实际上每头羊都是"一样"的。这个例子显然有点牵强，但柏格森的意思可能是要强调，当你把一个个活生生的生命体抽象成数字的时候，就是这么生硬和荒谬。质的多样性，他举的例子是"同情"（sympathy）。当我们对别人有一种深深的同情和共鸣的时候，就超出了个体意识的范围，开始与别的意识融合在一起了，就像是一个个小水滴汇成了一条难解难分的河流。这个例子虽然有些牵强，但至少显示出柏格森的生命创造理论的两个基本起点。第一，生命是创造的，但这种创造不是量的增减，而是性质的变化，也就说，创造性的生命是一个连续的、异质的（heterogeneous）、彼此渗透的进化运动。第二，用同情作为例子，也说明柏格森最终想从哲学上说明的是人的自由。何为自由？当然不可能在一个空间的机械论的宇宙之中得到说明，因为自由首先是生命的创造，其次，这种创造并非仅仅是个体性的，而是最终要汇流在一起，演变成宏伟的充溢天地的大化流行。所以大家看《创造进化论》，一个最鲜明的印象就是，生命创造的具体形态是千千万万的，但始终有一个根本的"生命冲动"（vital impulse）贯穿其中。读到这里，大家可能想到了叔本华的世界意志。当然了，柏格森的生命冲动是创造的、进化的，而不是自我吞噬的和毁灭的。

在其他的著作里，柏格森对这种绵延流动的时间做出了三个经典的形象比喻：一对纺锤、色谱，以及拉伸的橡胶带。这三个形象各有侧重点。一对纺锤突出的是时间不断展开的运动（unrolling），色谱强调的是时间展开的形态是无限多样的，而橡胶带的隐喻是根本性的，它说明时间无论怎样展开、如何多样，最后都要回归于那个根本的生命冲动中去。

第二节 生命就是『无尽的自我创造』

我先说说《创造进化论》这本书的读法。这一节我们重点读序言和第一章。第一章篇幅相当长,有将近一百页,但其实也不用仔细看,因为大部分篇幅都在讨论生物学知识,这些知识在柏格森的年代是相当前沿的,但在今天看来,绝大多数都是过时的。这本书我们主要从两个方面来读:一是基本的哲学问题,也即是说,从哲学上回答"生命是什么"这个根本问题;二是人生哲学的问题,也就是从柏格森的生命创造论里我们能领会何种人生哲理。注意:这本书的论证是有些跳跃的,所以我们的讲解不是严格按照页码的顺序。

上一节最后提到了关于时间绵延的三个形象隐喻。这里再展开一下。两个"纺锤"实际上就是过去和未来,当中拉来拉去的线就是持续不断的时间流动。这个形象很有深意,它颠覆了我们对时间的日常见解。一般人习惯把时间理解为一条有方向的直线上串起一颗颗珠子。这根线从过去向未来延伸,上面的珠子就是一个个"现在"或"当下"。这种时间形态有两个严重的缺陷:第一,珠子和珠子之间是分离和断裂的,没有真正连在一起,所以没办法解释时间到底是怎样从上一个"现在"流向这一个"现在",又怎样流向下一个"现在";第二,在这条线上,显然只有"现在"是真实的,"过去"已经过去了,消失了,不存在了,"未来"还没有到来,也是不存在的。

它显然违背了我们意识之中对时间的真实体验。首先，我们体验到的时间是连续的，不是中断的，我们会明显感觉到时间的连续流动，而不是像看幻灯片一样从一个"现在"翻到下一个"现在"。其次，真实体验到的时间流里，过去和未来并不是不存在的，而是以不同的方式存在。比如，过去的东西并没有完全消失，它转化为记忆保存起来。未来的东西也并非全然虚幻，而是作为预期、筹划和目的等力量来引导当下的行动。

这样看起来，两个纺锤的形象就比串珠子的线更接近真实的时间体验。一方面，这根线是拉来拉去的，所以它必定是连续的，而且里面体现出一种真实的运动；另一方面，两个纺锤代表着过去和未来，而且纺锤本身的形象就很生动，它是把千丝万缕的时间线都缠绕在一起，形成了一个庞大复杂的整体。所以，"现在"不是一个点、一颗孤零零的珠子，它其实是被背后的力量拉着运动的；过去和未来也不是虚幻不实的东西，它们反倒是比当下更为庞大而真实的时间运动的基础。对照一下，你会觉得纺锤这个形象比色谱和橡胶带更好。在色谱上，我们也能鲜明强烈地体会到一种颜色向另一种颜色转变时，中间经过的那些多样的过渡环节和形态，但毕竟不同的色调之间是"并列"的关系，我们体验到的只是不同的色调，而不是贯穿其间的连续的运动。橡胶带也不行，因为它是从"现在"这个点开始，向着过去和未来进行拉伸，好像"现在"还是时间里最重要的一个维度。

通过纺锤的例子，我们发现有两种时间。一种是数学的，也可以说是广义上的自然科学的时间，是空间化了的"客观的时间"。这个时间是供计算、测量的时间，只有"量的多样性"。另一种时间就是在意识里真实体验到的流动的时间，它可以说是"内在的"生命的时间，充满着"质的多样性"和不断的创造，用柏格森的术语，就叫"durée"，这个法语词译成中文"绵延"，真的是很传神：既是"延伸"，又是连续的"绵绵不绝"的过程。

这两种时间的区分，正是第一章的主线。柏格森把第一种时间叫作"数学计算"的时间，"抽象时间"（第20—21页）。它仅仅是从外在观察到的时间，并没有真正进入真实的绵延流动之中，因此它最终导致的是机械论的结果。这种时间观的主要问题，柏格森说得很清楚："（数学家们）说到的始终是一个既定的瞬间，换句话说，是一种静止的瞬间，而不是流动的时间。总之，数学家处理的世界，是一个每时每刻都在死去而又再生的世界。"（第22页）

这两句话里有两个基本意思。首先，数学的时间里只有"现在"是唯一真实的，因为你只有把活生生的时间流解剖成一个个死的"静止的瞬间"，才能进行有效的计算和测量。也因此产生第二个意思：能够被数学计算的时间是已经死去的时间，因为"现在"和"现在"之间是彻底分离的、中断的。当上一个"现在"彻底死去和消失之后，下一个"现在"才能诞生，但在这两者之间发生了什么呢？数学家没办法告诉我们，因为那个是算不出来的。用柏格森的话来说，这种时间"不再是某种被思考的东西，而成了某种活着的东西。它不再是一种关系，它是一种绝对"。但真正的时间是"绝对"的，是"活着"的，它就是需要不断地展开自己，实现自己，以各种各样的方式和形态去进行创造。"绵延意味着创新，意味着不断精心构成崭新的东西。"（第11页）

那么，我们在哪里能够真实地体验到时间的绵延运动呢？肯定不会是外部的世界，因为那里充满着物和机械的运动，它们遵循的是数学和物理学的法则。外部世界不行，我们就转回自己的内心吧，在生生不息的意识流动的过程之中，是不是无比强烈地体验到了另外一种时间，一种与数学时间截然不同的时间？如果说数学的时间是离散的、可逆的、不连续的，每一个"现在"都是同质的，那么，内在的、绵延的意识的时间就是连续的、不可逆的、融合的，每一个时刻都孕育着创造新生，因为是异质性的。所以柏格森很俏皮地模仿赫拉克利特的话说："意识不能两次处于同一种状态。"因为它每一个时刻的性质都是截然不同的。

这样我们就可以解释一下第一章标题里面的两个概念：*机械论*和*目的论*。实际上，第一章还有一个概念叫"激进目的论"，但它实质上只是机械论的一个变种。机械论的背后就是数学的时间。什么叫机械论呢？你可能首先从空间的角度来理解，世界就是一部庞大复杂的机器，有不同的零件和功能，然后联结成一个整体系统。但机械论更深刻的含义是对整个世界在时间上进行一种决定论的理解。既然数学家没有办法"算出"时间的真实绵延运动，那他们就只有一个选择，即用一种严格的规律和法则把那些分离的"现在"之点贯穿在一起。是的，我们不知道时间是怎样流逝的，但没关系，我们可以事先确立起一套严格的物理学的法则和数学的公式，然后按照这一套系统精确地推算出时间的运动及变化的不同状态。法国数学家拉普拉斯就说，如果我们能精确地测算出宇宙在当下的完整信息，那就能非常精确地测算出从过去到未来的每一个时刻的状态。

但目的论就不一样了。柏格森意义上的目的论不是说整个宇宙就朝着一个明确的、预定的未来目的去运动，这样一种目的论叫"激进目的论"，其实跟机械论没什么区别，只不过方向正好反过来。机械论是说，宇宙从过去到未来，环环相扣，形成了一根可计算的严密的因果链条。激进目的论正相反，它是说宇宙变化发展的动力来自未来，但这个未来并不是开放的、变化的，而同样也是预定的、明确的，因此那也同样把整个世界框定在一个严格的时间秩序之中。

这样对比起来，柏格森说的目的论应该被称作生命的*"内在目的论"*。首先，它的目的不是外在的，而是内在于生命的运动发展之中。其次，它的形态不是决定论的，不是严格限定的，而是开放的、变化的，一句话，是创造性的。这样听起来就有点奇怪。目的，总是一种运动趋向、朝向的地点吧？如果目的是内在的，那就应该叫作"动力"而不是目的吧？注意，这恰恰是柏格森的创造进化论非常关键的一点。*目的一定是内在的，因为只有这样，它才能保证生命不断地处于最为开放的自由创造的状态*。如果生命有一个外在目的的话，那它多少都会对生命的运动构成限制和束缚。

那么，为什么说生命的创造进化有一种内在的目的呢？一、它有一个*方向*；二、它具有一种*整体性的和谐*。创造进化的背后是绵延的时间，而绵延的时间是不可逆的。"我们将绵延知觉为一股我们无法逆它而行的水流。它是我们存在的基础，我们还感觉到，它是我们生存的这个世界的根本实质。"什么意思呢？就是你感觉到自己的生命是生生不已、创造不息的，你就是要拒绝怠惰，就是要突破现状，就是要求新求变，所以你感觉到生命之流在不断推动着你向前，不可遏制，停也停不下来。

换句话说，当你感觉到生命力旺盛充沛的时候，你会清晰地体验到一种内在的强大的推动力，你会感觉到时间在变快，在分叉，在朝向无限未知的可能。相反，当你生命力渐渐薄弱的时候，当你无力创造、无心突破之时，你会觉得时间好像越来越黏稠了，变缓了，变慢了，而且也开始有了明确的形迹和轨道。当然，这两种状态都是真实的，也没有什么优劣之分，只是生命创造的不同形态和阶段而已。创造也不可能总是处于亢奋的状态，也需要片刻的暂停和修正。要是一直像打了鸡血一样地去创造，那大概也快精神分裂了吧。

因此，生命的创造源自一个内在的动力，它将过去和未来连贯在一起，推动着生命不断向前。所以绵延的时间是不可逆的，相反，可逆的时间是决定论的时间，是机械论的时间，因为"一切都是已知的"（第43页），我们可以从当下推算出过去和未来，所有的一些都早已被纳入严格精确的物理和数学的法则之中。但生命的时间是不可逆的，因为"*过去始终与当前紧连在一起*"，融合在一起，我带着整个记忆进入当下，再动力满满地朝向未来。每一刻永远可能变得不同，下一刻永远可能是新生的起点和希望。那个希望是不可预测，是不可计算的，是不能"决定"的，但可以被真实地体验、实现和创造。所以柏格森在第一章里面反复强调，*"我们并不思考真正的时间，然而我们却生活着真正的时间"*。

在序言的一开始，柏格森就明确地说："我们以纯逻辑形式出现的思维,却不能阐明生命的真正本质,不能阐明进化运动的全部意义。"为什么呢?今天的科学发达了,科学的实证和逻辑的方法也就占据了主导的地位。但柏格森提醒我们不要忘记一个根本的事实,那就是不要本末倒置。科学与生命到底谁为"本",谁为"末"?当我们用科学的角度来审视生命的时候,我们始终陷入抽象时间和机械论的束缚之中;但难道科学本身不也是生命创造的一个产物,尤其是比较晚近的产物?同样,逻辑思维难道不也是生命创造一个途径和手段,甚至或许还不是最为本质性的手段?所以这里就回到柏格森的另一个基本概念,那就是"直觉"。直觉是什么?就是突破科学思维的限制、重新找到一种回归生命本身的体验,一种直接展现绵延运动的洞察力。直觉并不反对逻辑,因为它比逻辑更为本原和丰富,它就是创造的源头。

第三节 —— 人生，就是一场盛大的烟火

这一节我们一起来读《创造进化论》的第二章。

我们还是从一部电影开始吧。最近看了一部日本电影《日日是好日》（大森立嗣导演，2018年上映），印象非常深刻。除了影像和叙事的诗意之外，里面讲的道理确实和柏格森关于生命的哲理有相通之处。

这部电影的主要情节是两个小姐姐跟着一位叫武田的奶奶学茶道。茶道嘛，主要就是修身养性，这个过程也确实帮助小姐姐逐渐领悟了"日日是好日"这个深刻的哲理，并且最终从丧父的巨大悲痛中走了出来，重新体验到生命中最为宝贵的爱的真谛。这些自不待提，其中有几段对话很有趣。就是她们刚刚开始学茶道的时候，真的是处处都很别扭，自然也不得其中真意。有个急性子的小姐姐忍不住就问了：为什么一定要这样做呢？为什么一定要先迈左腿呢？为什么一定要走精确的步数呢？为什么手一定要抬那么高呢？为什么勺子一定要对准茶碗的中心呢？等等，搞得奶奶很茫然，她只能说："你问我，我也说不出来啊。但是，即使不知道意思，也可以先照着做啊！"后来小姐姐不依不饶：你让我做这些，又不解释为什么，这就是纯粹"形式主义"嘛，茶道如果只是这么一套机械的程序，又有什么意义呢？奶奶最后终于给她们解惑了：你们之所以有这么多无聊的问题，都是因为"想得太多"，什么时候你们学会不用脑子去想，而是让身体自然而

然地去行动，就会突然发现，原来一切都可以这么水到渠成，顺理成章。

这个故事当然主要讲了一个禅宗的道理[1]，但"想"和"做"这两种方式恰好对应着我们这一节要解释的"智能"和"本能"这两种生命的进化方式。生命的进化，也许是个太过宏大的科学问题，我们不妨就把柏格森所说的一切代入日常的生活里，就像是武田奶奶那样，在饮水煮茶之间、在举手投足之际去感悟深刻的生命哲理。进化，不一定动辄贯穿成千上万年的历史，其实你的人生也可以是、应该是一场进化，因为其中一样体现出生命创造的种种基本形态。

这个基本形态是什么呢？还是先回到第一章的最后部分。柏格森用生命哲学来批判、对抗机械论和激进目的论这两种立场。对于生命哲学来说，真正的目的只能是发自生命内在的创造本原。这个本原就像是大河的源头一样，从中迸发出无数的方向和可能性。所以，生命的目的说到底就是"一"和"多"这一对古老的哲学范畴。

"一"和"多"的关系可以概括为两个方面。一方面，"一"可以创造出"多"，也就是说，具体的生命形态千差万别、五彩缤纷，但它们最终都来自同一个源头，就是那个"普遍的生命冲动"。就像是一条大河，虽然有着无数细小的分支旁脉，但最终都是发自同一个源头。这也说明源头是非常强大的，它并非仅仅是一个点，而是一个蕴藏着巨大潜能的母体。从中诞生出来的各种可见的生命形态虽然非常丰富，但也并不足以穷尽源头本身的可能性。源头之为源头，既因为它是"一"，又因为它是"不可穷尽的"。这是"从一生多"。

另一方面，"多"之中也同样包含着"一"这个根本规定性。你可能会觉得，那些分支旁脉，当它们从源头分裂出去之后，就逐渐脱离了母体的控制，按照自己的方式去运行了。同样，具体的生命形态（比如说动物、植物），当它们从"普遍的生命冲动"里衍生出来、分化出去之后，好像也就各自走上了彼此分离的进化轨道。但仅仅这样看，你就局限在了

1　"禅意欲保存你的生命力，你本有的自由，尤其是你的存在的完整性。换言之，禅要从内在去生活。不要被规则限制住，而是要创造你自己的规则，这就是禅要我们过的生活。"（［日］铃木大拙：《铃木大拙禅学入门》，林宏涛译，海南出版社，2012年，第57页）

"多"之为"多"这个方面。柏格森的创造进化论恰恰是要纠正这个片面的看法。创造确实是"从一生多",而且是多之又多,但各种具体的生命形态之间仍然有一种"互补性"(complementary)的。(第48页)

什么叫互补?就是看起来生命进化朝向不同的方向,分叉成不同的轨道,但它们最终是发自同一个源头的,这也就意味着,它们注定具有一种内在统一性。*而在生命多样性的表面之下去重新发现这种统一性,正是生命哲学的最重要的使命*。机械论和激进目的论也给生命进化提供了一个统一性的说明,但这种统一性始终是预定的、抽象的,只有生命哲学才能真正深入生命进化的丰富细节里面,去体验"多"背后的"一"。注意:我们说的是体验,因为生命哲学作为一种思考的方式,它要跟活生生的生命历程结合在一起,在生命中思索,在思索中体悟,在体悟中回归生命的那个真正的目的,也就是那个本原的"一"。这种思维方式就是《创造进化论》里反反复复提到的"直觉"。

再说武田奶奶的茶道。这里面确实有"道",但这个"道"并不是仅仅用语言表述清楚、用知识解释清楚就可以了。你会"说",你能"懂",但不证明你会"做"。泡茶只是人生里的一件具体的事情,但正是在这里体现出背后的那个统一的、本原的"道"。所以禅宗说的"悟"也好,柏格森说的"直觉"也好,都不是让你放弃思考,像一只没头苍蝇那样去过盲目的生活,而只是提醒你,思考虽然清晰有力,但却往往把一个本来统一的生命运动切割成抽象而僵死的部分。*思考总是教你"分别",但真的智慧是教你"综合"*,在各种各样的分别的表象之下去重新把握生命之流的"整体性"。这种生命哲学的智慧就叫作"直觉",这种直觉所把握到的,就是生命的真正的"目的"。

这个"一"与"多"、"分化"与"综合"的道理,在第二章的一开始就得到重申,而且凝聚成全书最著名、最生动的那个隐喻,就是"爆炸的炮弹"。*生命运动却更像是一颗炮弹突然之间炸裂成了碎片,而那些碎片*

本身也是炮弹，它们又炸裂成了注定要分散开来的碎片，如此继续下去，经历了无比漫长的时间。"我把它形容为烟花绽放的绚烂景象。这也是本节标题的来历。炮弹也好，烟花也好，都是"一"和"多"的统一。

首先当然是"从一生多"的分化。没错，大到所有生命，小到人类种群乃至其中一个个体（比如你和我），所有配得上"创造"这个名称的进化运动都必然鲜明地体现出变"多"变丰富的过程。就拿一个人来说，我们说他是有创造力的，那总是因为他不会因循守旧，不会作茧自缚，而总是突破自我，在一个看似已经走到尽头的方向上又打开新的可能，在一个明显已经僵化的体系里又开拓出新的维度。就此而言，我真的只服我偶像福柯。人家号称"千面哲学家"，真的不是浪得虚名。你看他一辈子，就是不断地在改变方向、转换主题、发明新词、告别旧我。福柯的名言"别要求我一成不变"，真的是创造性人生的箴言。

从柏格森的生命哲学的角度来看，创造也是一个艰难的过程。创造总是包含着两个方面，一个是源自生命本原的"爆炸力"，还有一个就是来自无机物的"阻力"。也即，创造，既是源自内在，又是逾越障碍。这两个方面是始终结合在一起的。我们每个人的生命都是有限的，我们的创造首先要面对的就是各种各样的现实的局限、束缚乃至对抗和压制。但你的生命力也恰恰就体现在不断突破阻力、逾越障碍的过程之中。

一帆风顺的人生很少能激发出创造的意志。在这个顺风顺水的过程里，你的生命力早已昏昏欲睡，你就像是一个游客，懒洋洋地躺在大游轮上，看着身边的那些辛苦的人们"激流勇进"。你以为你舒服了、幸福了吗？恰恰相反。真正的生命力恰恰体现在那些汗流浃背、激流勇进的人身上，因为他们在面对、克服强大的阻碍过程之中不断被激发出更为强大的生命力。生命只有不断被激活，才能处于创造的状态之中，否则它就只是蛰伏着、昏睡着，那可能甚至连生命都谈不上了吧。

所以柏格森在后面将生命的运动概括为自由和习惯这两个看似对立的

方面。关于自由的说法就是:"*生命的作用在于为材料注入某种不确定性。'不确定性'(即'不可预见性')是生命在其发展进程中创造的一些形式。*"(第115页)通俗点说,生命就应该是无羁而洒脱的自由创造,所以,面对死水一潭的格局,面对重复循环的套路,就是要制造出"不确定"的可能性,让生命"活"起来,让世界"动"起来。不过,生命不可能总是保持这样一种本原性的自由力量,有时候它会"匮乏",会"被对立的力量抵消",甚至会"偏离了它应做的事情"(第116页),这个时候,自由就转向了它的反面,那就是惯性、习惯。所以柏格森才会说,如果你一直安于无聊的习惯,那就会"窒息"你生命的真正自由。

如果说"从一生多"是创造,那么"由多返一"就是直觉。这两个方面是始终结合在一起的。创造就像是绽放的烟火,总是想要用最绚烂、最不可思议的方式去实现生命,在这个过程中耗尽自己也在所不辞。但是在一股脑儿地往前冲的时候,你还需要培养出一种更高的智慧,那就是能在不同的方向和途径之间发现"统一性",将不断分化的生命重新带回它的源头。

这种智慧正可以用米芾的那句名言"*无往不收,无垂不缩*"来阐释。生命的创造不能只是一股劲儿地"往"和"垂",也就是说,不是仅仅冲出去、发出去,不断分化、变多、变丰富,还要有一个往回收、缩回来的运动,这个"收"和"缩"不代表生命力的枯竭,也不是胆小和怯懦,而是为了积聚力量,为了下一次更为强劲的冲击做好充分的准备。就像是海浪,之所以能够绵绵不绝,一浪高过一浪,正是因为它有起伏的节奏,它总是要回归到深渊之处才能爆发出更猛烈的峰值。

柏格森把生命进化的这两个维度,进一步概括为"本能"和"智能"。本能更接近于身体和生命源头的动力,因此与外部的环境之间有着更为直接的关系,简单地说,它往往体现出一种有效的行动的力量。但智能正相反,它体现出的是人的心灵的抽象思维的力量,它跟现实世界没有那

么密切的关系，而倾向于提炼出一套抽象而普遍的知识体系来应对更为丰富的可能性。但是一定要注意，柏格森反复强调智能和本能虽然是生命进化的两个分支，但根本上是"互补的"，是"互相渗透的"，因为"原初的心灵活动同时产生了它们"（第128页）。本能不是盲目的行动，智能也不是纯粹抽象的思考，相反，"本能和智能全都涉及知识"，只不过，"知识在本能中是被执行的（be acted），而在智能中，知识则是被思考的（be thought）"（第132页）。简单地说，行动和思考就像是那根橡胶带的两极，所有的思考最终都要指向行动，都要凝聚为、"拉紧为"行动，就像是你张弓搭箭，只是为了积蓄力量，最后把所有力量都汇聚到一点，然后实现、转化为行动。

所以柏格森进一步说：*"智能往往指向意识，而本能则往往会指向无意识。"* 但无意识并不是麻木、无知无觉，而反倒是生命力无限凝聚的那一点，在那一个时刻，你的整个生命都不再犹豫和迟疑，而是目标明确地指向世界，信心满满地等待着下一次的绚烂绽放。*"直觉将我们引向生命的最深处。"*（第161页）诚哉斯言。

第四节 来吧，果敢跃入生命的湍流

这一节将进入对第三章的讨论之中，并着重处理三个主题。首先是哲学与生命的关系，第二是两种意志（生物意志和纯粹意志）的异同，第三是关于同情作为直觉的重要方法。

先说*哲学与生命*。柏格森很自豪地将自己的哲学称为"生命哲学"，这也就是他的哲学不同于以往的标新立异之处。但哲学和生命的关系，当然不是柏格森的首创。从苏格拉底到尼采、叔本华，每个哲学家都从自己的视角对这个问题进行过阐释。那么，柏格森的生命哲学有哪些独到之处呢？大致说来有两点。首先，他兼容科学和哲学，对生命的本质、进化的运动等进行了全面而深刻的阐释，这一点在他之前没人做得更好。其次，他从这个生命观出发，进一步对哲学的目的、任务和方法进行了全面的反思和重新界定，这也绝对是一大功绩。

概括说来，以往的哲学家也思索生命，但仅仅是把生命当作一个思索的对象，就好像哲学家手里已经有了现成的概念和体系，再把它们拓展到、运用到"生命"这个新的领域之中。但柏格森就不一样了，*对于他，生命不仅仅是一个研究和思索的对象，更是"内化于"思想之中的动力*。真正的哲学思想，就应该像生命的创造和进化一般，生生不息，绵绵不已，充满着"质的多样性"，又能在"一"与"多"、"起"与"伏"、"往"与"收"之间获得一种完美的、动态的平衡。在大家的印象之中，哲学家好像是迷恋创造体系的，比如黑格尔。[1] 柏格森虽然反对那种严格而封闭的体系，但他并不想像克尔凯郭尔那样完全用一种碎片、反讽和隐喻的方式去写作[2]。在他的写作之中，也有一种统一性，只不过这种统一性是如气息一般流动的，是有生命的，是不断展开的。它贯穿在思想的每一个环节之中，赋予它们以动力和灵感。

在第三章的最后，柏格森又发明了一个新的形象来描摹生命的创造进化，这次不是炸弹了，而是火箭，"处在生命源头的正是意识，意识就是那支火箭的名字，它熄灭的碎片落下来，成为材料；……那火箭穿过那些碎片，将它们点燃为有机体。但是，这种意识就是一种对创造的需要"（第242页）。当然，柏格森在这里并不是在玩科幻，他说的可不是一般的火箭。这支"生命号"火箭是对整个生命创造运动的最形象生动的赞颂。一般的火箭，点燃之后就是笔直往上蹿，熄灭的部分（比如逐级助推的部分）就掉落下来，变成了完全没有动力的灰烬和残余。但"生命号"火箭不一样，它虽然也不停地往上飞升、创造、进化，但是，它掉落的部分并不完全是无生命的材料，而是总有可能被重新"点燃"、被重新激活的力量。所以，创造的两个方面，向上和向下、活生生的"生命"和看似没有生机的"材料"之间是并存的，它们看起来是冲突对立的，但实际上是彼此"互补"的。

柏格森是形象描绘的大师，在第三章里，他又对这种起伏往复的节奏给出了两个鲜明的形象。首先，他说，"生命如同一种举起下落重量的努力。的确，它仅仅是延缓了下落。但是，它至少能够使我们知道举起重量的过程究竟是什么。"（228页）在后面一段，他又说，"于是，喷气必定是从无比硕大的生命库里不断涌出，每一个落回来的喷射都是一个世界"。但无论是"举重"，还是"喷射"，都体现出向上和向下这两个并存的方向，向上就是生命创造的持续推动力，而向下呢，要么是产物，要么是障碍，要么是衰竭。但这两个方面始终是彼此呼应和配合着的。

1　"哲学（即出现在历史上的哲学）是绝对地必然的，所以它们是全体的必不可少的环节，是理念的必不可少的环节。"（转引自［加］查尔斯·泰勒：《黑格尔》，张国清、朱进东译，译林出版社，2002年，第790页）。

2　"恰如哲学起始于疑问，一种真正的、名副其实的人的生活起始于反讽。"（［丹麦］克尔凯郭尔：《论反讽概念：以苏格拉底为主线》，汤晨溪译，中国社会科学出版社，2005年，第2页）

这两个方面合在一起才是完整的生命，而它们的共同源头正是"意识"。

在日常语境里，意识是什么意思呢？首先是反思和反省之意。比如，有时候别人会批评你说："你刚才做错了，你自己意识到了没有？"这个意思很清楚，平时你做这个做那个，忙这个忙那个，但不是时时刻刻都"有意识的"。毋宁说，你能有清楚意识的时候其实并不多。所以，意识作为一种很特别的活动，就是要求你主动地对自己的行为和活动进行反思：你到底做了什么？你做得对吗？从你所作所为里能够得出什么经验、教训呢？等等。由此就引申到意识的第二个通常的含义，就是它个人化、很私密的方面。就好像在你的心灵里有一个封闭的世界，你在这个世界里可以跟自己说话、交流、理清思路、更正想法、澄清选择。"日三省乎吾身"，这个"省"作为意识活动，就是让你暂时停下来，从外部的世界暂时退回到内心的角落，自己跟自己好好谈一谈。

但柏格森说的意识完全不同。在柏格森看来，意识是生命创造的源头。生命创造具有向上和向下两个方向，同样，意识也不单单是精神的活动，而是同时朝向行动和思维这两个方向，它向下落实为行动，向上升华为思维，就像是那根伸缩自如的橡皮筋。在意识之中，充分体现出生命的韧度、广度和力度。*一句话，柏格森的意识不是伴随的、附加的，而是发自本原的，不断展开和实现的。*

这里就涉及柏格森关于两种意识的说法了，大致说来就是意识的两种状态（第219—221页）。一种是*"生物意识"*，另一种是*"纯粹意识"*。生物意识更接近日常语境中的意识，"是在我们每个人身上产生作用的、狭义的意识。我们自己的意识，是被置于某个空间点上的某种生物意识"。柏格森进一步指出，生物意识有两个基本特征。首先，如果说生命创造总是朝向未来、朝向新鲜的可能性，那么生物意识就正相反，"尽管它在前进，却不得不时时往后看"。所以把这样一种意识称作"反思"是非常恰当的。"反"，就是与生命前进的方向相反。反思，就意味着你不想跟着生命一股脑儿地往前冲，你想暂停下来，回味一下路过的风景，总结一下各种经验教训。

正是因为这样，生物意识其实跟上节所说的智能是非常一致的："这种回顾性的观望就是智力的天然功能。"为什么呢？因为智力所做的不就是总结、归纳、整理、反思吗？智力并不想跟着生命之流一直往前跑，它很怕一下子掉到生命的湍流之中而无法自拔，因为那样它就会面临各种未知的危险和挑战，就会失去对自身的控制。用笛卡尔的话来说，智力只有一个追求，就是"清楚明白"（clear and distinct）；用通俗点的话来说，就是"稳稳稳"，重要的事说三遍。所以智力最不能忍受的就是多变的东西、不确定的东西、未知的东西，它上来就希望"约法三章"，对整个世界给出一个总体性的描述，对万物提出一些最基本的法则。柏格森用了三个词来形容智能的立场，它们是："绝对"、"独断"（第181页）和"先验"（a priori）。具体论证不啰唆了，但概括起来，就是这样两个特征："其一是自然是整一的，其二是智能的功能是把握全部自然。"也就是说，"智能所把握的，全都被认为是能够获得的全部。"（第175页）

生物意识正是这样一种绝对而独断、求稳而害怕变化的智能的鲜明体现。它不想跟着生命一起向前，说到底正是因为胆怯和怠惰：胆怯，是因为它害怕冲过去会遇到各种不确定、不可控的因素；怠惰，是因为它缺乏创造的动力，就想拿着一套现成的法则去"放之四海而皆准"，去"以不变应万变"。

柏格森说，生物意识是很难被突破和逆转的，我们必须做出"非常痛苦的努力，对我们的天性施以暴力，而这种努力却只能维持片刻"。（第219—220页）正因为"我们的天性"总是怠惰而求稳的，所以更需要用一种极端的力量才能真正唤醒我们身上蛰伏、昏睡着的生命力量。这种力量就是"纯粹意识"。

纯粹意识"纯"在哪里？它没有任何倒退、折中、停滞和僵死的东西，

---

3 "有过渡到无，无过渡到有，是变易（Das Werden）的原则。"（［德］黑格尔：《小逻辑》，贺麟译，上海人民出版社，2009年，第192页）。

它就是一股纯粹的创造之流，它的最基本的时间形态就是"变""易"，法文词就是 devenir，对应的英文就是 becoming。这个词还挺奥妙的，最早似乎是来自古希腊的哲人赫拉克利特，因为他说过"万物皆流"，实际上就是"一切皆变"（Everything is becoming）。柏拉图的《理想国》、黑格尔的《小逻辑》，实际上都涉及"有""无""变"这三个基本范畴。变就是介于有无之间的状态，有无相生则为变。[3] 变不是有，因为它已经开始"变成"别的东西，但它也不是纯粹的无，因为在这个变的过程里面"有"东西在产生。

所以，变是纯粹的过程，它的时间性总是向着未来敞开。"纯粹的意识，穿过这种材料流动体，将生命传给这种材料流动体，却是一种我们几乎感觉不到的东西，它经过我们时，我们至多能够轻轻擦过它。"（第220页）这样一种意识能够从根本上突破生物意识和智能的厚茧，瓦解自我意识的狭隘边界，将每一个个体重新抛回到更为根本的生命洪流之中。

这样一种纯粹的意识，恰恰展现出直觉的强大力量。直觉，不是独断地对整个世界给出一幅"清楚明白"的图景，而是有胆量、有魄力去跃入生命的湍流，感受到发自本源之处的澎湃创造动力，并由此真切体验到生命与天地万物之间的共鸣。这样一种直觉的力量正是"同情感"（sympathize）（第192页）。

基于柏格森所阐发的生命创造进化论，同情比你对自己进行反省的生物意识更加真实，因为在同情之中，心灵与心灵之间的那种人为阻隔都土崩瓦解了，生命真正重新联为一体。柏格森在这里举的例子也很形象："一位诗人给我朗诵他的诗作时，我对诗人的兴趣足以使我深入他的思想，产生与它相同的感觉，并将已经被他分隔成词语的简单状态重新生活一遍。"读诗的感动，我想大家都曾有过。有时读到一句，会像闪电击中灵魂一般，一下子将我们抛入"畏惧与战栗"之中。

但你有没有想过这样一种感动是怎样发生的呢？你读到的只是白纸黑

字，只是一个个词和句子，但这些僵死的符号是怎样被激活、被点燃，并进而将这种能量传递到你的心灵之中？按照柏格森的解释，所有的生命都是诗篇，其中的诗意并不仅仅局限在写下的文字中，而更是源自那背后激活文字的生命冲动。所以，你读诗不是仅仅把文字"转译"成内心的想法和体验，好像文字是连接两个原本分离的心灵的纽带，而你同时也在"活"，那些或激昂或哀婉、或苍凉或空灵的文字表达的不是"另外一个人"的意识，而是那"同一个"生命冲动。

诗歌如此，其他种种生命创造亦是如此。人类文明中的各种各样的创造都是源自生命冲动的伟力，所以当我们面对那些伟大的杰作之时，并非仅仅是走马观花的"看客"，而是真的"感同身受"。那种由衷的赞美正是发自我们每个人所共享着的生命冲动的最深处。这样，最后我们又回到了哲学与生命的关系这个根本的问题。哲学并不是仅仅面对着生命，把生命当作对象去思索；哲学家不应该只是置身于"川上"，面对着"逝者如斯"的生命湍流。用柏格森的话来说：*"哲学只能是重新融入整体的一种努力。……因而会重新生存在自己的起源之处。"* 真正的生命哲学应该坦然承担生命之风险，将智能带回那种流动不居的"变"之运动。一句话，真正的生命哲学，必须具有"猛攻"的力量，具有"跳跃"的勇气（第177页）。

第五节 我是夜空中的流星，不熄灭的光芒

这一节我们来一起进入《创造进化论》的最后一章。这一章涉及对全书的总结，也探讨了一些非常复杂的哲学难题。我们想进一步探讨的是两个哲学问题：*第一，记忆的本性是什么；第二，自我的本性是什么。*

先从第一个问题开始。记忆在柏格森哲学中是一个非常重要的问题，但这个重要性其实应该放在整个哲学史的基本脉络里来理解。记忆，一般理解为一种心灵的能力，它有两个特征，一个是留存过去发生的事情，一个是将过去进一步延续到现在和当下。"留存"和"延续"还是有区别的，留存主要是自动进行的，但延续可能就需要调动心灵的主动力量：过去的事情那么多，到底哪些可以被延续到现在、值得被保留到今天，这些都不是自然而然的活动，是牵涉心灵最基本的综合能力。

由此，记忆的重要性可以进一步归纳为两点。首先，*记忆是所有更为高级复杂的思维活动的起点*。光有感觉是不行的，感觉到的东西必须能保留在心灵之中，并进行基础的分门别类，这个才能为更高级的思维能力（比如说判断和推理）做好准备。所以，柏拉图哲学里有一个重要命题就叫作*"回忆说"*，基本意思就是，人的认识不是后天获得的，而只是唤醒心灵里早已经有的、潜藏着的"回忆"。后来的哲人奥古斯丁、笛卡尔，及至莱布尼兹、斯宾诺莎都曾深入论述过记忆这个问题。

除了这个认识论上的重要性之外，记忆还有一个更至关重要的作用，那就是它为自我的同一性提供了一个基本的标准和纽带。自我的同一性（identity）是哲学史上的一个难题。粗糙地表述一下这个问题：当你反省自我的时候，会发现你从身体到意识，几乎日日夜夜、每时每刻都在变化，那么，有没有一种力量能够把过去的你、现在的你乃至未来的你贯穿在一起，形成一条连续的纽带，这样你才有理由、有底气说"我"这个词？身体上肯定不行，因为从小到大，你的身体构成成分已经不知道换了多少遍了吧？有一个研究数据（数字我记得不准确），说是伴随着新陈代谢，人身上的细胞每天早上醒来的时候要变化一多半。如果身体里找不到连续性的纽带，那就只能在心灵里找了。心灵的三种基本力量——知、情、意，能不能够提供一个基本的纽带呢？好像都不行，所以很多哲学家最后都诉诸记忆的力量。关于这个论证，大家可以参考英国哲学家德里克·帕菲特（Derek Parfit）的名作《理与人》（*Reasons and Persons*），尤其是第三卷对"人格同一性"（personal identity）的细致辩证。

这个哲学史背景一定要交代，否则你就不知道为什么柏格森要把记忆放在他的哲学体系如此核心的地位。这首先当然是因为记忆是最能体现绵延的一种心灵运动，但在《创造进化论》的最后一章中，他想进一步从记忆的问题引申出自我和"无"这两个根本的哲学难题。

关于记忆，柏格森的阐释主要集中在《物质与记忆》（又译《材料与记忆》）这本代表作之中。在这里就不展开介绍了。在《创造进化论》之中，关于记忆的论述比较分散，也不是很多，但有一个段落非常值得仔细研读，是在第三章的第183页到第185页。首先，柏格森再度明确强调，生命的本性就是"纯粹的绵延"，而"过去始终在这种绵延中移动，并不断地与一种崭新的当前一起膨胀。但与此同时，我们也感到我们意志的弹簧将被拉紧到极限"。这里有两个词看起来是相对立和矛盾的，那就是"膨胀"和"拉紧"。但熟悉了柏格森的套路的人对这样一种表述方式应该见怪不怪了。生命就是看似对立冲突的力量之间的最终融合，这一点前面已经说过很多次了。

在这里，膨胀和拉紧说的正是记忆活动的两个基本特征。膨胀，当然因为记忆的功能首先是留存，过去的东西不是一去不返了，也不是失去不能复得，而是留存在记忆之中，这也就使得记忆作为一个大仓库越来越"膨胀"。但膨胀说的并非仅仅是"留存"这个道理。因为记忆之所以越来越膨胀，根本上是因为生命在持续不断地向前推进和流动，或者说，任何一个"现在/当下"都不是静止的，它始终要朝向下一个"现在"不停地运动。正是这样一种生生不息的生命流，才使得不断有新的事情发生，新的经验出现，然后才能够不断留存到记忆这个大仓库之中，并且越来越膨胀。

所以，"膨胀"这个词讲了两个相关的意思：*记忆是留存，所以越来越膨胀；记忆之所以会膨胀，是因为生命本来就朝着未来不断创造。*

"拉紧"又是怎么回事呢？其实它回答的是这个根本问题：*记忆到底有什么用？* 我们脑子里记着那么多东西，喜怒哀乐，悲欢离合，各种经验和观念里，它们对我们的生活来说究竟有什么作用呢？你看电影和歌曲里不是经常跟你说：忘了吧，散了吧，忘了就轻松了，放了就洒脱了。是不是遗忘才是一种更轻松更健康的人生呢？柏格森会斩钉截铁地回答你：错！唯有记忆才能塑造积极的生命，因为唯有记忆才最接近绵延的创造，唯有记忆才能连接过去、当下与未来，唯有记忆才能让你真实地体验到自我究竟是什么。

这就是"拉紧"的最基本的意思。*记忆就像一根拉紧的弹簧，它积蓄的是源自过去的所有力量，然后集中到"现在"这一点，将这种积蓄的力量转化为当下直接的、行动的力量。*柏格森说得好："将我们正在溜走的过去收集起来，这样才能将这种压缩的、未分割的过去插入由于它的进入而创造的当前之中。"

所以，记忆先是"收集""留存"，然后呢，就像是弹簧一样，把本来

"压缩"的力量一下子释放出来，直接指向当下发生和进行的"创造"。所以，前面四节一直都在讲生命的创造进化的原理，但直到今天我们一起读到这段关于记忆的论述，仿佛才瞬间有一种拨云见日的顿悟。确实，所有创造的原理最终都要回归绵延的时间性，这样一种时间性在我们生命之中最直接最基本的展现形态就是记忆。离开记忆，是根本无法理解《创造进化论》全书的各个要点的。你甚至可以说，这本书的标题本来就应该是"记忆与生命的创造进化"。

很清楚，"膨胀"与"拉紧"这两个词就把前面提到的哲学史上关于记忆的两个基本问题贯穿在一起了。"膨胀"说的是记忆的留存和综合作为认识的初级阶段；而"拉紧"说的就是记忆如何能起到维系自我的作用，将过去、当下、未来贯穿在一起，因为它不仅是一个仓库，还是一根弹簧，它就是能够把单纯积蓄起来的东西直接转化为、激活为当下的创造力量。

我们可以再想一想：如果记忆这根弹簧没有拉紧，或者说变得越来越松的时候又会怎样呢？一个最直接的结果就是，过去和当下之间就没有那么密切的联结了，过去好像游离出去了，这样一来，记忆的作用也就不再指向当下和行动，而开始转向单纯的保留、储存、整理、综合。一句话，记忆这根弹簧有两个方向：当它拉紧的时候，它就明确地朝向当下和创造；而当它放松的时候，它就越来越退回到过去。拉紧这一极接近本能，放松那一极则接近智能。因为智能，不就是无力、无心去创造，去直面未来，进而也就只能停下来反思一下经验，回顾一下历史，总结一下规律吗？所以柏格森明确指出："意识状态本身是不可分割的，是崭新的，因此它与智能之间确实没有可比性。"

但是，智能毕竟还和当下保持着一定的联系。智能虽然无力去创造，但它总结出来的知识和法则最终还是要运用到现实之中。不过，伴随着记忆这根弹簧越来越松，甚至完全失去了弹力，过去和当下之间也就彻底失去了联系，进而记忆也就完全从行动和智能中蜕变成"做梦"。什么是做梦？就是不想去行动，也不想去思想，更不想往前冲，而就是懒洋洋地停在那里，瘫在那里，开始胡思乱想。所以柏格森说，"我们越是使自己意识到我们在纯粹绵延当中的进展，我们就越是会感到我们存在的各个部分都相互渗透，而我们的全部个性都自行集中在一个点上……并且不断地切入未来。"所以，当弹簧紧的时候，我们会觉得生命充满了一股连贯的力量，更紧凑，更充实，更有目的和创造的动力；但当弹簧松了的时候，你生命里面的各种力量就分崩离析、七零八落了。

因此，只有记忆才是根本的动力，但只有现实的关切才能真正激活这个动力。没有现实指向的记忆只是怠惰的空想，它不仅不能为你的生命提供切实的方向和力量，反而让你的生命消散在无数的分支旁脉之中。你可能会觉得想象才是真正的自由，因为它可以突破现实的限制，可以自由自在地做着白日美梦。但按照柏格森的说法，梦想是一种自由，但那是一种无力而苍白的自由；真正的自由应该源自生命的创造动力，而这样一种动力必然具有凝聚的焦点和行动的指向。一句话，真正的自由必须是实实在在的创造，而不是头脑中的幻象。

记忆讲得比较多，但完全是必要的，因为懂了这个道理，全书的主线就都一目了然了。最后我们再回到"自我"这个终极问题。这个段落也是第四章，乃至全书最为诗意的篇章（第258—259页）。这章一开始处理了两种错觉，分别是"通过静止的东西去思考运动的东西"，以及"利用空白（void）去思考充实"。这两个错觉，之前讲两种时间、本能与智能之分的时候都提到了，就不啰唆了。这一章后面花了很多篇幅来探讨有和无以及肯定和否定这两对范畴，很有意思，但涉及非常艰深广泛的哲学史背景，也无法在这里展开。大家只要明白柏格森的一个最终的结论就可以了：这个世界上真正绝对的只有"变/生成"（becoming），而无论是"无"还是"否定"，都不可能是绝对的。很简单，如果这个世界上有绝对的无和否定，那就意味着存在着根本性的断裂和不连续，而这是柏格森的绵延理论所不能接受的。绵延,不就是连续的质变吗?这里面怎么可能给"无"留出终极的位置?

柏格森的这个立场是很有革命性的,因为"变"的绝对性在西方哲学史上是很难理解的。从柏拉图开始,基本上所有哲学家强调的都是"有/存在"(Being)的绝对性。从中国文化和思想的语境来看,变-易的绝对性反倒是一个很容易理解的道理。"天行健,君子以自强不息",这向来是中华智慧的基本命题之一。[1]

生命就是绵绵不绝的创造。这是柏格森的终极命题。当这个创造被暂停、终止、耗尽,它就转化为怠惰和无聊的状态。现在,我们可以跟随柏格森设想这样一个思想实验:"我即将闭上双眼,停止聆听,逐一扑灭来自外部世界的那些感觉。现在,这个过程完成了;我的一切知觉都消失了,物质宇宙沉入了寂静和暗夜。不过,我依然存在,并且不能不使自己存在下去。我仍是我……"(第258页)这是一个很极端的思想实验,因为它设想把外部世界和内在心灵中的所有一切东西都抹除掉,看看这个世界是否会出现绝对的空无和终极的断裂。我闭上眼睛,外部世界消失了;我忘记过去,好像内心世界也渐渐瓦解了。但我的意识之流中断了吗?我的生命创造终止了吗?并没有,*"就在我的意识正要被扑灭的那一瞬间,另外一种意识立即被点亮了……或者可以说,它一直就亮着"*。我的生命就像划过这个黑暗苍穹的流星,但它不会最终消逝在无尽的虚空之中,记忆和绵延哪怕在最极端的时刻仍然会创造生命的奇迹,点燃希望的烟火。

---

[1] 可参见方东美对中国文化的普遍生命的五种要义之概括。方东美:《生生之美》,李溪编,北京大学出版社,2009年,第128—130页。

第五章

迷惘

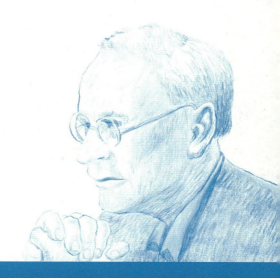

卡尔·荣格（1875—1961）

推荐图书

《寻找灵魂的现代人》
［瑞士］卡尔·荣格 著，方红 译，中国人民大学出版社，2017年。

第一节 我从哪里来？我是谁？我往哪里去？

关于"迷惘"，我们将重点结合分析心理学大师荣格的名作《寻找灵魂的现代人》，来深入反思一下应对迷惘的哲学策略。

这一节的标题来自法国画家保罗·高更的一幅名画《我们从哪里来？我们是谁？我们往哪里去？》。此画的主题，恰恰是人的生命从出生到成长再到死亡的不同阶段的运动。

你看高更的这个标题，"我是谁"这个问题是放在中间的，这也就意味着，当你追问这个根本问题的时候，你往往已经陷入迷惘的境地之中了。但你迷惘的是什么呢？并不是你当下所处的位置，所做的事情，所承担的身份，而是当你向后看、向前看的时候，会发现无论是过去还是未来都消失在无尽的地平线之中，这个时候你才会迷惘。是的，我脚下的大地是坚实的，但我到底是怎样走到现在这个地步的呢？前方，又到底通往怎样未知而莫测的地方呢？是危险还是希望在等待着我？

这才是迷惘的真实状态：在生命的长河之中，在茫茫的天地之间，你看不清自己的位置。所以，"我是谁"这个问题正好是夹在"从哪里来""往哪里去"之间，在过去和未来之间，在起源和目的之间。正是在这个意义上，荣格哲学的很多关键主题不仅非常适合剖析迷惘的症状，更是能够给我们指明超越和解脱的途径。

我本来还想结合一些心理学和社会学的资料

讲讲关于迷惘的理论，但读完荣格以后就发现根本没必要。关于迷惘，没人比荣格体验得更深，也没人比他想得更透。他用来超越迷惘的最基本的方法正是基于"内倾"（introversion）和"外倾"（extraversion）这一对看似对立实则相辅相成的心理类型。概括说来，迷惘是什么？就是在世界和生命之中找不到、看不清、辨不明自己所在的位置，这恰恰是激发荣格进行反思的充满痛苦的起点。

那么，又怎样从这样一种迷惘的困境里解脱出来呢？他的答案也很简单，就是首先要回归自己的内心，向心灵的深处不断地下潜，潜得越深越好，但这个下潜的过程不是越来越自我中心的过程，也不是越来越迷失的过程。正相反，当你下潜得足够深的时候，反而会发现，在你的无意识深处所隐藏着的，并不是极为私密的恩怨情仇，而恰恰是所有人都具备的基本模式和结构。一句话，迷惘让你从世界退回内心，但正是在内心的最深处，你重新发现了整个人类和世界，由此产生了一种积极的、肯定的力量，引导你重新回到世界，重新建立起与他人之间的和谐关系。所以，迷惘是起点，内倾是途径，但内与外的平衡才是最终的目的。你看，对迷惘这个很棘手的难题，荣格给了我们怎样完美而细致的阐释和解答啊！

这一节我们先不细读文本，只大致介绍一下荣格思想的基本架构。展开之前，还是先澄清两点：

首先，荣格心理学中的"治疗"部分不是我们的关注点，而且他书中各种大量的神话和历史资料我们也基本上不会涉及。我们只是提纲挈领，勾勒框架。

其次，荣格的著作浩如烟海，其实每一本都值得细细地品味，但之所以选择《寻找灵魂的现代人》，主要是因为它包含了荣格思想的所有要点：类型、成长阶段、自性（Self）等，而且阐释凝练，不拖泥带水。当然，在讲解的过程之中，我还是要参考荣格的其他著作，大家如果没有时间，

1　[瑞士] 荣格：《荣格文集：荣格自传》，高岚主编，徐说、胡艾浓译，长春出版社，2014年。
2　[英] 安东尼·史蒂文斯：《简析荣格》，杨韶刚译，外语教学与研究出版社，2015年。
3　[匈] 约兰德·雅各比编著：《荣格心理学》，陈瑛译，生活·读书·新知三联书店，2018年。
4　[瑞士] 荣格：《荣格作品集：心理类型》，吴康译，上海三联书店，2009年。

只看这一本就好。

这一节讲解的荣格生平和思想背景主要参考了《荣格自传》[1]、安东尼·史蒂文斯的《简析荣格》[2]和约兰德·雅各比的《荣格心理学》[3]。关于心理类型，重点参考的是荣格的大部头著作《心理类型》[4]。

首先，荣格的生平一定要了解一下，因为那本身就是一部迂回曲折、荡气回肠的迷惘的精神史。刚才说了，迷惘就是在世界之中迷失自己的位置，而荣格从小开始，几乎就一步步地被拖向这个迷失的深渊。如果用一个词来概括他在自传中所描述的那些惨痛的生命经历，那就是"格格不入"。他自己就反反复复表达过这个想法："没人读我的书，没人理解我，没人倾听我，我是不正常的，我是不健全的，我就是孤单一人。"如果你也经历过他童年的那些事情，不迷惘才怪。比如，他妈妈有严重的精神疾病，甚至不得不住院，他小时候都是跟爸爸睡的。而他爸爸经常发脾气。所以小荣格觉得家里的气氛是"令人喘不过气"的，甚至有一种死亡的气息。他在学校里也是备受欺凌，有一次他的头被人重重打了，之后就经常会晕倒。

荣格从小就养成了孤独和自省的习惯，这也许并不是他的天性或天赋，而真的就是被逼出来的。当你在这个世界里根本待不下去，所有的人都是敌人，所有的一切都是灰暗的，你除了退回自己的内心，还有什么别的选择吗？所以荣格从小就自己跟自己玩，自己读书，自己思考，这就是他对抗迷惘的唯一途径。这是不幸，但也是幸运。因为他没有被迷惘压倒和吞噬，没有变成一个颓废和沉沦的人，而是运用内省的力量来对抗这个冰冷的世界，试图在其中重新找到自己的位置。他说："*每一个命中注定要沿着自己的道路前行的人，都必须充满希望和戒备地继续走下去，永远要意识到他的孤独及其危险。*"

荣格的这种自省不是沉溺在自己的小世界里不能自拔，而是发现了他整个理论的两大基石。第一个就是"自我"（ego）和"自性"的区分。比如，他觉得自己有两个人格，分别是1号和2号，1号就是日常生活的身份，但2号就不一样了，他"根本没有可以界定的特性——出生、生活、死亡、所有的一切都是一体，是对生活的一种完整想象"。也就是说，在日常的自我和人格之下，还深深潜藏着一个更为真实也更为原始的人格，他甚至已经不能说是"自我"，而恰恰就是全人类。在每个个体的精神生命的深处，都隐藏着整个人类的浑然未分的精神生活的整体，这绝对是相当惊人的洞见。小荣格之所以会有这么古怪的想法，也确实是因为他自己就有过灵魂附体的那种强烈体验，强烈到他根本没办法质疑。比如，他能跟石头讲话，他经常在脑子里面清楚地听到有人跟他说话，甚至能在房间里看到幽灵鬼魂，等等。当然，这种神秘体验在荣格的家族里面其实并不罕见，他表妹海伦妮也有过类似的"表演"。

自我和自性的区分是荣格的分析心理学的第一块基石。除了心理学和治疗方面的意义，这个区分对于理解和超越迷惘的困境也是非常有意义的。迷惘，就是在世界之中感觉到格格不入，也就是说，从外部世界里，你已经得不到任何推动生命前进的动力。外部世界的功名利禄吸引不了你，外部世界的规范准则引导不了你，外部世界的人情世故打动不了你。面对这样一个无趣无味甚至无感的世界，你还要继续活下去，那么，除了退回内心深处还能有什么选择呢？但是，当你不断深入内心之时，当你一层层剥去"自我"的面具之后，却发现了"自性"这个整个人类所共享的精神本体。你本来想寻找真正的自我，最后却发现真正的自我就是整个人类。这不是荒诞，不是造化弄人，而恰恰是提醒你：人生本来就是一个自外而内、再由内而外的运动过程。人生，就是要经历不同的阶段，迈过一个个门槛，才能最终缔造内与外的平衡，才能实现成熟与完美。

所以，一个个独立分离的个体仅仅是表象，在个体之下其实是那个"单一的世界"（unus mundus）。荣格曾这样真情告白："正是在此时，我才不再只属于我自己，不再有权利这样做。从此时开始，我的生命属于大多数人……正是在此时，我才将自己奉献给精神。我爱它也恨它，但它是我最宝贵的财富。"所以你看荣格为什么那么喜欢"正午"这个隐喻，除了来自尼采的深刻影响之外（《查拉图斯特拉如是说》第四部第十节），正是因为正午作为生命的中点，非常完美地揭示出生命的一种转折的意味。当你站在正午这个中点向后回顾、向前瞭望的时候，你才能真正回答"我是谁"这个问题。荣格自己的生命历程恰恰是这样一种转折的鲜明写照。在经历了前半生的迷惘和自省之后，他确实不断地走出困境，走向成熟。他的主要代表性著作都是后半生完成的，也正说明了这一点。

成熟，就意味着不断回归自性，但你在最深、最内在的自性之中所重新发现的是整个人类，重新唤醒的是整个世界。荣格在68岁时曾经有过一次濒死体验，他"感到自己正在与世界相分离"，"从1000英里之外的太空中看着地球"。这大概也说明，真正透彻的人生，不是在万事万物上打上自己的烙印，不是在所有一切之中都看到"我"；而是相反，要在自我这个面具之下看到更为宏大的自性，在个体这粒微小的尘埃之中敞开整个宇宙，在你自己的心灵深处重新找到与万物、与人类紧密联结的纽带。荣格就明确指出："对一个人来说，具有决定性的问题是：他是否和某些无限的东西存在关联？"

大家一提到荣格，大概首先会想到那个集体无意识的曼陀罗形的图表，这当然很恰切，但稍显静态了。其实最能体现自性这个本体，以及人生不同阶段的转变的，正是荣格非常喜欢的"塔"和"树"这两个形象。

"塔"，或者准确地说是"城堡"，堪称荣格生命的一个最凝练的核心意象。在孤独苦闷的童年，他就一直幻想着"创造一座城堡，使自己与世界隔绝"，这个城堡不仅有高耸的塔楼，更是有深深插入地下的"铜柱"，一直通向幽深的地窖，那实际上是一个炼金术的实验室。这个城堡的形象是如此根深蒂固，以至于荣格一直对此念念不忘，1922年，差不多就在人生的正午，他终于实现了这个童年的梦想，在苏黎世的湖边为自己建造了一个真正的城堡。其实挺简陋的，但确实说明这个形象对于他的生命和思索来说是至关重要的。

如果说城堡显得比较静态的话，那么，树这个形象就充满动态了。荣格在自传中写了这样一段非常优美的话："在我看来，生命一直像是一棵依靠其根茎生长的植物，其地面上的部分只持续一个夏天便枯萎了——成为一个短暂的幽灵……但是，我从未失去过这种感觉，即有个东西在永恒的变动中存在和持续着。我们所看到的是转瞬即逝的花朵，根茎却仍然保留。"一句话，自我是昙花一现的，而自性则是持久永存的。

第二节 背景介绍：荣格的哲学来源

这一节，我将介绍荣格的分析心理学背后错综复杂的哲学背景。尽管难免挂一漏万，但也希望给大家起到引导作用。主要参考荣格所写的《心理类型》，以及两本荣格研究专著：《荣格心理学》和《简析荣格》。

在进入正题之前，首先我引用一下雅各比在《荣格心理学》里对荣格思想的一个总体概括。雅各比是荣格的助手，而这本书也是对荣格思想的最清晰最简明的介绍。她写道："*消除现代人的孤独与迷惘，把他们融入生活的大潮，帮助他们把光明的意识和黑暗的无意识结合起来，形成一个统一体，这正是荣格心灵探索的意义和目的所在。*"（第59页）这句话也点出了我们这节的两个要点。

第一，理解人的心理，最重要的目的正是疗治现代人的一个典型症状，那就是孤独和迷惘。孤独和迷惘是密切相关的两个词，但又有明显的差别。孤独涉及比较多的人生体验。它可以作为反思的起点，回归自我，摆脱沉沦，重新打开可能性的向度。但迷惘就不太一样了，它的起点也是孤独，但它的归宿却不是此在的本真性的生存体验，而是要*在所有的"此在"之下找到一个"共在"的精神本体，那就是集体无意识和原型*。

海德格尔试图通过"历史""民族"这个纽带重新把个体与个体联结在一起，但即便你读完整本《存在与时间》，也仍然会对海德格尔的这些说辞感觉模糊。荣格就不一样了，对于集体无意识的结构、原型的各种形态、心理的各种类型、能量的不同流动，他都给出了非常详细的描述和分析。就此而言，他的分析心理学要比海德格尔的那种比较空泛的存在主义说辞更切实际，也更有操作性和针对性。

第二，荣格用来治疗迷惘的最重要的药方，说到底就是一个词："平衡"——意识与无意识的平衡、内与外的平衡、不同功能之间的平衡，乃至光明和黑暗的平衡。所以上一节最后我们特意提到了树和塔这两个形象，也是为了强调，在荣格那里，单纯的图表和分类仅仅是起点，最重要的是要了解你灵魂中各种各样的力量是怎样错综复杂地交织纠缠在一起，而你又应该怎样用一种心理学和哲学的力量将它们纳入一种"动态的平衡"的关系之中。

所以你看雅各比的书里用来概括意识功能的图形，一开始还是一个等分成四个基本区域的圆形，到了后来就变成了太极图的形象（第22页）。太极这个形象确实更生动，因为里面用来划分的线不是僵硬的直线，而是蜿蜒流动的曲线，这就至少提示我们两点：首先，心灵里的各种力量之间不是泾渭分明的，而始终是渗透交错在一起的；其次，心灵的结构本身也不是僵死和静态的，而是充满着各种流动变化的可能性。当然，太极图只是一个借用，至于荣格的思想到底和中国的易学有多少相通之处，这个还有很大的阐释空间。

也正是在这个要点上，必须澄清一下*荣格和弗洛伊德的根本差异*。首先，弗洛伊德对荣格的影响怎么强调都不过分。弗洛伊德把荣格称为自己的"皇太子"，这绝不是心血来潮。荣格的分析心理学的基本要点，比如力比多、无意识、精神的静态结构和动态运动，甚至包括治疗的具体方法（比如联想）等，都完全是来自弗洛伊德。但二者之间的差异是更值得关注的。

首先，*弗洛伊德的思想可以概括为两个要点："（1）人类的动机全都*

1　［瑞士］F. 福尔达姆：《荣格心理学导论》，刘韵涵译，辽宁人民出版社，1988年。

是性欲的；（2）潜意识心灵完全是个人的，是个体所独有的。"（《简析荣格》，第35页）这两个要点在荣格那里都被完全推翻了。第（2）点不用多说了，弗洛伊德只探索到个体无意识的层次，而荣格则深入到集体无意识。关于第（1）点，荣格在《寻找灵魂的现代人》第六章里就给他恩师看了一下病："弗洛伊德心理学的病态症状在于：它建立在一种不加批判的，甚至是无意识的世界观之上。"（第113页）这个错误简单地说，就是"还原论"和"决定论"。

"还原论"，就是把心理的一切问题和症状都一股脑儿地还原到性欲；"决定论"，就是说人的各种可见的选择和行动，其实说到底都受到背后的"不可见的手"的操控和决定。在荣格看来，这样的想法实在有点太过简单了，所以他非常直白地批判说："弗洛伊德一大错误就在于他忽视了哲学。"这么说可能是有点过，但至少说明荣格本人对哲学是非常重视的，是主动地去学习和吸收的。荣格的哲学来源，主要有四个（当然肯定不止四个）：

第一个很明显，就是叔本华。荣格对《作为意志和表象的世界》真的是崇拜得五体投地。但我们其实不太想强调这个点，一是因为叔本华对弗洛伊德的影响也很明显，二是因为叔本华的那种悲观主义跟荣格的强调平衡和谐的思想气质是有点格格不入的。

第二个更重要，那就是柏拉图。"原型近似于柏拉图所理解的'理念'。"（《荣格心理学导论》[1]，第50页）在柏拉图那里，理念是本质世界，而具体的、感性的对象都要通过"分享""模仿"理念才能存在。在荣格这里同样如此，原型是所有个体的最深层的无意识结构，它从根本上决定着所有人的具体的意识活动和人格特征。所以荣格的治疗理论里有一个重要的词叫作"个体化/个性化"，大致也可以说，每个人都是用自己的方式来"独特""具体"地把最深层的无意识的结构展现和实现出来。

有人看到这里会质疑了，这不是犯了他老师弗洛伊德同样的错误？这不也是还原论和决定论？荣格不是把一切都还原到集体无意识的结构，又把它当作决定一切的终极原因？其实不是的。首先，就像是太极图这个形象告诉我们的，最深的结构并不是由一种单一力量掌控的（比如性欲），而是一个各种复杂力量交织的开放、动态的模型。当其中一种力量过于强大，进而掌控了其他所有力量的时候，就会造成病态和失衡。

所以，每个人生下来的时候气质是千差万别的，每个人所走过的人生轨迹也注定是千姿百态的；面对不同的人和事，究竟怎样让自己的心理结构处于一个平衡的状态之中，这是一门很深的艺术，需要因势利导，因地制宜，需要兼具智慧和行动的能力。"可以做这样一个合理的假设，即所有的人都具有大致相同的心理装置，以此来感受自己外部和内部所发生的一切，……人们之间的差异在于每个人所特有的运用这一心理装置的方式。"（《简析荣格》，第135页）

概括荣格的论述，*平衡的人生大致需要遵循两个基本原则：一是"活得完整"；二是"活得明白"。*活得完整，是因为所有人的心理结构都是一个整体，当你过于发展其中的一个方面或几个方面，就会产生问题，所以，"个人发展的目标是整体性（wholeness），即是说，要成为一个人的环境所允许的最为完满的人"（《简析荣格》，第24页）。这又与柏拉图的灵魂学说有着异曲同工之妙。

柏拉图认为人的灵魂有三个主要部分，分别是理性、意志和欲望，三个部分各有不同的功能，遵循着不同的原则，但真正的灵魂的正义必须本着节制这个最根本的法则。什么叫节制呢？那就是"各有其位，各司其职"，即每个部分都有效地发挥自己的功能，并且不逾越自己的本分，也不会干扰别的部分的正常运作。所以，理性就是领导，意志就是辅佐，而欲望就应该是服从。

虽然荣格用一个看起来很均衡的太极图取代了柏拉图那个高下分明、尊卑有序的理想国的等级，而且他的意识功能是四元而不是三元的，但其实他最终试图达到的理想也仍然是节制与平衡。

这里就需要简单介绍一下荣格的四种心理功能的学说。"荣格所理解的心理功能是某种'在不同情况下万变不离其宗的心理活动形式，与具体内容毫无关系'。"（《荣格心理学导论》，第19页）打个不恰当的比方，你可以在你的iPhone上面打字、画画、玩游戏、聊微信等等，但背后运作的都是那一套ios系统。

有人又会想到，荣格心理功能的理论跟康德的哲学理论非常相似。确实，康德是荣格的第三个必须提到的哲学来源。据称，《纯粹理性批判》《作为意志和表象的世界》以及《浮士德》是对荣格影响最大的三本书。他自己也经常使用"先天""先验"这样的字眼。在康德那里，人的心灵之中先天就具有认识的能力和结构，比如感性直观、知性范畴和理性理念，这些先天的认识形式对后天输入的感性经验的材料进行综合处理，才能产生有效的知识。这样比较起来，荣格与康德确实是有相通之处。

但我们想在这里强调的，还是荣格更接近柏拉图的灵魂节制的理想。接着说荣格的心理功能学说。在荣格看来，所有人都具有四种基本的功能，分别是思维、情感、感觉和直觉。关于这四种功能，荣格在《心理类型》等著作中有过多次论述。在《人及其象征》中的概述最凝练："感觉告诉我们存在着某样事物；思维告诉你它是什么；情感告诉你它是否合意；直觉告诉你它来自何处，将去向何方。"（《简析荣格》，第135—136页）没错，其中的"直觉"直接呼应了我们前面关于迷惘主题的讲述。

荣格第四个重要的思想来源正是柏格森。两位大师之间至少有两个明显的相似之处。第一个当然都是强调直觉的重要性。但柏格森对直觉的论述还只是停留在理论层面上，具体怎样去展开直觉，并没有给我们多少提示。荣格就不一样了，他从小就是一个很"通灵"的孩子，可以说，那种强烈的神秘直觉的能力，一直以来就是引导他研究和写作的最重要的天赋。关于荣格的直觉理论，我们具体放在下一讲展开。

荣格和柏格森的第二个相似之处，就是 *记忆学说*。甚至两个人用的图形都是相似的。柏格森的记忆模型是一个倒着放的锥体，它的顶部是庞大的记忆本体，然后汇聚到底部的那个"现在-尖点"，并推动行动的实现。而荣格的记忆模型恰恰是正着放的锥体（《荣格心理学导论》，第42页），一共是五层，最下面是"深不可测的底层"，也是"集体无意识中永远不能意识化的部分"，这就是整个人类共享的庞大的记忆本体，一层层往上，就是集体无意识、个人无意识、意识和自我。对于柏格森和荣格来说，虽然记忆模型是一层层之间明确区分开的，但他们都强调实际上这些区域之间是缠绕、层叠、渗透的。

要进一步明白直觉的作用，还需要简单介绍一下其他三种功能。*思维和情感都是"理性功能"*，因为最后都要做出判断。思维做出的判断是"真/假"，而情感给出的判断则是"好/恶"。*感觉和直觉则是非理性的功能，二者并不做出判断，而更着重于感受和体验*。只不过，感觉是比较客观的"再现现实"，但直觉就不一样了，它不关注细节，而更关注整体、关系、意义。借用雅各比的例子："面对美景，感觉功能会观赏并记住花草树木、蓝天白云等一切细节，而直觉则会品味整体的气氛和色调。"由细节洞见整体，"一沙一世界"，你是不是又想到了叔本华的审美直觉[2]？《简析荣格》里也讲了一个"酒吧前斗殴"的具体例子（第139—141页），大家也可以参考一下。

最后回到我们前面的那句话，为什么说荣格的心理类型跟柏拉图的灵魂正义很相似，那正是因为荣格也认为理性是主导，非理性是辅助；再具体说，他一再强调，*大多数情况下，思维是主导功能；感觉和直觉是辅助功能；而情感则是"第四种功能"*（太极图的黑暗面），需要更审慎地去学习掌控它。这跟理性—意志—欲望的关系又是何等相似！也因此荣格的第二条人生格言就是"活得明白"，要想实现人生"完满"，就是要让那些隐藏的"阴暗面全部暴露在阳光下"，进入意识之中，这当然是一个变得清楚明白的过程。

2　"不是让抽象的思维、理性的概念盘踞着意识，而代替这一切的却是把人的全副精神能力献给直观，浸沉于直观，并使全部意识为宁静地观审在眼前的自然对象所充满。"（［德］叔本华：《作为意志和表象的世界》，石冲白译，商务印书馆，1982年，第249页）。

第三节 活着，就是找到『回家』的路

很多学者都认为，荣格对"内倾"和"外倾"这两种心理倾向（或心理态度）的划分是荣格对心理学乃至哲学的最重要贡献。上一节讲到的思维、情感、感觉和直觉这四种意识功能当然也很重要，但毕竟不能算是荣格的首创。

仔细分析文本之前，还是先讲两个关键点，尤其参见《寻找灵魂的现代人》第四章（第78—80页）。首先，为什么要区分人的不同心理类型？虽然大家觉得"人人生而平等"（equal），但这并不是说"人人生而相同"（same）。为什么大家那么讨厌克隆人，讨厌基因技术对人的生命的操控，也就是不希望生下来的孩子都像是一个模子里造出来的吧？每个人都希望自己是与众不同的，这样才能更好地实现自己独特的价值。所以对人进行分类是有意义的，因为可以更好地理解人与人之间的不同。

其次，怎样对人进行分类？大致有两种方式。常见的分类经常是量化的，也就是说，仅仅是从外在的角度对人进行描述，而并没有深入到人的内在的精神气质。比如，按照性别分类，按照年龄分类，甚至按照国籍、民族、职业等进行分类。这些分类你会觉得很鸡肋：一方面是因为比较宽泛，不能够真正体现出你作为一个个体的那种"独特性"；另一方面就是相当外在，不能真实地反映你的精神气质，不能够对你的人生起到解释和引导的作用。

还有一种分类在生活里更喜闻乐见，比如星座，那简直变成了当代巫术，好像两个人见面没啥聊的，就聊聊星座吧，看看是不是合得来，很多时候还很准。为什么大家这么喜欢星座呢？看上去它一点也不科学，但它有一个优势是其他的各种外部分类所没有的，就是能够直接地反映、解释人的各种心理和精神状态。荣格心理类型学说的一个重要目的，正是通过心理类型的区分对人的心理机制进行细致、深入的解释，进而让你更好地理解自己的生命，甚至对你的生活提供一些切实的指导。

对精神气质的分类其实很早就有了，一开始是"三宫"的划分，然后是黄道十二宫，到了古希腊就有了四种体质的区分：黏液、多血、胆汁、抑郁。不过，荣格基于四种意识功能和两种心理态度的学说要比这些古老的学说更有价值，因为他提供了一个动态的流动、变化和转换机制。他说，人的"心理态度的变化形式显然数不胜数，就像水晶一样变化多端，但尽管如此，我们仍可以辨认出它们属于哪个系统"（第79页）。一方面，存在基本的心理装置或系统，即四种意识功能与两种心理态度，一共是八种基本的系统状态。另一方面，这八种状态在每个人身上的具体形态却是千差万别的。为什么呢？因为内倾和外倾并不是静态的系统，而是能量流动的方向，这就意味着它充满着各种变化的可能性。荣格之所以把内倾和外倾称作"态度类型"（attitude types），也正是"因为它们明显带有一般兴趣或欲力运动的趋向"（《心理类型》，第283页）。

我们就一起来读《心理类型》的第十章"类型总论"。首先界定一下什么是内倾和外倾。具体的八种类型不可能细讲，但这个定义是根本问题，必须多说一点。区分外倾和内倾可以有三个方面，一是外在的表现，二是能量运动的趋向，三是这背后体现出来的主体和客体、内在和外在的相互关系。外在表现很容易理解，基本上跟日常生活里说的"外向"和"内向"差不多。外向的人往往"开朗、善于交际、快活，或者至少是友善和易于接近"的；内向的人就相反了，他们"缄默、固执并常常有点羞涩"（第283页）。但这样的描述比较粗糙，不能真正反映内在的心理类型和运动趋向。

所以我们的区分必须再深入一层，从能量流动的方向来描述。这个也容易理解，外倾就是把大部分的心理能量都朝向外部世界，朝向环境、他人和社会。所以外倾型的人"不断以各种方式扩展和增殖他自己"。而内倾型的人又不一样了，他们"总是企图从客体中撤回欲力，就像他不得不摆脱客体加在他身上的压力一样"。所以荣格用了一对非常生动的词来比照这两种倾向，他说外倾的人总是*"丰产的"（prolific）*，因为他们总是要把能量释放出来。说得俗一点，外倾的人的人生格言就是"多多益善"，多认识朋友，多学习知识，多换工作，多旅游，多谈恋爱。反过来说，内倾的人就是*"吞食的"（devouring）*。他不想表现自己，也不想创造什么，他根本不想向外拓展，软弱的内倾型人希望把一切都抵挡在外面，不放任何东西进来；强大的内倾型人则希望把一切都吞到自己心灵里，把整个世界都变成自己的心灵世界。

但单纯描述能量的流动也还不够，因为无论是外倾还是内倾，它们的能量运动的方向都是单一的，外倾就是向外，内倾就是向内。这就违背了荣格最基本的心理学原则，那就是和谐和平衡。单纯向外和向内，都会造成偏执乃至失衡，久而久之，甚至会导致疾病或更严重的心理和精神问题。

所以我们的区分还需要再进一步，从能量的流动转向主体与客体之间的关系。明白了内倾和外倾到底体现出哪一种关系，才能够有针对性地进行调整，最终实现主体与客体之间的和谐。所以荣格明确指出："*从生物的角度看，主体与客体之间的关系总是一种适应关系（relation of adaptation），因为主客体之间的每一种关系都通过相互影响，以双方的修正作用（modification）作为前提。*"这句话里有两个关键词："适应"和"修正"。主体与客体之间应该是一种彼此"适应"的关系，人与外部世界之间最终应该是一种平衡的关系，而不是始终处于对立和冲突的状态。所以平衡不是生命的起点，而是生命的归宿和目的。平衡，就像是柏拉图所说的灵魂的节制一般，是需要在生命之中不断磨炼、孜孜以求的。这也就是我们这节标题的含义：*平衡才是生命的真正家园，而活着，无非是为了*

以最适合的方式不断修正你和世界的关系，最终找到回家的路。

荣格以亲身经历向我们证明了，人的一生就是"半梦半醒"。前半生注定是迷惘的，只有迷惘才能刺激你反思自己，才需要哲学反思和心理治疗的力量，让你不断从困境中解脱出来；也因此后半生走向清醒澄明之境。所以，"人生如梦"，但你必须想方设法地醒过来，只有醒过来才能找到回家的路。

最后我们结合文本解释一下外倾和内倾的不同特征。一个最基本的原则就是补偿原则。当你主导的意识倾向是外倾或内倾时，那么无意识就必须用内倾或外倾来进行补偿，否则就会失衡，而失衡恰恰是各种迷惘的根源。

先说外倾。"如果一个人的思维、感觉和行动，他实际生活中的一切皆直接地与客观状态及其要求保持一致，那么他就是外倾的。"（第286页）外倾的人是一心扑在外面的人，他们不知道自己想要什么，反正大家追求什么他们也就去追求什么；他们也没有自己的生活准则，而是时时刻刻都要求自己与社会规范和道德准则保持一致。所以外倾的人中有很多"活雷锋""模范公民"。外倾的人很容易承担起使命和责任，成为社会的骨干和中坚力量。简单地说，外倾的人不是没有自我，只不过他的这个自我不是"小我"，而是"大我"。这个大我往往会很强大，因为他会得到更多人的爱戴和支持，能在外部世界里实现理想。

外倾当然有积极强大的一面，但过于外倾，甚至完全外倾，那就是病了。用荣格的话来说，轻一点的叫"迷失自我"，重的就叫"歇斯底里"了。迷失自我，就是外倾的人整天忙忙碌碌，看上去特充实，特有干劲，但当他们空下来了，退下来了，不忙了，什么都有了，那麻烦可就大了。因为他们一辈子都在外面，从来都没想过自己"里面"到底想要什么，所以一旦外面的世界不需要他了，他就会特别空虚、迷惘，甚至会痛苦、绝望、生病。

外倾的人所遭遇最严重的迷惘正是"歇斯底里"，"典型的歇斯底里的标志在于患者与他周围成员之间的一种极度的亲密关系，一种近乎模仿的对周遭环境的调节性顺应，使他自己引人注目，给人留下深刻印象，这种经常性倾向就是歇斯底里症的基本特征"（第288页）。这种外倾性的追求一旦趋于单向的极致，就会变成扭曲和病态，因为你每做一件事、每说一句话，都要非常焦虑地想：到底别人喜欢吗？我这么说真的妥当吗？会不会让人家误解？……这已经不是累不累的问题了，而是心理系统功能失调的表现。你可以想象，一辆车的轮子歪了，它就总是朝着一个方向偏，就这么偏下去，最后的结果就是掉进毁灭的深渊吧。

所以必须有无意识的力量来进行修正，把跑偏的车轮不断地拉回来，不断地"修正"方向，使其回归正轨。所以，一个明显外倾的人，他的无意识往往是内倾的，这样才能平衡。一个一门心思扑在外面的人，他的内心是不可能始终心如止水，毫无波动的。正相反，每每当他接近歇斯底里的崩溃边缘的时候，无意识的机制都会自行发动，进行"补偿"。你的意识不去想的事情，无意识却会承担起来，照管起来。

荣格对外倾的无意识补偿机制的解释相当好玩："外倾的无意识要求实质上具有一种原初的、婴儿般的和自我中心的特性。……其对客观环境的调节顺应和对客体的同化阻止了微弱的主观冲动进入意识。……因而呈现出一种退化的性质；*它们越是不被认可，它们就越是成为婴儿的和古代的*。"（第289页）道理很简单，外倾型人一直都在发展"大我"，"小我"却从来没有真正发展过，没有真正长大过，因此还是个孩子。所以，外倾的人的补偿机制，往好的方面说是他们总有一颗童心，当你和他私下相处的时候，会觉得他变得可爱、有童真；往坏的方面说，那就是内心极度幼稚而脆弱，并且往往会以一种不可思议的强烈的方式爆发出来，形成精神的崩溃。

第四节 「每个人身上都携带着阴影」

这一节我们主要讲两个内容。一个是结合《心理类型》第十章进一步讨论内倾型的主导特征及补偿机制，然后我们重点分析直觉在内倾和外倾这两种人格建构中起到什么作用。另一个是讲解荣格分析心理学的另外一个核心概念——"阴影"。

讲到内倾型心理，当然还是从意识和无意识这两个方面来入手。上一节提到，无论是内倾还是外倾，最后都要回到主体与客体的关系这个基本问题，并且重点涉及"适应"与"修正"这两个关键环节。外倾是以客体为能量流动的主要方向，外倾型的人的所作所为都是为了与外部世界达成一致性的关系。内倾正相反，它的能量流动主要是向内的，也就是"定向于主观因素……内倾型在对于客体的知觉与他的行为之间加进了一种主观的观点"（《心理类型》，第317页）。要好好理解一下这个"主观因素"。首先，我们在这里探讨的内倾型人格是一种在日常生活中常见的、相对健康的类型，并不是完全拒斥外部世界，只能和自己相处，遇到别人在场就特别紧张，甚至流汗、晕厥的那种——这不叫内倾，而是自闭，是内倾的最极端的病态形式。

荣格说的内倾和外倾的人都能够正常生活，他们最大的区别在于*处理人和事的出发点和准则*是不一样的。外倾型人的出发点是外部的客观现实，他们的准则是客观的物理法则或者大家都接受、认同的伦理和社会规范；内倾型人则正相反，他们的出发点是自己内心的主观感受和体验，他们的准则是："把主观规定当作决定因素"。简单说，外倾型人的人生准则是："Face the reality！"（现实点儿吧！）内倾型人的人生信条是："Just do it！"（跟着感觉走！）

你可能会觉得内倾型就是特别自我中心，孤僻不合群，甚至自私自利的类型。但荣格对内倾型人格的分析，正是要破除这种成见。他认为，内倾和外倾同样重要，甚至更为重要。外倾型所遵循的是外部世界的规律和规范，内倾型也同样遵循着内心世界的规律和规范，物理规律是规律，心理规律也是规律，每个人恪守的规范具有同样普遍的效力。"主观因素也具有我们生活于其中的这个世界的普遍决定性的所有价值，是一种在任何情况下都无法排除在我们的考虑之外的因素。它是另一种普遍规律，凡是基于这一规律的人都拥有一个安定、持久和有效的基础。"（第319页）

一句话，一个人活在世界之中，理应遵循世间的普遍规范，同样也应该找到恰当的方法和途径倾听内心的声音，挖掘灵魂深处的那些同样普遍的规律。因为当你不断这样做的时候，当你一次次深入心灵海洋的未知莫测之时，你会发现，你的内心世界远比外部世界广阔，内心世界的那些深层的类型、结构和法则也比外部世界的规律和法则更为复杂、更为根本、更能揭示生命的终极意义。

所以荣格在《伊雍：自性现象学研究》开篇就说道，这个世界上未知的东西有两大类，"一类位于外部，可以被感官体验到；一类位于内部，可以直接被体验到"。

雨果曾说："世界上最宽广的是海洋，比海洋更宽广的是天空，比天空更宽广的是人的胸怀。"你也许觉得这只是诗人的比喻，是文艺的矫情。那么，康德的那句名言呢？他说："两件事物我愈是思考愈觉神奇，心中也愈充满敬畏，那就是我头顶上的星空与我内心的道德准则。"同样强烈地表达出了内心世界的那种"令人敬畏"的深度和广度。仰望苍穹是无限，审视内心也同样是无限，是另一种无限，更为深广的无限。

所以内倾型的人并不是"自负的自我主义者"，也不是"一意孤行的冥顽不化者"（第321页），他们只是花更多的时间去反思和探索自己的心灵世界。很多时候，他们和外倾型人一样具有行动力和判断力，只不过他们的行动和判断都来自内心的普遍规律。外倾的人没有"自我"，因为他们的"小我"最终融化在了"大我"之中；内倾的人也同样没有"自我"，那是因为他们在自我（ego）之下发现了一个更深更广的"自性"（self）的海洋。

同样，当内倾走向极端和偏执的时候，也会导致各种心理疾病乃至神经症状。他们虽然不会像外倾型那样变得歇斯底里，却会变成一个自我膨胀的偏执狂。"其症状就是他的自我与自性近乎完全的同一；自性的重要性被归结为零，而自我却超乎寻常地膨胀起来。主观因素的全部世界性创造力完全积聚于自我，产生一种无限制的权力情结和一种愚蠢的自我中心主义。"荣格在这里解释得很清楚，本来内倾是试图从自我深入到自性，但在这个深入的过程中会出现两个严重的偏差：一是你无力深入了，你认为到达的位置就是最深的位置了，这个可以叫作"肤浅"；二是有的人动机不纯，他们探索自性不是为了超越小我，最终找到重新拥抱人类和世界的途径，而是为了把自性里的那种巨大的心灵能量据为己有，最终让"小我"无限膨胀，甚至吞噬和毁灭整个世界。

荣格是一个很有正义感的人，他说过很多次，分析心理学最终要解决的不是技术问题，而是道德问题，也就是让人类有勇气、有途径去直面灵魂深处的黑暗和邪恶，并与之进行艰苦卓绝的斗争。他正是从"自我膨胀"的角度对希特勒进行激烈的批判的，"欲望和贪婪完全占据他的意识心理……他完全是一种没有能量的、缺乏适应的、无责任能力的、精神错乱的人格，充满了空洞的、婴儿式的幻觉，他是被卑鄙小人和流浪儿的强烈直觉所诅咒了。他代表着阴影，每个人人格中劣等的部分，却达到压倒

1　［瑞士］荣格：《荣格文集》（第七卷），高岚主编，李北容、吴于群、杨丽筠译，长春出版社，2014年。

一切的程度"(《荣格文集》[1]，第206页)。这里说得很清楚，阴影在每个人的灵魂深处都存在着，只不过程度和形态各有差异。*每个人身上都携带着阴影*，*而学习分析心理学的目的就是为了让更多的阴影和黑暗能够进入光亮之中*，能够呈现出来，让每个人去直面它，去对抗它，进而实现生命的和谐和平衡。这就是荣格所说的"阳光普照"的精神行为，只有这样才能对抗迷惘和精神空虚这个"时代最普遍的神经症形式"(《荣格心理学导论》，第148页)。

与外倾型一样，内倾型也有着独特的补偿机制。以外倾为主导态度的人，他的无意识之中会以退化的童真的方式来补偿。与此相对，以内倾为主导的人，"*自然会产生一种客体影响的无意识的强化*"。一个内倾的人，可能在日常生活中显得沉稳，慎思而谨言，在清醒的有意识的状态之下，能量主要是向内回流；由此，在无意识的深处，就必要有一种运动与之相抗衡，重新把能量向着外部、客体和他人流动。只有这样，才能实现内与外的平衡，意识与无意识的平衡，自我与世界的平衡。处理不好的话，就会产生两种严重的疾病（第322—323页），一是"心理虚弱症"，二是原始恐惧症（这个词是我概括的）。

先说第一种。健康的内倾型关注内心的深度，具有一种反思的能力，但这样一种倾向过头的时候，就会演变成对外部世界的拒斥、抵抗甚至仇恨，"现在，内倾型与客体的疏离就完成了；一方面他把他的精力耗费在防卫的措施上，而另一方面则徒劳无功地试图把他的意志强加于客体以维护自己的权利"。

在足球世界里大家经常说，最好的防守就是进攻。为什么？单纯消极的防守难免挂一漏万，因为外部世界的情形是千变万化的；所以要想防守，最好的办法就是主动出击，让自己的精神能量去主导、掌控外部的局面。这样就会造成精神的极度虚弱，因为你总是战战兢兢，如履薄冰，要么，你处处设防，不让一丁点外部的东西侵入内心世界；要么，你全面出击，把每一丁点的外部的东西都抓在自己的手心里。前面那个叫胆怯，后面那个叫膨胀，但无论怎样，你都把宝贵的精神能量大把大把地浪费在毫无意义的防御和掌控方面了。

内倾型的第二个极端是原始恐惧症。我们说过，外倾型的人的内在自我从来都没有长大，所以他的内心就一直是个孩子。内倾型的人正相反，他对外部世界的感觉和认识从来都没有成熟过，甚至一直停留在原始和童年的阶段。"任何陌生的新东西都能引发恐惧和不信任感，似乎隐藏着莫名的危险似的。"讲个笑话，外倾的人可能外表的年龄是五十岁，但心理年龄只有五岁；内倾的人就正好反过来，看上去他是一个稚气未脱的小男孩，但内心深处可能就是个无比老成的长者。

明白了外倾和内倾的各自特征和补偿机制，最后我们谈一下直觉这个相当重要的意识功能。荣格曾经说过："心理学中的一切归根到底都是体验，即便是最抽象的理论也是直接来自于体验。"（《荣格心理学导论》，第144页）这里的体验不是简单的感觉或情感，而指综合性、整体性的直觉。因为像"自性"这个最深的核心只能通过直觉体验来达到。荣格研究了浩如烟海的文献，从神话、童话到炼金术、梦境，其实都是为了给每个人提供一些典型的意象作为入口，然后慢慢深入到自性的深处。

在荣格看来，直觉具有以下三个基本特征。首先，它总是在无意识的层次上运作，但这并不意味着它就是消极被动的，正相反，它体现出心灵深层次的那种"主动的、创造性的过程"。其次，它具有一种"预期"性，也就是不单纯停留在当下，而总是指向未来和可能性的维度。第三，它是总体性的，不拘泥于细节，而试图把握事物之间的总体性联系。

直觉在外倾和内倾的人身上的表现有着明显的差异，但最终都体现出一种心灵的创造性的深度。外倾型直觉主要朝向外部的现实和对象，当它起辅助作用的时候，就是帮助其他的意识功能（尤其是思维）更深入、全面地认识和把握现实的情况；但当直觉成为主导功能的时候，人的心理态度就非常不一样了："*当其成为决定性功能时，生命中每一个原初的情境都宛如一个锁闭的空间，有待于直觉去开启*。它不断从外在生活中寻找新的出口和新的可能性。每一瞬间，每一种存在的情境都可能成为直觉者的牢笼。"(《心理类型》，第312页)

这句话说的就是，外倾直觉型的人总是充满着创造性的精神能量，他们不愿墨守成规，而是时时处处都想创造出"新的可能性"。（这里希望你再度想起了柏格森。）这样的人也会有缺陷，比如喜新厌旧、容易厌倦等等，但总体说来，当直觉占据主导的时候，它往往能够把不同的意识功能有机地整合在一起，将它们带向一个更为积极开放的状态。所以你看荣格为什么把直觉放在四种意识功能的最后一种来讲，也正是因为它具有突出的重要性。

外倾的直觉虽然已经展现出强大的创造力，但创造力的根源到底来自哪里？恰恰是来自他最深最广的无意识世界。所以内倾直觉型的人就更有优势，因为他"所关心的并非外在的可能性，而是外在客体从他的内部所释放出来的东西。……内倾直觉就知觉到了意识背后的全部过程，其清晰鲜明的程度与外倾感觉对外在的客体的感受不相上下"（第338页）。*外倾直觉是在外部世界中打开每一种可能性*，但他可能会处处碰壁，可能会心灰意冷。*内倾直觉的人所打开的则是内在世界的无限深度*，他们是"梦幻者和预言家"，他们是才华横溢的"艺术家"；他们来到世间的使命，就是用那些神秘的意象来唤醒我们每个人身上沉睡的宇宙。

第五节 —— 在你的身上唤醒整个宇宙

这一节重点讲两个问题,一是*自性(self)*,二是*人生的阶段说*。先提一句,人生的阶段说听上去跟克尔凯郭尔的"人生诸阶段"理论有几分相似,但实际上是很不同的。在荣格这里有两个要点,一是"人生新阶段的仪式"(rites of passage),二是太阳从东方升起、向西方落下的经典比喻。

首先,我们进入荣格所有学说的终极概念,那就是自性。这个词在前面四节里已经反复出现了,现在应该好好总结一下了。自性大致有这样四个基本特征:第一,自性是一个整体;第二,自性是一个极限;第三,自性对抗的是迷惘;第四,唯有直觉体验才能洞察自性。

首先,自性是一个整体。先看一下荣格对于自性的界定:"*通过一个共同的中心将心理的两个分支系统——意识与无意识——从对峙引向结合的原型意象就是自性。它是个性化道路上的最后一站,荣格也将个性化称为'自性形成'。*"(《荣格心理学导论》,第142页)可见,荣格所说的自性跟弗洛伊德所说的无意识或者本我,是相当不一样的。在弗洛伊德那里,冰山是一个典型的形象,即,人的心灵的真相总是深深地被遮蔽起来的,在正常的意识状态之下根本无从揭示和接近,只能在梦这样的情形之中才能呈现出来。对于荣格,人的精神生活的真相并不单纯是被遮蔽起来的、不见天日的无意识部分,而是无意识和意识共同形成的和谐、平衡的整体。

荣格的自性绝对不是冰山下面的庞大的无意识的本体，而更像是一个始终燃烧着的中心，它将意识和无意识的各种力量都结合在一起，融汇在一处，再以源源不绝的能量推动创造运动。所以自性也有收与放两个方面，当它收的时候，强调的是各种力量都发自同一个源泉；当它放的时候，则展现的是人的精神生命的不断延续和创造。所以荣格说："自性是对内外冲突的某种补偿，它是人生的目的，因为它是某种命中组合的最完整的表现，我们称那种组合为个体。"我们前面说人生就是找到回家的路，这个家园就是自性。

由此就可以理解自性的第二个特征，它是一个极限。"自性只是一个边缘概念，就像康德的'物自体'。"（第147页）在康德那里，物自体（thing-in-itself）是一个边缘概念，因为它是划定感觉经验和知识系统的有效边界，越过这个边界，就谈不上感知，更谈不上知识。但康德的物自体不仅仅是"边界"，更是"理想"："在实践领域，康德的物自体指上帝、自由意志、灵魂这些理性概念，它们作为一种课题、目标和理想，成为道德实践的依据。"（第147页译注）可以说，将"边界"和"理想"这两个意思合在一起，正是荣格所说的自性的真正含义。首先，自性是意识和无意识之间的界限。对自性的探索，需要一次次下潜到无意识的深处，去体验、洞察各种原型的层次和结构。自性就是告诉你，在意识和自我之外，还有一个意识无法触及、自我无法掌控的庞大的心灵世界。

自性如果仅仅是边界的话，那它跟弗洛伊德的那个冰山就没什么两样了，因为冰山模型说的也恰恰是，在可见的水面之下有一个庞大的隐藏的深处。荣格的高明之处就在于，他更强调自性作为"理想"。什么是理想呢？就是看上去离现实很远，但却是作为现实必须不断去朝向的那个终极的、最高的目的。从这个意义上说，这个目的又成为现实之为现实的本质依据。

做一个简单的对比，以便大家理解。弗洛伊德的模型是因果决定论的，他会说，你人生里的各种苦痛折磨最终都要追溯到那个被压抑的童年创伤，那是一切罪孽的最初原因，正是这个原因决定了之后的各种痛苦。但荣格的模型就不一样了，它是目的论的。它说的是，你生命里注定有各种各样的痛苦，但这没什么，甚至可以说"痛苦和冲突就是生活"（第143页）。为什么？痛苦，不就是各种力量（尤其是内与外、意识与无意识之两种力量）之间的不和谐的表现吗？有痛苦，能够体验到痛苦，这甚至是一件"好事"，因为它让你觉醒，让你认识到其实心灵并不是铁板一块，相反，你的生命总是处于各种力量交互作用的旋涡之中。痛苦就是让你认识到这个现实，然后激发你不断探索心灵，想方设法让自己的心灵回归到那种平衡的状态。

所以，为什么说荣格的自性是目的，是理想？那正是因为它不是现成的东西，不是已经发生的事情，不是决定你的东西；正相反，它是你必须不断去探寻、去创造、去实现的目的。当然，意识和无意识的完美合体，这个理想是难以彻底实现的，因为你是一个有限的个体，身陷于各种现实力量的束缚之中。但你可以朝着这个理想不断努力。所以荣格把自性比作灵魂核心的"火焰"，只要这团火焰还在燃烧，还在发光发热，就说明你的生命还有不断完善的可能，还有不断前进的动力。

第三，*自性对抗的是迷惘*。如何对抗迷惘？就是在内与外之间建立平衡。如何建立平衡？就是回归自性这个灵魂家园。这里就迷惘再深入地说一层意思。荣格曾说："大约有三分之一的病例在临床上根本不能被确诊为神经症，病人只是精神空虚，觉得生活没有意思。"（第148页）这句话耐人寻味。它指出，对现代人的精神状态的诊断和"治疗"，应该放在一个更大的范围之内，因为"在这个时代，一切价值观都摇摇欲坠，人类的精神和心灵完全陷入迷惘"。这才是迷惘的真正根源。用一个哲学上的术语来说，迷惘恰恰源自一种在现代人的心头挥之不去的"*虚无主义*"（nihilism）。虚无主义有各种各样的表现形式，有价值虚无主义、历史虚无主义，还有认识论上的虚无主义，等等。很多人喜欢把这个词归因于尼采,因为他确实说过,要用锤子进行哲学思索,要打碎一切陈旧的偶像,要"重估一切价值"。

"重估一切价值"这句经典的话可以从正反两个角度来理解。从反面看,它确实有虚无主义的倾向,因为它认为那些大家普遍接受和认同的传统价值,无论是理性主义还是基督教,其实都是缺乏坚实的基础和依据的,都要接受最严厉、最彻底的反思和批判。如果仅仅停留在这个反思、批判的阶段,根本不想往前面走,或者没力量往前面走,那就是不折不扣的虚无主义。如果你只会做这样的破坏工作,那你就是一个虚无主义者,因为你毁灭了一切,破坏了一切,最后却什么新的东西也没有创造出来。这样看起来,尼采当然不是虚无主义者,因为他之所以要重估一切价值,就是要在批判、毁灭一切旧有价值的前提之下,进行最为大胆而无畏的创造。

荣格要做的工作跟尼采的非常类似。他要治疗的现代人的顽疾就是虚无主义。虚无在哪里呢?就是大家普遍觉得生活没有意义。我们在第一节就说,迷惘就是在这个世界里找不到自己的位置。从虚无主义的角度,我们可以更明确地对这样一种症状进行诊断:之所以找不到位置,是因为在以往的时代,世界是被一些终极的统一的价值维系、支撑起来的,无论它表面上看起来有多少纷争和冲突,但世界从根本上说是一个完整的统一体。进入现代以后,支撑世界的那些价值都土崩瓦解,整个世界也就不再统一了,不再能凝聚在一起了,就碎裂为无数的碎片。虚无主义,正是这个碎裂世界的真实写照。

由此,荣格开出的解救的药方,就是重新把世界黏合在一起,但是这个黏合剂到底在哪里呢?重新把那些已经名存实亡的传统价值搬回来是没有用的,因为搬回来也是死的,而死的东西怎么能拯救我们这一个个活生生的人呢?你的精神本来就是一个世界,甚至是整个宇宙,你必须在内心深处重新找到一个最为强大的力量,把所有那些四分五裂、土崩瓦解的碎片拼合在一起。这个力量,就是自性。发现自性,就是在你的身上重新唤醒整个宇宙。荣格说得好:"自性形成也许首先是寻找意义,塑造特征,从而形成世界观。"

对自性的探索当然不能通过实证性的科学,因为这样一种科学恰恰是让整个世界陷入虚无主义的罪魁祸首之一。"我们始终知道自己思考的是什么吗?我们唯一理解的,是那种像纯粹公式一样的思考,放进去什么,就算出来什么。这就是智力的活动。但除此之外,还有一种使用原始意象进行的思考——这些象征比人类历史还要古老……至今仍然是人类心理的基础。只有与这些象征和谐相处,我们才有可能过上最为圆满的生活;智慧便是这些象征所给予的一种回报。"(《寻找灵魂的现代人》,第108页)

荣格所有的著作都是在探寻这样一种"原始"的智慧。总体来说,荣格确实对整个人生给出过一幅相当完整的图景,那就是"太阳喻"。你应该又想到了柏拉图和《理想国》吧?没错,荣格的原型和自性理论确实很接近柏拉图的那个太阳喻,因为它既是"理念"(idea)又是"理想"(ideal)。[1] 在《寻找灵魂的现代人》第五章中,荣格对他的太阳喻进行了细致的描绘:"人生就像一道180度的弧线,可以分成四个部分。"(第109页)但与其说是四个部分,不如说是"三个阶段"。因为更为重要的并不是单纯分成四个部分(童年、青年、中年、老年),而是要理解从一个部分向下一个部分进行的过渡和转折的关键性动力。"从生命周期的一个阶段向另一个阶段的转换,对每一个人来说都是一个潜在的危机时刻。"处理得好,就可以顺利进入下一个阶段,不断将生命带向完整而成熟的境界;处理得不好,就会陷入冲突和分裂的局面之中,那正是迷惘。荣格花了很多笔墨来描述这三次关键的转折——从童年到青年,从青年到中年,再从中年到老年,并且分别把它们称为"上午的法则""正午的顶点",以及"下午的法则"。

荣格把这三次转折概括如下:"意识的第一个阶段由辨认或'认识'

---

[1] "太阳不仅给可见的事物提供了能被看见的力量,而且也给它们提供了能出生、成长、被滋养的力量,……因此,你也应当说,不仅是知识对象的可知归于善,而且它们的存在也归属于善,尽管善不是存在,而是在等级和力量上优于存在的东西。"(《柏拉图全集》增订版,中卷,第220页)

构成，是一种无序或混沌的状态。第二个阶段，即自我情结发展的阶段，是一个独裁的或一元化的阶段。在第三个阶段，意识又向前迈进了一步，它包括对自身分裂状态的认识，这是一个二元化的阶段。"简单解释，第一个阶段，从童年到青年总是懵懵懂懂的，或者说意识刚刚开始觉醒，但还没有办法对自我进行一个整体性的认识。到了第二个阶段，意识虽然越来越成熟，但却日益形成了一种霸权，想把一切都纳入自己的支配和统治之下，这样也就使得自我和人格日益僵化和固化。所以正午是一个顶点，同时也是前、后半生转折交替的关键环节。

我们常常说的"中年危机"也正是这个意思。表面上看，中年往往是一个人各方面最接近成熟和成功的时刻，所谓"如日中天"嘛，你在社会上获得了稳定、明确的地位，得到了承认和肯定。但荣格指出，如果你"把它们当成了永远有效、一成不变的东西，紧紧抓着它们不放"，就会陷入一种日益"狭隘"的境地之中，甚至导致"精神抑郁症"。克服这种僵化和狭隘的最有效的途径就是"二元化"，即认识到你的那个成熟稳健的自我其实不是中心和霸主，而是始终还有一个更深更广的自性来与它抗衡和对它补偿。所以中年是人生的一场关键战役，"这不仅是一场外部的斗争，也是一场内在的斗争"。

也正是在中年这个关键的阶段，我们看到荣格的成长动力学的最关键的一个要点，那正是"以退为进"："发展从来不是简单的线性的进程：它是一个螺旋式的发展过程，有前进的上升，也有退行的下降。"（《简析荣格》，第123页）在《寻找灵魂的现代人》里荣格说得更好："太阳在把光芒洒遍世界之后，往往需要收敛光芒以照亮自己。"

第六章

勇气

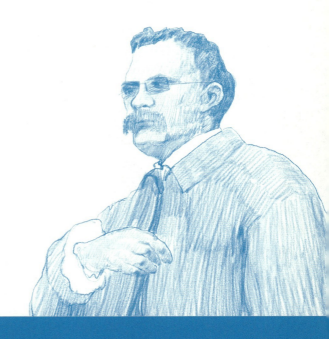

弗里德里希·威廉·尼采（1844—1900）

推荐图书

《悲剧的诞生》
［德］弗里德里希·尼采 著，孙周兴 译，商务印书馆，2012年。

第一节 人生如梦,那就让我继续梦下去!

在"勇气"这个主题里,我们将一起读尼采的《悲剧的诞生》。《悲剧的诞生》作为尼采思想的起点,蕴含了他之后思想发展的一些最重要的主题和线索。关于本书译本,周国平老师和孙周兴老师的翻译版本都很不错,大家可以各取所需。另外,周老师在译本前面写的序也很凝练,值得参考。

让我们先从人生体验入手。很多人会有这样的感觉,就是在日常生活里,真正需要你发挥勇气的场合其实并不多。当我们谈到勇气的时候,经常会有这样一种含义,就是你要对抗一种压力、一种障碍,不要让它摧毁你、压倒你。所以勇气这个东西不是随随便便就能发动的,那种随意发动的其实不是勇气,而是鲁莽。真正的勇气考验的是你生命的强度,是你对生命的那种执着和信念。

这样看的话,叔本华与尼采在这个问题上恰恰形成了鲜明的对照。大家要注意的是,叔本华和尼采之间的关系非常密切,*尼采的很多基本概念都是直接来自叔本华,或者来自对叔本华的批判、质疑和挑战。*

叔本华为了解脱人生的苦痛,经历了三个重要的步骤:一是从现象界到本体界,二是从认识到直观,三是从生命到死亡。虽然我们也解释过,叔本华所说的死亡里有一种澄澈,有一种勇气,但这样一种勇气最终来自对生命和欲望本身的否定。人生就是苦，我们最终就要想办法跳到人生的外面去，无论是通过艺术还是通过宗教。

尼采出发的地方也恰恰是叔本华结束的地方。他跟叔本华至少有三个基本差异，大家最好带着这个背景去读他的《悲剧的诞生》。首先，叔本华最终是从艺术走向宗教，他的大书的最后一个关键词正是"涅槃"。但尼采对宗教（至少是基督教）可是持严厉的批判立场的。对于他来说，艺术才是终极的拯救力量。其次，尼采非常认同叔本华"把世界分为表象和意志这两个部分"的基本立场，但却不太赞同表象的世界就完全是假象和幻象这个说法。在尼采看来，表象的世界恰似梦境，但梦境之中也有真理，梦境之中同样能展现出生命的某种强度。

再次，叔本华认为世界最终就是一股盲目的、不断挣扎的意志洪流，但尼采却不满足于这单一的力量，他的日神和酒神实际上是两股相对独立、彼此抗争，但又相互补充和促进的力量。只有这两种力量结合在一起，才是生命的真相；只有这两股力量保持平衡，才是生命的健康。所以，这里也就涉及两位惺惺相惜的哲学大师之间的最大差异。那就是：*叔本华哲学的最根本的关键词是"否定"，否定表象，否定认识，否定时间，最终否定生命；尼采的关键词恰恰就是"肯定"，肯定欲望，肯定身体，肯定大地，肯定这个世界，肯定这场生命*。大家可能都知道那个著名的典故，就是梁漱溟的父亲梁济在临终之前向儿子所发出的那个终极追问："这个世界会好吗？"那么，叔本华就会回答：我们只有否定这个世界，进入另外一个终极的真实的世界才是解脱。但尼采可能会说：我们只有一个世界，只有脚下的这片大地，只有你正在经历的这场人生，真正的解脱不在彼岸，不是寂灭，而恰恰是在你的生命之中，在你将生命的强度不断推向巅峰和极致的过程中。

这样看起来，尼采对待生命的态度应该是"创造"。生命的希望在哪里？就在于不断克服自身的虚弱、颓废、怠惰的状态，让它变得更丰富、

1 ［英］道格拉斯·伯纳姆，马丁·杰辛豪森：《导读尼采〈悲剧的诞生〉》，丁岩译，重庆大学出版社，2016年7月。

更强大、更与众不同。这样一种生命的创造，正是"勇气"的真义。真正的勇气，是你能够有力量改变自己，把自己从陈规和俗套里挣脱出来，去展现不一样的生命，去实现不一样的自我，去创造不一样的世界。当然，尼采后来把叔本华的哲学称为"虚弱的悲观主义"，而把他自己的哲学称作"强力的悲观主义"。这是很有深意的。你可以先想一想，为什么他仍然认为自己是一个悲观主义者呢？讲到最后希望大家能懂。

这一节讲《悲剧的诞生》中的前言和第1节，重点讲一下"日神"这个概念，因为大家对此总是有很明显的误解。

在读之前，有两个要点再强调一下。第一，尼采的写作风格是非常特别的，他发明了一种以隐喻为核心进行哲学思索的方式。尼采从根本上就是要对抗传统哲学的那种推理和演绎方式，试图用一种诗意或诗性的方式来搞哲学。你如果按照传统哲学书的读法去读《悲剧的诞生》，会觉得简直就是一头雾水。这里面有论证吗？有推理吗？有阐释吗？都没有。发散在整个文本中的"日神"和"酒神"这样的词语，它们的准确含义是什么呢？这样一种写作风格后来在《查拉图斯特拉如是说》里达到了最高峰。

第二，这本书最明显的主题是古希腊悲剧，但它绝不是一本历史性的著作。尼采谈古希腊不是出于故纸堆的兴趣，而是为了从古人那里寻求灵感，来诊断当下的问题。我引一段《导读尼采〈悲剧的诞生〉》[1]里面的概括：其实现代人和古希腊人所面临的问题恰恰相反。古希腊是生命力和思想力都同样强大的文明，所以他们想用理性和哲学来节制过于澎湃的生命欲望；但现代社会是一个理性过于强大，但生命力普遍缺失的状态，所以就需要反其道而行之，需要唤醒生命，与冷冰冰的理性和科技进行对抗。但无论是希腊人还是现代人，最终都是要寻求理性与欲望之间的平衡，这也是尼采哲学的一个基本原则（第18页）。

我们先来读一下《悲剧的诞生》前言。这本书是献给瓦格纳（Wilhelm Richard Wagner，1813—1883，德国作曲家，开启了后浪漫主义歌剧作曲潮流）的。尼采跟瓦格纳之间的恩怨情仇，几乎也可以成为一部博士论文的主题了。但我们只关注前言的最后一句话：<u>"艺术是生命的最高使命和生命本来的形而上活动。"</u>这句话至少说了两个明确的意思。一层意思是，艺术是生命的最高目的，只有艺术才能将生命带向极致，只有艺术才是生命最为强烈而真实的展现。其他的活动（无论是科学还是宗教）都实现不了这个"使命"。大家都知道尼采的那句名言，后来福柯（Michel Foucault，1926—1984，法国哲学家）喜欢得不得了，那就是："要将你的生命塑造成一件艺术品。"而这个命题在《悲剧的诞生》中就已经明确地提出了。在第1节的最后，你会读到更妙的一句话：<u>"人不再是艺术家，而成了艺术品。"</u>

另外一层意思，就是艺术能够通往生命的真理。在这个意义上，艺术才是"生命本来的形而上活动"。在这里，你会发现叔本华对尼采的影响，也能理解为什么尼采对瓦格纳如此敬仰和崇拜，甚至在瓦格纳身上寄托了自己所有的哲学激情，因为在尼采看来，艺术就是一切，它能够激活生命、对抗庸俗、揭示真理、拯救人性……反正在文艺青年尼采的心目中，没有什么问题是艺术解决不了的，没有什么障碍是艺术克服不了的。

但尼采对艺术的理解仍然是非常深刻的。在第1节里，他提出了著名的"日神"和"酒神"这一对隐喻。尼采在一开始就提醒我们，它们不是"概念"，不是"推理"，而是激发直观的"鲜明形象"。作为形象，这一对隐喻至少有三层基本的意思：首先，它们来自古希腊神话，这是一个历史的背景。其次，它们指向的是两种不同的艺术类型，日神主要指"造型艺术"，而酒神主要指"非造型的音乐艺术"。再次，它们其实不仅仅局限于神话和艺术，而是具有一种更为普遍的意义，因为它们是所有生命的两种基本的"本能"。作为本能，它们当然是所有人、所有文化都具有的，是社会和历史的最普遍、最根源的动力。但尼采认为这个道理说得还不够透彻，所以他进一步把日神和酒神上升为整个宇宙的两种终极的力量，就像是阴和阳。读到这里，你或许会想到，日神和酒神对应的不就是叔本华所说的表象界和本体界吗？<u>日神就是显现出来的世界，而酒神就是表象背后</u>

---

2 "对于在空间和时间中的事物，对于个体认为真实的世界，则只承认它们有一种假象的、梦境般的存在。"（《作为意志和表象的世界》，第254页）

的那个欲望奔涌、绽放的本体。表象的世界是观看和认识的世界，它有着清晰的轮廓、线条和秩序；意志的世界相反，它是混沌的、交融的、流动的，各种各样的力量在此交汇，它们挣扎着、碰撞着、冲突着。

对此，你从日神和酒神作为两种艺术类型的对比就能看出来。比如，日神是绘画，而酒神是音乐。绘画，需要你保持一定距离，才能看清画面上的形象；但音乐呢，需要你把整个身体和心灵沉进去，跟声音之流汇合在一起。

尼采在这一节里对这两种艺术境界的描述跟叔本华的说法也极为一致。比如，尼采说日神的境界就是"个体化原理"。什么意思？在表象的世界中，人与人之间，人与世界之间是有着清晰边界的，每个人都是一个独立的个体，这样才能造就出日神那种清晰有序的视觉世界。但在意志的本体界就不一样了，尼采用了"忘我"这样非常叔本华的说法，因为在生命和欲望奔流的酒神狂欢之中，人和人之间彼此交融，相互渗透。这里没有"多"，只有"一"，因为每一个个体都是同一个大化流行的"生命"过程中的一个水滴、一朵浪花。

但一定要注意，尼采在这一节里强调了一点，和叔本华非常不一样。叔本华认为，表象的世界是假的，是梦境，所以必须醒来。[2]但尼采不满意这个说法。在他看来，梦并不完全是虚假脆弱的泡沫，在梦境中同样包含着世界和生命的真理。正是在这里，他逐渐找到了自己哲学的起点："事实清楚地证明，我们最内在的本质，我们所有人共同的深层基础，带着深刻的喜悦和愉快的必要性，亲身经验着梦。"很多熟悉精神分析的朋友读到这里会惊叹：这启发了弗洛伊德和荣格对无意识和梦的分析吧？没错，但那是后话了。

《悲剧的诞生》将梦境与真理联系起来，破除了叔本华将世界截然划分为真与假、醒与梦的二元对立。尼采明确地说："他聚精会神于梦，因为他要根据梦的景象来解释生活的真义。"所以他没有说这个世界分裂成真与假，而说这个世界有着"梦和醉"这两种状态，它们都是生命的真相，只不过显现出生命的两种不同的力量和强度而已。只有这两种力量配合在一起，彼此互补和互助，才能真正实现生命的创造。

换句话说，其实日神的梦境已经渗透了生命意志的强度了，它只是把这个强度克制在了一定的范围之内。同样，在酒神的迷醉之中也肯定要有日神式的清醒，否则你就彻底陷入疯狂和失控的深渊中，那样的话你还能创造出来什么呢？

所以尼采惊叹："这是一个梦！我要把它梦下去！"我想这是他所谓的生命勇气的真正起点，也是他跟叔本华最大的不同之处。

第二节 「美拯救世界」

这一节我们集中阅读《悲剧的诞生》的第2—4节。这几节承接前面的内容，继续从"梦"与"醉"这两种根本的生命力量的角度，来阐释日神和酒神的精神。

上一节最后引用了书里的一句话："这是一个梦！我要把它梦下去！"我们说，这里面有一种生命的勇气。但可能有人会质疑，以做梦的方式来面对人生的苦痛，这难道不是一种逃避吗？如果人生从根本上说就是一场梦境，那么真正明智的选择难道不是醒过来，去面对真实的世界吗？

在尼采看来，梦与醒并不是两个泾渭分明的世界，不是说你要么在梦里，要么就醒着。相反，尼采所说的梦与醒是两股相互交织、彼此渗透的力量。这两股力量达到平衡状态才是真正的健康，也才是生命力最为强健的状态。

所以在这里就要纠正一个很常见的对尼采悲剧精神的误解。很多人觉得，尼采就是想用酒神的力量来摧毁日神的秩序，就是想唤醒、激发人的那种生命的、身体的欲望和意志，进而进入一种澎湃汹涌的，乃至无节制的、过度的"迷醉"状态。这当然是有些误解的。这样理解的话，尼采就是一个天天喝得神志不清的"朋克小子"，而绝不是那个从小就倾心于古典文学的文艺青年。尼采最喜欢的音乐家，一开始是瓦格纳，可能确实有一种酒神式的迷狂，但他后来推崇的是

19世纪法国作曲家比才,甚至还对法兰西的文化和音乐大加赞赏。在《查拉图斯特拉如是说》里,尼采曾说他最喜爱的生命形态不是狂风骤雨,不是万丈深渊,而是肥皂泡,是蝴蝶,是那些看上去轻飘飘的、美丽而又脆弱的精灵。[1] 所以,这种飞翔的、轻灵的状态,向往空气和阳光的冥想,实际上更为接近尼采最核心的精神。

尼采在《悲剧的诞生》里,对悲剧的界定也是这样。悲剧不是一股脑儿地被酒神的混沌、黑暗、躁动的欲望吞噬的迷醉和迷狂的状态,而始终是日神和酒神这两种力量的合体和平衡。所以尼采在第2节的开始就明确地说,希腊悲剧是"两者兼有,既是醉之艺术家,又是梦之艺术家"。他在第4节的最后也说:"狄奥尼索斯元素与阿波罗元素在相伴相随的创生中相互提升",这才是希腊文化的本质。

尼采在书中还特别描绘了进入悲剧境界的几个步骤。第一步,是让自己失控,彻彻底底地进入醉的状态,忘记你的身份、地位和各种社会标签,忘记你至今为止战战兢兢、小心翼翼遵循的人生轨道。一句话,醉起来,把你自己献祭出去,交给那个更为宏大的生命意志。这是走向真正的悲剧精神的第一步,用尼采的话来说,就是"自我放弃"。注意他说的这个"自我放弃"不是自甘平庸、随波逐流,而是回归生命的本真,把平日里被压抑、被克制、被驯服的生命力以一种最为强悍,甚至令人感觉到恐惧的方式释放出来。

中国的酒文化特别厉害,大家平日里多多少少都能体会到一种迷醉的状态。很遗憾,我自己真的很少醉,但我问过一些好酒的朋友,他们说真正醉的状态就是完全失控,平日里恪守得非常清楚的自我与他人、自我与世界之间的边界瞬间瓦解。所以,醉酒的状态后来很少会有清楚的回忆,也正是因为那时你已经不是你自己,所有用来定义自己、辨认自己、标榜自己的东西都烟消云散、土崩瓦解了。这种状态并非仅仅在喝酒的时候才有,在宗教和艺术里也是一个很重要的现象。

---

1 "在热爱生活的我看来,好像蝴蝶和肥皂泡以及跟它们类似的世人最懂得幸福。"([德]尼采:《查拉图斯特拉如是说》,钱春绮译,生活·读书·新知三联书店,2007年,第40页)

2 "就像酒神信徒一旦被神灵附身就要去河流中汲取乳液和蜜汁,但绝不是在他们头脑清醒的时候——抒情诗人的灵魂也一样。"(《柏拉图全集》增订版,上卷,第278页)

宗教体验里有"迷狂"（ecstasy）的说法，虽然不是指生命力，但确实也是一种"灵魂脱壳"的状态，你的灵魂从日常肉体的束缚之中挣脱出来，不再仅仅作为一个体、一个"自我"。艺术体验里的迷狂就更多了，像柏拉图在《伊安篇》里就把诗人最巅峰的体验形容为"出神"，就好像你在那一刻已经不是自己，而变成了更高力量的传声筒和化身。[2] 迷狂也好，醉也好，都不是只在古希腊文化中才有，而恰恰是生命的一种很重要的力量。所以尼采在第2节的一开始就说，像日神和酒神这两种艺术力量，"它们是从自然本身中突现出来的，无需人类艺术家的中介作用"。

然而，醉是起点，却不是终点，甚至也不是通往悲剧境界最为关键的一环。尼采很讨厌这种彻底跌入醉的深渊、无力自拔，甚至甘心自我毁灭的状态。他把这种状态形容为"恰恰最粗野的自然兽性被释放出来，乃至于造成肉欲与残暴的可恶混合，这种混合在我看来就是真正的'妖精淫酒'"。所以，你有醉的勇气，这很好，这是一个觉醒的起点，但如果你没有力量从这个迷醉之中拯救自己，超越出来，那你甚至会陷入更为可怕的泥潭和深渊之中。所以再强调一次，如果你认为尼采的悲剧精神就是彻底迷醉的话，我劝你还是赶快醒醒，继续往下面读。

大家可以再想一想，为什么要从醉开始呢？因为醉的体验里有最强大的生命力，所以你必须一开始就想办法把这个生命力激发出来，去最大限度地吸取它的力量，然后才能进行创造。但要想进行创造，你又必须具有另一种更为强大的力量来跟醉的力量相抗衡，这个力量能够把你从迷醉的黑暗深渊中拉出来，让你带着强大的生命力向上飞跃。这就涉及尼采在《悲剧的诞生》里另一个非常关键的概念，那就是*"转变"*。这也是进入尼采悲剧境界的第二步。

什么叫转变？就是从一个原有的状态变化为一个全新的形态。从哪里转变？就是从醉的状态中飞跃出去。如何转变？就是*经由日神的艺术创造，把那些毁灭性的力量转化为美轮美奂的艺术世界。*

每每读到这里，我脑子里就会马上浮现出黑泽明的旷世名片《乱》的最后一个镜头。在一片残垣断壁之上，一个盲乐师颤颤巍巍地往前走着，手中的竹杖突然触到了城墙的边缘，他惊慌失措地呆立在原地。也许黑泽明在这里表达的是佛教式的大彻大悟，但我却在这个近乎永恒的影史瞬间读出了几分尼采式的悲剧哲理。

按照尼采的意思，当我们处于迷醉状态，就像是一个瞎子那样被一股力量牵着走，把自己奉献给更为强大的力量。但这样一种状态是非常危险的，因为你就像是一只没头的苍蝇乱飞，然后撞到蜘蛛网上面被吃掉，或者撞到一盏灯上面被烧死。你也会像一头没脑子的困兽一般，横冲直撞，最后摔下万丈深渊变成一摊肉饼。不，这些都不是悲剧，至多只是惨剧。

真正的悲剧是当你被那股强大的力量吸到悬崖边的时候，你还能够保持身体的平衡，还能够保持生命的自制，甚至从你的生命深处还能够升腾起一种更强的力量把你拉回来。这难道不正是人生艺术的最高境界？毁了你自己，这太容易了。但是，把这种毁灭性的力量转化为你生命的动力，变成你内在的一种创造和飞翔的力量，这就不容易了，甚至是最为艰难的事情。能做到这一点的，就是尼采意义上的真正的艺术大师。

所以，为什么尼采那么崇拜蝴蝶，那不正是因为蝴蝶就是"转化"和"变形"的大师吗？它从一个重重束缚的蛹里面挣脱出来，展现出美丽的梦境一般的形象。其实这种转化的智慧在中国古代哲人那里也可以见到，我说的就是《庄子·齐物论》里那个著名的"庄周梦蝶"的典故。但实际上，在《齐物论》里，还有一段非常有名的话："梦饮酒者，旦而哭泣；梦哭泣者，旦而田猎。方其梦也，不知其梦也。梦之中又占其梦焉，觉而后知其梦也。"这明显是嘲弄世人活在梦里而不自知。但《齐物论》最后谈到的"梦蝶"典故多少超越了这个意思。人生是一场梦，但不是说你根本醒不过来，或者真的醒过来了，那也是彻底进入了另外一个世界。正相反，《齐物论》最后一个就是"物化"。"化"才是梦的本质,"化"就是从一种状态转化为另一种状态,就是不断挣脱既有的束缚,实现生命的变化与飞翔。尼采与庄周,在梦这个千古谜题上面,二者确实展现出相通之处。

最后我们回到《悲剧的诞生》第3节,里面有两段正好相对的话。一段话是魔鬼说的,他面对那些在尘世的欲望轮回中备受煎熬的人们,说出残酷的真理:"可怜的短命鬼,无常忧苦之子呵,你为何要强迫我说些你最好不要听到的话呢?那绝佳的东西是你压根儿得不到的,那就是:不要生下来,不要存在,要成为虚无。而对你来说次等美妙的事体便是——快快死掉。"读到这里,你马上就明白了,这个魔鬼好像就是叔本华的化身,他总是用那个残酷的真相来警示我们:人生皆苦,须及时了断,遁入寂灭。但尼采恰恰要对叔本华这个"魔鬼"说"不"。他接下去说了另一段与魔鬼针锋相对的话:人生就是"恐怖和可怕"的,但"为了终究能够活下去,他们不得不在这种恐怖和可怕面前设立了光辉灿烂的奥林匹斯诸神的梦之诞生"。所以,梦不是逃避,不是软弱,而是最为强大的艺术创造的意志,它强大到能够跟毁灭的力量相抗衡,强大到能将单薄的生命从最深的欲念里拯救而出,转化为美丽的蝴蝶一般的灵魂。

所以在第3节的后面,尼采反复提到了阿波罗的*"美的冲动"*,它令人生"被一种更高的灵光所环绕",它就像是"一面具有美化功能的镜子"。这也是我们这一节标题的意思。"美拯救世界"来自陀思妥耶夫斯基的小说《白痴》。我们借用这句话并不是在它原本的意思上,而是用来印证尼采所说的日神精神的拯救力量。只有美才能拯救生命,因为美在吸收了毁灭力量的同时又抵抗着毁灭,并进行着创造。美并不是另外一个独立的世界,而恰恰是在这个世界最黑暗、最混沌、最猛烈的旋涡的深处,释放出一道道光芒,创造出无数美丽飞翔的生命。

所以,尼采后面把魔鬼那句诅咒的话颠倒了过来,说成是:"对于他们来说,最糟的事体是快快死掉,其次则是终有一死。"生命的真正意志是"渴望继续活下去",但这并不是叔本华意义上的痛苦轮回,或进化论意义上的生存竞争,因为那样一种生命在很大的意义上只是不断的重复——本能的重复,生理的重复,心理的重复,社会文化的重复。尼采所说的"继续活下去"的意志是要以创造的方式去肯定自己,以变化的方式去保持同一,不断偏离既定的轨道,不断瓦解束缚的套路,但每次都能在深渊的边缘拯救自己、回到自己、肯定自己。这才是尼采的悲剧精神的深意。

尼采说,我们必须赞颂生命。如何赞颂?那就是把生命提升到"一个更高的领域里审视自己"。这就是"美的领域"。

第三节 人生就是一首悲喜交加的交响曲

这一节我们继续读尼采《悲剧的诞生》的第 5—11 节。

这一节的标题也是有些含义的。熟悉英伦摇滚的朋友可能知道有一支昙花一现的乐团叫 The Verve，他们好像只唱过一首让大家过耳难忘的曲子，名字正是《甘苦交响曲》(*Bitter Sweet Symphony*)。你仔细听听歌词，好像真的与尼采有几分相似。一开始是控诉万恶的资本主义，它把人生变成了毫无意义的赚钱—花钱—等死的过程。但后面主唱也用略显嘶哑的声音坦白道：我也不知道自己是谁，因为我的生命每天都在改变着，虽然我的内心深处充满痛苦，仍然还是可以乘上音乐的双翼驶向美丽梦幻的远方。好吧，很尼采，很艺术，很日神。但这不是要点。要点在于，到底怎样理解人生的甘苦，到底怎样描绘生命的悲喜？如果可以选择，我们会走向哪条道路？如果还有希望，我们会祈祷何种拯救？

在第 5 节一开始，尼采首先对比了荷马和阿尔基洛科斯（公元前 7 世纪中叶古希腊抒情和讽刺诗人），这两位分别是能够凸显出日神和酒神色彩的古希腊诗人。由此引出一个问题：艺术到底是"客观"的还是"主观"的？这是有点意思的，毕竟艺术对于尼采如此重要。很多人认为艺术应该是客观的，应该是对现实生活和真实世界的再现。当然这个再现也不是僵死的、机械的，而是应该带有不同艺术所特有的表现手法。教科书里说的"艺术来源于生活又高于生活"就是这个意思。还有一种观点是截然相反的,即认为艺术的本质是主观的,也就是说,所有艺术最终都是艺术家的内在生命和情感的表达,而这样一种表达跟外部世界没有什么直接的关系。一句话:在强调客观的艺术家眼里,只有世界;而在强调主观的艺术家心中,只有自我。

日神和酒神的区分显然突破了这个框架,尼采的艺术哲学的一大创见也就在这里。你可以仔细想想,当你把艺术截然分为客观与主观这两类,就会得出非常荒谬的结论——要么艺术根本不可能存在,要么艺术根本没必要存在。为什么?如果艺术仅仅是对现实世界的模仿和再现,那么,它跟科学又有什么区别呢?就再现真实而言,艺术甚至远远比不上科学。柏拉图《理想国》里有一个著名的公案,说诗人应该从城邦里被驱逐出去,因为诗人根本不知道真实是什么,也不具备认识真实的能力,他们只能用华丽的辞藻和生动的形象蛊惑人心。这个公案后来挑起了哲学与艺术(以诗歌为代表)之间旷日持久的争论。这至少说明一个道理,就是客观主义的艺术是不可能存在的。艺术从来不是,也绝对不可能是"客观"的。

那么,艺术是主观的吗?仅仅是艺术家的自我宣泄和表达吗?要是这么看,那艺术就更没有存在的必要了。我们知道这个世界上,每个人都是相对独立的个体,都有着对于生命和世界的不同体验,当一名艺术家只关心自己的内心世界,而全然不在乎自己和他人、世界之间的相互关系,那他表达出来到底是给谁听的呢?给自己听吗?艺术是让人不断地从这个世界中脱离出来,还是让人更深、更紧密地回到这个世界,引起别人的共鸣呢?

所以,尼采对日神和酒神的论述,为我们重新理解艺术提供了一个很好的参考系。日神确实是保持着一定的距离来静观和审视世界的,但它要审视的并不是现实世界,因为现实世界只是表象,真正的日神之眼要透过这层表象之幕,去洞察背后汹涌澎湃的生命意志。同样,酒神看起来像是情感的宣泄,但它要宣泄的也绝非个体的、主观的情感,而是将自己交付给那个超越个体之上的宇宙力量。所以艺术只有一个本原，那就是生命，这个生命展现出梦与醉这两种形态。

尼采在第5节里提到了古希腊神话中一个非常美妙的场景：诗人被酒神施了魔法，在尽情狂欢纵欲之后无法自制地跌入了梦乡。这个时候，日神阿波罗"向他走来，用月桂枝触摸着他"，然后昏睡的诗人顿时"周身迸发出形象的火花，那就是抒情诗，其最高的发展形态叫作悲剧与戏剧酒神颂歌"。尼采用这个美到窒息的神话解释了悲剧的起源，而我们更想在其中读出生命的悲剧性的诗意。

其实在日常生活里，很多时候我们也像是那个迷醉的诗人一般，任由自己的情感和欲望牵着鼻子，被盲目的生命力拖着走，直到气喘吁吁，精疲力竭，然后就倒下了，甚至连爬都爬不动了。这个时候我们需要一种唤醒的力量，就像是闪着光晕的日神降临在我们麻木烂醉的身体旁，用美的力量轻抚我们的心灵，让其绽放出梦境般的诗情画境。但你有没有想过，其实唤醒你的并不是什么外部的力量，不是凭空而降的天使和拯救者，不是从外部注射到你身体里面的强心剂。正相反，唤醒你的正是你自己，真正激活你的，正是你生命内部的那种创造和转化的意志。一首诗、一首歌只是一个偶然的机缘，它们刚好起到了催化剂的作用，推动你唤醒自己，从麻木怠惰的状态转向积极创造的状态。

一句话，酒神和日神，就是交织在你生命之中的两股力量，你必须把它们维持在一种健康生动的状态。应该把生命塑造成一件艺术品，但能够创造这样一件艺术品的正是你自己，也只有你自己。你既是艺术家，又是艺术品。你既是创造者，又是被造物。

这正是贯穿于生命之中的悲剧精神。当你听到有人说，人生是一场悲剧，他可能只是强调，有一种超越于生命之上的宿命和力量是你改变不了的，无论你怎么折腾，怎么造作，最后的结果都是失败与毁灭。像大家很熟悉的那个俄狄浦斯王的神话就是如此，无论你怎么抗争和逃避，最后就是逃不出命运的掌心。但尼采说的悲剧精神绝不是如此，因为它始终想让你成为你生命的主宰，想让所有那些消极怠惰的力量都转化为积极的动力。所以尼采在第5节最后说了一句意味深长的话：真正的悲剧精神状态"类似于童话中那个能够转动眼睛观看自己的可怕形象；现在，他既是主体又是客体，既是诗人、演员又是观众"。这既是悲剧艺术的本质，也是人生作为一场悲剧的真正旨归。

很多人也许会有疑问：尼采的这种悲剧精神，真的能够从叔本华威力无边、横扫一切的生命意志那里挣脱出来吗？要想真正回答这个问题，可能还是要仔细想一想，悲剧到底是怎样一种艺术类型。在第6节，尼采谈到了酒神和日神相对应的两种艺术形态，分别是充满动感的音乐和注重表达形象的诗歌。这么看起来，悲剧确实是将这两个方面完美地结合在一起了。所以在第7节一开始，尼采就明确强调，悲剧的真正起源应该是"合唱歌队"（在古希腊戏剧中，一组演员歌唱颂诗或舞蹈，在戏剧的演出过程中充当参与者、评论者和辅助者）。但合唱歌队的奇妙之处其实并不仅仅是兼有音乐和诗歌这两个方面，更是因为它完美地实现了悲剧精神的最高境界，将诗人、演员和观众水乳交融地结合在一起。

古希腊的剧场跟我们今天对剧场的理解是不太一样的。今天我们坐在剧场里面，看话剧，听音乐会，我们知道自己只是观众，而台上演员所演所唱的只是虚构的故事。我们坐在那里，只是想暂时摆脱日常生活的苦恼，找点乐子。当曲终人散，大幕落下之后，我们就离席而去，走出剧场的大门，重新走进真实的生活。所以后来法国哲学家卢梭对剧场大加鞭挞，因为它让我们看不清楚真正的生命（《致达朗贝尔的信》）。

再回到古希腊的剧场。尼采说："希腊人的悲剧合唱歌队却不得不在舞台形象中认出真实存在的人。扮演海神之女的合唱歌队真的相信自己看到的是泰坦巨神普罗米修斯，并且认为自己是与剧中神祇一样实在的。"并不是说这些演员都被催眠了，被洗脑了，都疯了，而是说，其实在悲剧上演的这个剧场里，真实与虚构之间的边界、人与人之间的边界已经彻底消失了。当大幕拉开，音乐奏响，歌声嘹亮之际，整个剧场里回荡的只是生命之间的共鸣和协奏。事先写成的剧本也好，演员佩戴的面具也好，各种花里胡哨的布景也好，都只是修饰和点缀。当我们走进剧场，就是诗人、演员和观众，因为我们每个人本就是生命的艺术家，而悲剧只是搭建了这样一个舞台，让每个人的生命在尽情表达自我的同时彼此激发、相互震荡。

所以，按照尼采的说法，悲剧不是现实主义，也不是理想主义，因为悲剧的真实不是现实世界的真实，悲剧超越的也不是虚构的梦想世界。悲剧，理应是一种终极的生命主义，因为它就是要用生命的合唱和合奏来对抗那无边无际的厄运和痛苦。如果人生是一场无尽的痛苦，那么真正的解脱之途就不是独善其身的冥想和禁欲，而是走进剧场，用无数痛苦灵魂之间的激荡迸发出振聋发聩的宏大鸣响。

所以，尼采在第7节的最后关于狄奥尼索斯和哈姆雷特的那段话，显然就是针对叔本华的。在他看来，叔本华把一切都看清楚了，都认识透彻了，但然后呢？我们应该怎样行动？叔本华的答案大家也已经知道了：既然明白了真相，就别行动了，忍受就可以了，静观就可以了，甚至不活就可以了。尼采对这样一种悲观主义深恶痛绝，所以在后面强调："并不是反思，不是！"而是要行动！*叔本华在音乐里找到了解脱，尼采是在剧场里找到了行动*，"酒神颂歌的合唱歌队却是一支由转变者组成的合唱队……他们彼此看到了各自的变化"。

尼采后面讲到了剧场行动的三种形态，一是游戏，二是着魔，三是感染。这个我们就不多说了。

很多人说今天的时代不是一个伟大、深刻的时代，因为我们没有伟大深刻的悲剧。这可能是有道理的。尼采在第11节是这样来解释悲剧的消亡的，他把罪魁祸首认作是欧里庇得斯（前480—前406年，与埃斯库罗斯和索福克勒斯并称为希腊三大悲剧大师），正是他让"生活中的人从观众席冲上了舞台"。看起来，这是让观众更积极主动地参与到剧场和表演之中，但实际上，却只是用一种无比俗气的肥皂剧取代了合唱歌队所带来的生命共振。

在欧里庇得斯的舞台上，观众是怎么参与的呢？无非是把日常生活里的家长里短、一地鸡毛的现实都一股脑儿地搬到舞台上了。你坐在台下，看到的就是自己，没错，但那个自己恰恰是你要改变、要挣脱、要超越的形态，是最日常的俗套、最惯性的模式。所以尼采说它"瞬息欢娱、玩世不恭、漫不经心、喜怒无常"。这些东西充斥着当时希腊的剧场，也正式宣告了悲剧精神的消亡。反观我们今天的生活，不也是同样如此吗？

第四节 "苏格拉底,去搞音乐吧!"

这一节我们继续阅读《悲剧的诞生》的第12—15节。我们主要结合尼采的文本,进一步谈一个主题,就是他关于悲剧、酒神／日神精神、苏格拉底的论述跟我们如今的时代和生活到底有什么关系?大家可能也感受到了,读哲学大概有两种不同的进路。首先是把它当成人类思想发展的活生生的档案和记录,在其中你能清晰地发现思想本身是怎样一步步走到现在的,其中涉及哪些基本的问题,而不同的哲学家又给出了怎样的回答。就拿痛苦这个主题来说,你会很清楚地理解到,叔本华和尼采给出的是截然相反的两个回答。

虽然黑格尔曾说"哲学就是哲学史",这是有深刻道理的,不过严格说起来,哲学应该不仅仅是哲学史。美国哲学家W. V. O. 蒯因(1908—2000)还说过一句很有名的话,他说,<u>知识或哲学的功能就在于"沟通"(communication)与"预测"(prediction)</u>。[1]"沟通"就是让思想成为人与人之间彼此连接的有效纽带;"预测"就是让思想在明辨当下的基础上对未来有一种清晰的指向。我觉得今天我们之所以还要读经典,也并非仅仅因为它们是历史上流传下来的智慧,而更是因为它们能够对现实有一种解释的力量,对未来有一种启示的力量。

---

1 关于沟通,参见蒯因的著作《语词和对象》(中国人民大学出版社2005年版)的第一章第3节;关于"预测",可见蒯因的另一著作《真之追求》(生活·读书·新知三联书店1999年版)第一章第1节。

这段话不是题外话，而是希望大家能够在读懂原著的基础上，将其中的思想变成活的生命，带入当下，带入现实，成为一种积极的力量，而非只是陈列在图书馆里的一本本积满灰尘的经典。这也是读哲学的第二种进路。

回到第12节。在第11节，尼采明确指出，古希腊悲剧的衰亡取决于一个重要的人物，就是欧里庇得斯。他犯的一个严重错误就是将日常生活的俗套搬到悲剧的舞台上，从而也就取消了生命之间共鸣和震荡的可能性。但这样说好像还是有一点模糊。将真实的生活搬上舞台，让剧场变成生活的一面镜子，这不是挺好的吗？每个人都能在舞台上的角色身上获得一种认同，这不也是感动和共鸣吗？伴随着舞台上情节的起起落落去感受人生的哲理，这不也是一件深刻的事情？这些当然没错，但问题在于，像阿提卡喜剧（阿提卡是希腊首都雅典所在的大区，也是古希腊喜剧文化最为繁荣的地区）、肥皂剧这样的艺术，它反映的到底是怎样的人生？它所采用的又是怎样的艺术手法？

肥皂剧反映的是人生的哪个方面呢？并不是日神的梦境，也不是酒神的迷醉，相反，它展现的是日常生活最为俗套或者说程式化的方面。日常生活最本质的特征是什么？日常这个词在英文里是ordinary、routine……这些词表达的是什么意思呢？就是我们在读《存在与时间》的时候都了解的那个"沉沦"于"常人"中的状态。大家都分享着近似的生活模式、人生轨道、职业规划，这个就叫作"平均状态"。在今天这样一个人工智能日益占据主导的时代，这种平均状态并没有消失或缓解，反倒是越来越加剧了。

海德格尔说的"常人"状态可能还仅仅是行为模式和生活方式上的趋同，但在大数据和云计算的时代，我们不仅外在方面变得越来越相似，甚至在感受、情感、智力和思想方面也变得越来越一致。马克思在《1857—1858年经济学手稿》里有一个非常著名的概念，叫一般智力（general intellect）。就是随着大机器系统的惊人发展，人的思想能力也越来越成为这个系统里的一个零件、一个环节。这绝非耸人听闻，你想想今天绝大多数工作和交流都是在手机平台上进行的，大家的语言、表情乃至思维方式肯定会越来越被背后的技术媒介所掌控，趋向于一种普遍的"沉沦"状态。

今天的艺术也是这样。当它仅仅是把日常生活里那些常人的、沉沦的状态摆上舞台的时候，当然也可以赢得票房、获得影响，但失去的恰恰是艺术的那种唤醒和拯救的力量。它只是让每个人日益深陷在日常的轨道、模式和套路之中，而并没有真正激活每个人内在的那种转化的力量。这一点尼采在第12节里说得非常透彻。

尼采认为古希腊悲剧之所以衰亡，罪魁祸首就是苏格拉底。我们是学哲学、读哲学的，读到这个说法真的是非常不舒服。你仔细读读尼采的文本，那里对苏格拉底的各种丑化和贬低几乎是有点让人反感了。

比如，他一开始就说苏格拉底是魔鬼，整天跟欧里庇得斯混在一起，然后教唆后者听信了自己的理性主义原则，希腊的悲剧也就奄奄一息了。然而他还对苏格拉底对雅典青年的启蒙不以为然，认为他身上体现出来的是一种理性的狂妄，有"众人皆醉我独醒"那种居高临下的智识优越感。他说："苏格拉底总是作为最后一个豪饮者，在黎明时分泰然自若地离开酒宴，去开始新的一天；而那时候，留在他身后的是那些沉睡在板凳和地面上的酒友。"你不觉得这段话很"酸"吗？哲学家就像是千杯不醉的清醒者，走过身边那些浑浑噩噩的常人，去迎接初升的太阳，那明朗清澈的真理。但尼采在这里说的是苏格拉底吗？还是那个迎着曙光下山的查拉图斯特拉呢？

大家知道，苏格拉底被雅典政权处以死刑，壮烈地饮鸩而亡。这个记载在《斐多篇》里面的著名情节可是哲学史上的伟大事件，可能是最伟大的事件。但尼采对这件事仍然是大加嘲弄。死亡作为终极的毁灭力量，同样也是生命力趋向于极限的临界事件，就像是面临无底深渊，你怎么可能一点恐惧和战栗都没有？你怎么还能那么冷静地保持自制，甚至在死之前还发表一大通关于灵魂轮回的哲学演讲？你就一点都没有感觉到那种宏大的黑暗力量在吸引着你，在撕裂着你的生命，在把你拉向万劫不复之地？

所以尼采觉得，苏格拉底的那种理性主义精神真的是太强大，太有力了，强大到把所有生命激情都克制了，有力到把所有那些未知莫测的危险都化作了重复而平淡的日常。这样一个人是不可能真正理解和领会艺术的拯救力量的。在他身上，有一种根深蒂固但也病入膏肓的"理性的乐观主义"，因为他总是能怀抱着一颗乐观而平静的心去面对动荡的世界和生活。对于他来说，没有什么东西是理性不能解释和说明的，没有什么变化和偶然能够逃脱理性秩序的轨道。我理解，所以我快乐。你不快乐，你整天愁眉苦脸，那是因为你还没有从理性上把握你的人生、你周围的世界。

所以在尼采看来，苏格拉底这样的理性主义者是不可能真正爱艺术的。尼采还特意引了一段诗，说对于苏格拉底这样的人，"诗歌有何用场？"，只有"对没有多少理智的人"，才需要用艺术、"用一个形象言说真理"吧？他甚至嘲弄道，苏格拉底最喜欢的文学作品应该就是《伊索寓言》，因为它用最经济实惠的方式讲清楚了一个个人生的哲理。既然哲理是最重要的，那还需要那么复杂多余的艺术修饰干什么呢？就应该对所有那些"非哲学的刺激保持节制和隔绝的态度"。

尼采把苏格拉底的理性的乐观主义概括为三个基本命题："德性即知识；唯有出于无知才会犯罪；有德性者就是幸福者。"（第14节）在此命题下，"知识就是力量"，知识就是拯救，知识会让人真正成为自我，会让你躲避人生的灾祸，会让你获得终极的幸福。像美和艺术至多只是人生的点缀，完全起不到根本性的作用。在第12节里，尼采将苏格拉底主义的最高原则概括为：*"凡要成为美的，就必须是理智的。"* 一句话，美背后的力量不是梦，不是醉，而是清醒明智的理性。你要追求美？行啊，但你可要四平八稳，你可要清楚算计，你可不能失去自控。然而，这样创造出来的艺术，该是怎样的怪胎呢？

其实，这样一种在理性和艺术之间的纠结也常常出现在苏格拉底身上。别看他是如此理性和清醒的一个人，可能从来不会喝醉，但他不能不睡觉，不能不做梦吧？在梦里面，你还能控制自己吗？所以尼采就说，苏格拉底在梦里经常会听到一个声音在召唤他，"苏格拉底，去搞音乐吧！"那种在梦和醉之间不断挣扎的希腊悲剧精神并不可能彻底被压制和熄灭。你看，作为苏格拉底最伟大的传人，柏拉图就很具有诗人的气质。

所以，你可以理解尼采对于苏格拉底的那种痛心疾首的态度。他说，希腊本质从根本上表现为"至深的深渊和至高的高峰"，也正是酒神和日神这两极。但苏格拉底的理性主义就等于是"用有力的拳头，摧毁了这美好的世界：它倒塌了，崩溃了！""哀哉！哀哉！"（第13节）

不过，理性主义毕竟是一个哲学传统，苏格拉底也算不上是真正的诗人。那么，他到底是怎么毁灭悲剧的呢？如果说欧里庇得斯是把常人的"沉沦"状态投射到舞台上，那么，苏格拉底的理性主义则是更进一步，它把戏剧的所有要素——人物、情节、音乐、布景等——都变成了一部冷冰冰的精准机器。尼采称其为"deux ex machina"，孙周兴老师译成"解围之神"，指在舞台上用机械的手段让扮演神的人降到舞台上，化解舞台上焦灼不堪的局面。这个词是有点贬义的，因为这样一种"机械降神"的手法实在是太生硬和做作了。

它正是苏格拉底和欧里庇得斯对古希腊悲剧所犯下的终极罪行——把充满生与死、梦与醉之激荡的悲剧剧场变成了一潭死水式的冰冷"机器"。比如，在欧里庇得斯的戏剧中，"开场就会有一个人物登台，告诉观众他是谁，前面的剧情如何，此前发生了什么事，甚至这出戏的进展中将发生什么事"。然而，"我们都知道了将要发生的一切事情，这时候，谁还愿意等待它们真的发生呢？"当然，欧里庇得斯的戏剧场面非常恢弘富丽，其掀起的一阵阵的"激情和雄辩"看似汹涌澎湃，其实都是精心设计和操控的结果。在这里，没有什么会失控，没有什么在震荡，一切都被控制在精确的操作和理性的秩序之内。

这真的像极了今天强大的电影工业，尤其是好莱坞这个最大的造梦机器。当然，对文化工业（Culture Industry）及其导致的人的异化，阿多诺（Theodor Wiesengrund Adorno，1903—1969，德国哲学家，社会批判理论的奠基者）和法兰克福学派就进行过深刻的批判。但我想那些德国的批判理论家们绝对想不到的是，今天的电影工业早已变成一部更为强大的吞噬一切的机器。如今的"电影机器"（Cinema Apparatus）不仅操控你的感觉，更进一步操控你的情感、你的意志，乃至你最为根本的思维能力。

这跟欧里庇得斯和苏格拉底联手缔造的希腊舞台又是何等的相似。所以，悲剧到底毁于什么？恰恰是毁于理性主义的狂妄，正是这样一种狂妄让艺术越来越失去了拯救的力量，而沦为文化工业的傀儡和帮凶。

第五节 今天，我们需要怎样的悲剧精神？

这一节我们重点解读第19节到结尾的部分。

尼采在第18节的最后概括悲剧精神的终极要义如下："我斗胆称之为悲剧文化：其最重要的标志就在于，用智慧取代作为最高目标的科学，不受科学精神诱惑的欺骗，用冷静的目光转向世界总体图像，力图以同情的爱心把其中的永恒痛苦当作自己的痛苦来把握。"这句精辟凝练的概括有三层意思：第一，悲剧精神的核心是智慧，而不是科学所主导的知识或者技术。第二，悲剧精神的实现手段是心灵的转向，不再迷醉于对知识和理性的狂热追逐，而是让艺术成为引导生命创造的根本力量。第三，也明确回应了我们这章的主题——到底什么是勇气？勇气，就是不悲观，不绝望，不放弃，以一己之力来承担起整个世界的痛苦，将它化为你生命创造和转化的力量。

结合尼采对希腊悲剧的阐释，勇气还有进一步的含义。当每个人都唤醒了自己悲剧性的勇气之时，那么我们之间就会形成一种合力，这个合力就鲜明地体现在重新唤醒一个民族的内在生命力上，以此来突破它所陷入的种种困境和僵局。一句话，尼采所说的勇气，一开始是个体的、生命的，但它最终的境界是民族的、文化的。这又与叔本华式的独善其身的拯救有着根本区别。

上面的三层意思，第二层我们已经说得很多了。第一层上一节也谈到了，不妨结合尼采在第

18节里的论述再深化一下。这里,他一开始就说,有三种"幻景",分别是知识的("苏格拉底的")、艺术的、悲剧的。知识的幻景上一节已经批判过了,就是认为知识可以创造一切、拯救一切,能够引导人类走向终极完美的世界。无论是尼采还是晚近以来的各种批判理论,都越来越对这种"理性的乐观主义"保持警惕的立场。尼采在这一节的批判尤为辛辣。他说,"我们整个现代世界全盘陷落于"这种对于知识的狂热崇拜和迷恋之中,甚至都看不出生命和文化还有别的可能性。这种迷狂发展到极致,就"在一种近乎恐怖的意义上,人们只在学者形式寻求有教养者"。

我想,大家可能都会跟尼采有相似的体验。和前二三十年的拜金狂潮相反,最近这十年,大家开始一股脑儿地"拜知识"。尼采把这种狂热形容为"学者宗教",还真是生动形象。今天没人会问:知识有什么用?知识到底是什么?知识的背后到底隐藏着怎样错综复杂的权力格局?大家想都不想就往自己脑子里塞进各种各样的知识,而且越多越好。所有人都觉得,知识储备得越多,也就证明你的生命力越旺盛、越充实,在这个社会上的地位也就越高,影响力也就越大。你看看知识付费在这两年井喷式的发展就明白了。知识饥渴,就是新一轮商品拜物教。

尼采接下来说的一个意思就更具有批判性了。初看起来,知识经济实现了一种普遍意义上的平等,因为原来知识是掌握在大学校园和精英阶层那里的,但现在一般的老百姓也可以去购买,没有什么门槛,没有什么阶级的壁垒,只要你花钱,就可以买到各种以往被关在教室和图书馆那里的那些"高级"的、深奥的、严肃的知识。然后你会觉得,你自己也真正参与到知识浪潮的日新月异的进步和变革之中了。但真的是这样吗?这种全民亢奋的求知狂热不正是尼采所谓的"幻景"吗?

尼采的时代,当然不可能预见今天知识经济的火热程度,但他对知识幻景的批判也确实对当下的现实有着直接的启示。他说:"我们应该注意到,亚历山大文化需要有一个奴隶阶层,方能持久生存下去。但由于这种文化持有乐观主义的此在观点，它便否认这个奴隶阶层的必要性。"我们可以从尼采的这句话里引申出一个极为刺耳的问题：当你欣然扫码付钱、购买知识的时候，你就真的成为知识的"主人"了吗？还是说你只是一个被动消极的知识的"奴隶"，不断巩固乃至加剧着这个知识经济时代种种愈演愈烈的不平等？

我觉得，如果说资本主义社会越来越导致一种明显的，甚至毫不掩饰的两极分化的话，那么，知识经济的诞生和壮大根本没有克服这个顽疾，而反倒是以另外一种形式将此种分化无限地放大和普遍化。今天的两极不再仅仅是富人和穷人，也是知识的主人和知识的奴隶。君不见，在今天的世界，一方面是知识的权威机构（尤其是大学）越来越体制化、行政化，各种评比、项目、计划将大学越来越塑造成一个庞大的生产、认证知识的机器；另一方面，则是基数无限庞大的知识"消费者"，他们因为缺乏知识，从而缺乏身份，从一开始就被认定为"赤贫"，所以只能通过不断地消费知识产品来确保在整个社会秩序中岌岌可危的地位。而在这两极之间进行斡旋的，是对知识进行传播和售卖的市场和媒介渠道。

所以尼采在这一节大声疾呼，要用"智慧"去取代"科学"，虽然偏激（他一向的风格），但确实引人深思。也许今天大家在忙不迭地往脑子里填塞各种知识点的时候，更应该好好想一下到底知识何为，到底在我们的生命里是否还有另外一条更具有启示性的智慧之路。这其实也是我写本书的初衷。哲学，不应该是"同流合污"地去售卖知识，而应该担负起唤醒"智慧"的使命。

好，科学知识的"幻景"已经被尼采揭穿了。接下来他继续揭穿第二个幻景，即艺术。注意，尼采在这里批评的艺术不是叔本华的那种审美直观，也肯定不是他自己的悲剧精神，而是当时甚嚣尘上的歌剧文化。他说自己之所以那么不喜欢歌剧，是因为在里面有"一种非审美的需要：对田园生活的渴望，对艺术的和善良的人类的一种远古生存方式的信仰"。

这好像确实是流行文化的一个通病，所以尼采把艺术幻景形容为"迷恋于在自己眼前飘动的诱人的艺术之美的面纱"。什么意思？无非是说面对现实的痛苦和残酷，流行文化并没有选择直面，也没有提供任何尖锐的批判，相反，它唯一做的就是给现实罩上一层温情脉脉的"面纱"，让你转过脸去，让你暂时遗忘和麻痹。所以流行文化总是迷恋着田园和自然，那是因为它们无力面对现实，所以就退回到一个久远的"过去"，仿佛在那个黄金的时代，人性还未被现代社会的种种劣习所污染，还保留着一种纯粹和天真。尼采就很烦当时歌剧里面的这种调调，因为这样一种温情脉脉的田园和往昔是如此的脆弱和虚幻，甚至让尼采再度发出疾呼，"滚开，你这幽灵！"（第19节）

第三种幻景，是形而上学的幻景，我们之前结合叔本华和尼采的学说提到很多了，这里不多说了。

最后我们回到这样的问题：尼采对古希腊悲剧的回归在何种意义上不能等同于那种田园牧歌式的调调？尼采复兴古希腊悲剧精神的努力跟我们的民族和文化的命运有什么直接的联系？

关于复兴悲剧，尼采说了三个非常重要的意思。第一，复兴不是怀古和迷古，而是要将古代的那种尚且鲜活的生命带入当下，激活日益困顿的当下（第20节）。当然，为了激活当下，除了回归古代，还可以畅想未来，这个意思后来尼采通过"永恒轮回"这个基本概念表达出来了。

第二，之所以能够在当下激活古代的精神，正是因为这个精神始终内在于民族和文化的历史发展过程之中，虽然有的时候它看起来衰竭了、枯萎了，但并不意味着它完全消失了，死去了。所以尼采在第21节一开始就发问道："悲剧的这样一种近乎奇迹般的、突然的苏醒，对于一个民族最内在的生活根基来说到底意味着什么？"注意"苏醒"和"内在"这两个关键词。

第三，如何唤醒这个内在生命呢？第21节里有一句非常经典的话："只有当悲剧作为一切预防疗效的典范、作为在民族最强大的特性与本身最危险的特性之间起支配作用的调解者出现在我们面前，就像当时出现在希腊面前那样，这时候，我们才能猜度悲剧的最高价值。"所以，尼采所说的悲剧精神其实最终贯穿于每一种文化的内部，它就是一种文化用来突破种种束缚、对抗种种障碍和危险的时候所焕发出来的不可遏制的，也从未枯竭的生命创造的动力。

读到这里，不妨说一下并非题外的感悟。大家知道20世纪初，中国的文人就非常迷恋尼采，甚至远超对于西方其他思想家的迷恋。你看光《查拉图斯特拉如是说》当时就有郭沫若、鲁迅和徐梵澄的三个译本。这里当然有各种原因，但主要的原因可能恰好是尼采对创造性的生命意志的赞颂，以及他对悲剧精神作为唤醒民族内在生命力的赞颂，启示了当时的文人对灾难深重的中国文化进行自省。所以你会读到当时那么多的论述，它们都在强调，艺术对于中华民族来说才是更高的拯救力量。比如朱光潜先生在1932年的《谈美》中就明确指出，中国的问题不是制度，也不是道德，而恰恰是要重新唤醒怡情养性的审美精神。宗白华先生在1946年写了《中国文化的美丽精神往哪里去》，里面就发出了近似尼采式的疾呼："一个最尊重乐教、最了解音乐价值的民族没有了音乐，这就是说没有了国魂，没有了构成生命意义、文化意义的高等价值。中国精神应该往哪里去？"

今天的中国文化是否有困境，又如何超越，我想不能简单依赖这些往昔大师的言论。但无论如何，真正的勇气除了意味着直面你自己人生的痛苦之外，可能还有一层重要的含义，就是要承担起民族的命运，甚至承担起整个世界的重量。让我们在《悲剧的诞生》的最后一句话中结束这个主题："你这个奇怪的异乡人啊，你倒也来说说：这个民族势必受过无数苦难，才能变得如此之美！"

第七章

贪婪

西格蒙德·弗洛伊德(1856—1939)

推荐图书

《梦的解析》
［奥］西格蒙德·弗洛伊德 著，方厚升 译，浙江文艺出版社，2016年6月。

第一节 — 为什么我总是想要更多，更多，更多？

贪婪，在汉语里是一个十足的贬义词。换句话说，就是贪得无厌、不知满足。因此，它是一种欲望的极致状态，极致到根本停不下来，极致到完全失去任何控制。在这里，叔本华的意志本体论可以对贪婪进行一种非常深刻的哲学解释。但我们这次想换一个角度，试图把它深化，在人的心灵活动的最深处去理解贪婪的两面性：负面和正面，消极与积极。

有人会质疑，贪婪看起来就是完全负面的嘛，它怎么可能具有正面和积极的作用？别说这个词在汉语里是贬义的，就说它在英文里的对应词好了，greed, greedy 也几乎没有正面的意思吧？看一下英文的释义，"过度"（excessive）和"不知餍足"（insatiable）也是很明显的特征。在整个西方文化的脉络之中，贪婪不仅仅是一个心理或情绪的问题，更是一种深重的罪孽。比如《圣经·出埃及记》里列出的"十诫"，最后一条针对的正是贪婪："不可贪邻居的房屋；也不可贪邻居的妻子、仆婢、牛驴，和他一切所有的。"同样，在但丁《神曲》所描绘的惊心动魄的地狱场景之中，那些不知餍足的贪婪之徒就挤满了地狱的第四层。[1] 西方文学和艺术中描绘贪婪的作品更是不可胜数。但这些都是后话了，因为在人性之初，当亚当和夏娃在伊甸园中犯下原罪

---

1 "在他们的第一次生命中，他们在灵魂中都是觊觎成性。"（［意大利］但丁：《神曲》，朱维基译，上海译文出版社，1990年，第46页）。

之时，鲜明体现出来的不正是贪婪这个无比深重、但又很难悔改的人性烙印？这样说起来，贪婪就是罪，是黑暗，是障碍，是枷锁，那它在什么样的意义上又能变成一种积极的动力呢？

我们的问题就从这里开始。大家应该已经熟悉我们的思路了，每次都是从一种典型的负面情绪开始，最终试图找到转化和超越的力量。贪婪也是如此，我们想从弗洛伊德及其《梦的解析》（或译作《释梦》）这本书里探索的，正是这样一种转化的力量。

那么，到底什么是贪婪呢？贪婪就是"远超需要的要求"[2]（*The demand that goes beyond need*）。这个定义里有两个关键词，一个是"需要"（need），一个是"远超"（beyond）。从需要来说，这是人人都有的，是生存的底线，最基本的要求。人人都要吃，要睡，要休息，没了这个基础和前提，生命也就难保了。但贪婪的根本特性就在于，它不满足于这个基本需要，而总是超越。恰恰是这个超越，体现出贪婪的两重性。

一方面，这个超越肯定是有好的、积极的作用的。不满足，表明你有前进的动力，你有创造的意志，你不想被基本的、底线的东西所束缚，你也不想仅仅每天都过朝九晚五的重复人生。这样来说的话，贪婪不仅不是什么罪孽，而反倒是推动生命发展、社会进步的一个很重要的动力了。因为贪，你才会想要更多、更新、更不同。这确实在很多对资本主义进行辩护的经典理论里有各种各样的发挥和阐释。沿着这个思路还可以进一步说，贪婪不仅是好的，甚至还是我们确认自身、解放和发展自身的一个关键性力量。重新激活人的欲望，这大概也是资本主义社会超越之前封建社会的一个重要功绩吧。

但也根本无法抹杀贪婪的破坏性的负面特征。没错，超越是好的，但无节制、无尺度的超越就是破坏性的。你喜欢吃，你喜欢吃不同的美食，

2　［英］斯图尔特·西姆：《贪婪的七宗罪》，诸葛雯译，中国友谊出版公司，2018年，第30页。

3　"只能行善，或者只能行恶的人，就成了发条橙——也就是说，他的外表是有机物，似乎具有可爱的色彩和汁水，实际上仅仅是发条玩具，由上帝、魔鬼或无所不能的国家（它日益取代了前两者）来摆弄。……人生是由道德实体的尖锐对立所维持的。"（［英］安东尼·伯吉斯：《发条橙》，王之光译，译林出版社，2016年，第4—5页）

这没啥不好，大家都这样，但你若是整天无节制地吃，最后破坏的就是你身体的平衡，导致生命亮起红灯。同样，你求新求变，你喜欢尝试不同的工作，你喜欢迎接不同的挑战，这也是好事，但你总是不停地变来变去，不停地追逐新奇，最后就会迷失自我，淹没在滚滚的欲望洪流之中。

所以，贪婪绝不是想象得那么简单和单纯，它实际上体现出一种极为复杂的双重性：*一种推动生命和社会发展的动力，同时也是带来最大破坏和阻碍的力量*。所以对于贪婪这个问题的思索，就应该从这两种力量的对峙和冲突入手。这种冲突可以达到什么样的程度呢？库布里克的那部惊世骇俗的电影《发条橙》就把这个矛盾展现得淋漓尽致。要么，你就任贪婪的欲望无所节制地奔涌，这时候你就变成一个吃喝嫖赌、无恶不作的坏人；要么，你就反过来给欲望套上一层层的枷锁，驯服它，让它老老实实，俯首帖耳，这个时候你就变成一个异常平庸的好好先生。[3]

那么，从哲学的角度可以对这个矛盾进行怎样的回应呢？我们可以吸取亚里士多德式的实践智慧，也可以再度跟随尼采去探索平衡的艺术，但所有这一切的宗旨都是为了在正面与负面、创造与破坏之间寻求一个节制的尺度。*一句话，超越必须有"度"，变化必须有"道"*。但在这一部分中，我们想从弗洛伊德的名作《梦的解析》中获得一些新鲜的启示。

《梦的解析》这本厚厚的大书，直接进入当然不是很明智，所以这次我们先介绍一点背景知识。提醒大家注意，我们读这本书并不想偏重于精神分析和心理治疗的具体方法，而是想从这个思想的大宝库里撷取一点哲学的智慧，来对贪婪这个非常普遍的现象做出积极的回应。

首先，弗洛伊德的学说对于理解贪婪提供了一个非常独特的入口。尤其在当今的社会，我们理解贪婪总是把它跟物欲、拜金紧密结合在一起。但其实金钱和物质这些"身外之物"并不能充分说明贪婪的本性。《贪婪的七宗罪》里引了一个做金融的人的自白，意思就是说：我是很贪，但说到底，我为什么这么贪，为什么赚了一千万还想赚一亿，为什么赚了一个亿还想赚一百个亿,是因为到了最后我根本停不下来。不是我不想停下来,而是因为我被卷在这个金融机器里面,这个庞大的资本主义体制里面,完全失去了自己的控制。所以贪婪其实是不断流动、增殖的资本的本性。

但弗洛伊德要说的不是这个外在的原因。他所理解的欲望和贪婪跟外部条件有关系,但说到底是人的精神活动最内在、最隐蔽、最深层的一个错综复杂的"核心"(core)。用核心这个词其实不是很恰当,这么说好像欲望就是苹果里面的核,你慢慢把外面的果肉剥开,去掉它就可以了。并不是这么简单。弗洛伊德说的欲望更像是一个错综复杂的纽结,它把你的心灵和身体各种各样的复杂力量都缠在一起。所以首先它不是静止的,它伴随着你的生命历程不断地变化。其次,它也不是一目了然的,它总是隐藏起来,但又通过种种间接的方式(梦、口误、精神症状等)展现出来。所以,欲望既是一张网,又是一个谜。它需要不断被编织,也需要不断被破解。

这样一说你可能就明白了,为什么弗洛伊德那么固执地把性欲作为人的本原性的精神动力。确实,性欲很强大,也很本能,但它毕竟只是人的欲望的一种。我们还有很多其他的欲望,比如审美的欲望、成功的欲望、求知的欲望,这些都能简单地归结为性吗?

要注意,弗洛伊德确实更把自己看作一个科学家而不是心理学家或哲学家,所以他跟绝大多数科学家相似,想对人类非常复杂的精神活动给出一个尽可能简洁的因果性解释模型。你看牛顿物理学,就是将宇宙里无限复杂的运动过程归结为几种基本的力及普遍规律。弗洛伊德也是这样。人的精神活动看似千变万化、复杂莫测,但在背后是否也能找到一个终极的基本力量呢?这是弗洛伊德的基本思路。所以大家在读这本书的时候一定要注意,虽然它讲的都是一个个具体的案例或故事,但弗洛伊德并没有犯以偏概全的错误。因为在他的脑子里,其实已经有了一幅关于欲望和精神活动的全

4　"因此,我们必须抛弃近现代工业社会开启了一个性压抑不断增长的时代的假说。不仅我们目睹了各种反常性经验明显地爆发了出来,而且,……各种特殊的快感和不同的性经验不断增多。据说,从来没有一个社会比我们的社会更羞羞答答的了。"([法]米歇尔·福柯:《性经验史》第一卷,佘碧平译,上海人民出版社,2016年,第41页)。

面而整体的图画了,书里面讲的那些故事只是说明性的案例而已。

其次,弗洛伊德说的性跟我们一般理解的那种生理本能有很大的区别。我们已经说了,必须从网和谜这两个形象上来理解。首先性是网,因为它不是收缩的,而是发散的,它跟你生命里的绝大多数的活动,从身体到心灵,都有着千丝万缕、直接或间接的关系。所以围绕性这个隐藏的纽结,能够对精神生活给出一个相对全面整体的说明。

还有一点,好像是性所独有的明显特征。那就是,*性与人的其他活动不同,它在日常生活里是一种被掩饰、被排斥乃至被压制的力量*,尽管从人类学的角度来看,确实有一些文明在性的方面比较开放,比如一些原始部落,比如福柯在《性经验史》里讲到的维多利亚时代[4],甚至还有人说,中国的宋代在性方面也是相当宽容甚至纵容,但这些开放和宽容也是非常有限度的。就拿我们现在的日常生活来说吧,好像大家对性是比较宽容了,但即便是好友之间谈到这个问题的时候多少还是有些顾忌乃至害羞的。从这一点上说,性特别符合弗洛伊德对欲望进行分析的基本想法。

他最早在巴黎跟夏尔科(Jean-Martin Charcot,1825—1893,法国医学家,精神病学奠基者)学习催眠术,而催眠术的根本目的,正是在意识放松控制的状态之下,去唤醒那些被隐藏的、被压制的来自过去的经验。而且这些经验总是"创伤"性的,也就是说,总是不愉快的、痛苦的、羞耻的、冲突的。这样看起来,似乎真的没有哪种精神体验比性更符合这些特征的了。在这个意义上,性确实可以被作为一个破解欲望之谜的有效入口。

还有一点,就是很多学者都指出的,在弗洛伊德那里,其实有两个基本的模型,一个是静态的,一个动态的。从静态上来说,他把人的精神划分为三个部分(本我、自我、超我),但他最终实现的是理解这三个不同部分之间复杂的相互作用,尤其是能量的转换,这个动态的模型就是他的本能理论。这个动静兼备的理论也特别适合对贪婪这种极致欲望的形态进行解说。说到底，弗洛伊德通过解梦所要实现的，正是在不同的精神层次之间保持一种近乎节制的平衡。用安东尼·斯托尔（Anthony Storr，英国心理学家、精神病学家和作家）的话来说："弗洛伊德一直认为，心灵生活的主导原则要求机体通过完全释放所有紧张情绪而达到一种平静状态（后来被称作涅槃原则）。"[5]

---

[5] ［英］安东尼·斯托尔：《弗洛伊德与精神分析》，尹莉译，外语教学与研究出版社，2013年，第187页。

第二节 — 梦何以通向生命的本真？

这一节我们主要解读《梦的解析》的前两章。我们先解释一下，为什么梦对于弗洛伊德的欲望理论来说如此关键和重要。然后我们具体看一个梦的案例，初步体会精神分析的奥妙之处。

*何为贪婪？就是我们内心深处隐藏的永远无法真正、彻底满足的欲望。*这两句话里有三个要点。第一，它是发自内心深处的，所以是一种内在精神动力，它会受到外部种种因素的影响，但从根本上说，它具有独立性。第二，这种内在动力往往被隐藏起来，因此我们需要用各种各样的方法让它显现出来，宣泄出来，释放出来。第三，无论你采用什么样的方法和手段，都无法完全让这个隐藏的动力显现出来，也无法彻底破解你内心最隐秘的谜语。也正是因为它始终都是隐藏着的，你需要耗尽一生去理解，去破解，甚至去抵抗，这个最深最暗的谜才能够成为推动你生命发展的内在动力。

所以，贪婪最能够形容生命内在核心的一正一负的两副面孔。从负面角度上来说，欲望就像是一个深不见底的黑洞，贪婪就是永远不知满足，甚至是明知自己已经不堪重负，但还是要被那个盲目的欲望牵着走，想停也停不下来。[1] 欲望不仅仅是黑洞，也是母体或子宫，充满着各种各样隐藏着的能量和欲望。就此而言，你应该不

1　"欲念的呈现形式光怪陆离，层出不穷，它本非根植于人的生理的快乐和痛苦，但却成为他殚精竭虑的奋斗目标。"（[德]叔本华：《叔本华论说文集》，范进等译，商务印书馆，1999年，第420页）

断激活这个母体内在的力量，让它释放、转化和升华，进而将这些本来隐藏的能量释放为真实的选择和行动。

所以，弗洛伊德对梦的分析也好，静态和动态模型也好，其实最终都是为了在这两方面探寻一种平衡。说句不那么恰当的概括，我们想从弗洛伊德那里学习的，正是在与贪婪这个可怕的两面神（Janus）的艰苦卓绝、旷日持久的搏斗之中不失去自控，不丧失本真，进而将精神和生命保持在一种相对平衡的"宁静"状态中。

而梦，恰好可以作为实现这样一种宁静和平衡的基本手段。

一说到梦，你最先想到的问题是什么呢？或许正是：梦与真实生活之间的关系是怎样的？这可并不仅仅是一个心理学问题。随手翻翻西方哲学史，你会发现这是一个非常根本的哲学难题。大家之前在读叔本华和尼采的时候都已经对这个问题有所领会了。在哲学史上还有一位哲学家对此给出了极为深刻的论证，就是法国哲学家笛卡尔（1596—1650）在《第一哲学沉思集》中进行的著名的普遍怀疑（universal doubt）的论证。笛卡尔抛出了一个非常棘手的难题：到底梦和醒之间有什么基本区别？更准确地说，到底有哪些基本特征把梦与醒明确地区分开来？[2]这里我们不展开具体的论证，只是提醒大家这个问题在哲学上有多重要。

但即使你不了解哲学史，也没读过笛卡尔，对于梦与醒的关系也至少能提出两个不同的观点：一是认为梦就是醒的投影和模仿，俗话说的"日有所思，夜有所梦"正是这个意思。也就是说，梦没什么神秘和特别的，无非就是你清醒时脑子里留下的种种观念和印象，在做梦的时候开始无拘无束地活动起来了。这么看起来，梦就是清醒状态的残余和模仿，而且还不是真实的模仿，因为里面充满着扭曲和漫无边际的想象。

还可以想到另外一种截然相反的立场。梦，或许并非仅仅是残念和胡思乱想，而恰恰展现出最隐秘最深层的精神活动，这些活动在清醒的状态

---

[2] "想到这里，我就明显地看到没有什么确定不移的标记，也没有什么相当可靠的迹象使人能够从这上面清清楚楚地分辨出清醒和睡梦来，这不禁使我大吃一惊，吃惊到几乎能够让我相信我现在是在睡觉的程度。"（《第一哲学沉思集》，第16页）

之下要么被忽视，要么被压抑，要么被扭曲，只有在做梦的状态之下才能够真正被发动、被释放。这样看起来，梦根本不需要去模仿真实，因为它本身就是真实，而且比你清醒状态下的那种"真实"更为真实。你以为你睁大眼睛，就能清清楚楚、明明白白地看清人生、看清世界、洞察自我？不尽然。你看到的一切，即便不能说是假象，充其量也只能说是表面现象，因为真正的原因和动机往往是深深隐藏在你清醒的时候看不见、也不可能看见的那些欲望和力量。

所以，弗洛伊德在《梦的解析》的第一章第1节就明确指出，梦不是跟现实完全脱离的虚幻想象的世界。正相反，梦才能展现出精神世界的内在真相。在第2节中，他给出了三个层层递进的论证来说明这一点。注意，他在这里还仅仅是描述梦的特征，并没有真正给出解释。最基本的思路就是，梦的记忆和清醒状态下的记忆是非常不一样的。所以弗洛伊德提醒我们，梦中所展现的记忆"一直都在隐藏着，必须用心寻找才行"。

一个值得注意的现象就是所谓的"记忆增强"。但我看下来觉得用"增强"这个词并不太合适，更应该说梦的记忆有一种非常特别的选择性。就是你在清醒状态下记不起来的东西，在梦里却可以自然而然地浮现出来。比如你脑海里经常情不自禁地浮现出一段旋律，你怎么也想不起来它是谁的曲子，在哪里听到过。但是在一个梦中，你突然想起来，这就是莫扎特啊，就是在一个难忘的夏夜，你和那个女孩儿一起去听的音乐会嘛。然后你就会想到，为什么你总是想到这个旋律呢？因为你对当时的情境总是历历在目，无法忘却。但为什么你又总是想不起来它是什么呢？因为那段痛苦的初恋，你总是想要把它深深地掩埋在记忆的深处，时时刻刻防备着，不想让它跳出来，再给你清醒的人生带来打击和创伤。

所以，弗洛伊德在这里讲的，其实已经不单纯是一个记忆的问题了，他开始引导我们去思索：为什么有些记忆如此重要、如此关键，但只能在做梦的时候才想起来呢？是不是在我们的心灵之中有一种机制，刻意地想把这些往往是痛苦的、创伤性的记忆压抑和掩藏起来呢？

这就涉及梦的记忆的第二个关键点，那就是其中一个非常重要的来源——"童年生活"。童年的那些不愉快的，甚至是痛苦的心灵创伤，始终是弗洛伊德研究的一个重点，这在他随后发展出来的各种理论中都是要点。但你会好奇，为什么一定要抓住童年不放呢？我们长大以后也总是在经历各种各样的创伤吧？难道所有的创伤都要追溯到童年阶段？这是不是太过牵强了呢？这里一个主要的原因就是，你长大成人以后，心智更为成熟，因此很多创伤虽然很痛苦，但你是有清楚的意识的，而且也会想尽办法去面对它，去对抗它。但小孩子就不一样了，他们的心灵和身体的防御机制都是非常脆弱的，往往就是赤裸裸地暴露在外部的各种力量面前，所以很容易留下巨大的且难以弥合的伤口。

由此我们就可以过渡到第三点。弗洛伊德总结说："梦并不像人在清醒状态下那样只重视最重要的内容，那些最无足轻重、最不引人注目的回忆也被包括在内。"这里多少有一些反讽的意味在里面。弗洛伊德是要提醒我们，你以为清醒时候记起来的东西才是重要的、关键的、有意义的，其实恰恰相反。对于你的生命来说，真正重要的东西总是要被掩藏、遮蔽、压制、遗忘的。因为真相总是痛苦的，而痛苦总是我们这些自以为清醒的人想尽办法要去逃避的。所以，梦中的记忆绝不是微不足道、沉渣泛起的，而恰恰是真相闪现的那一刻。

我们一生的时间有四分之一甚至更久都在睡梦中度过，这件事情大家都觉得很遗憾。但这或许是一件好事，因为首先，梦将那些痛苦的真相掩藏起来，从而有效缓解了日常生活里面的焦虑；但同时，梦也不失时机地将这些真相以间接的方式再度呈现给你，提醒你不要忘记本真，不要迷失在日常生活的美好泡沫之中。

弗洛伊德在第 3 节列举了导致梦产生的各种外部和内部原因，但这些都不太重要，"人们高估了来自精神世界以外的刺激因素对梦之形成的作

3　"他警告我不要想靠理性来了解我的经验，并不是因为理性能力不足，而是因为所发生的经过是在理性的范围之外。"（［美］卡罗斯·卡斯塔尼达：《做梦的艺术》，鲁宓译，深圳报业集团出版社，2010年，第70页）

用，对此无须惊讶，因为这类刺激很容易找到"。确实，我们不总是把梦与外部环境、身体和心理状态联系在一起吗？你看了恐怖片，就会做噩梦；你睡前夜宵吃撑了，梦里胃还在工作，也可能做各种稀奇古怪的梦；甚至你仅仅是忘了关灯和关窗，这些外部环境的因素也会激发你做梦。但这些都仅仅是间接的条件和因素。梦的真正起因和动机来自精神活动的最内在深处，是不能简单地还原到这些外部条件上去的。

那么接下来我们就要问了，既然梦是掩藏得如此之深的精神活动，那我们有什么办法把握它呢？一个很通常的现象是，很少有人在醒来之后还记得清楚梦里的情节，即便有，也是片段的、零碎的、模糊的。所以，我们经常会说梦是"易忘的"，也就像一团根本没有形状的多变的云雾，当你想要伸手去抓住它的时候，它是会逃走或消散的。但弗洛伊德提醒我们，这样的看法或许只是成见。我们认为梦是模糊的、无形的，是因为我们总是用清醒的意识活动去衡量它。我们在梦里确实很难见到稳定的时空秩序、明确的形状轮廓、清晰的因果线索，但别忘了，*梦本身有着自己的逻辑*。我们要做的，不是用清醒的逻辑去肢解梦境，而是想尽办法让梦本身的逻辑呈现出来。[3]

所以在第2节的最后，弗洛伊德结合那个著名的女病人伊尔玛的梦，说出了整本《梦的解析》里最重要的两句话："*梦真的是有意义的，绝不像有些学者声称的那样，只是零散杂碎的大脑活动的表现。解释工作完成之时，我们就会发现，梦是愿望的达成。*"一句话，梦是有意义的，因此是可以被解释的，应该被解释的，因为梦中所展现的意义关乎我们生命的真相。那么，怎样解释呢？

你会发现，梦与清醒生活的一个鲜明差别就在于，在清醒状态下，我们主要运用语言和文字来表达自己、彼此沟通；但在梦中，我们更经常运用的不是语言，而是"形象"（image）。而且在弗洛伊德看来，梦中最重要的两种形象恰恰就是视觉和听觉。读到这里，我们是不是一下子就想到了，梦也许不是用语言和文字写成的书，而是用影像和声音编织出的一部电影啊！

虽然弗洛伊德对电影并没有什么感觉，他也很少把精神分析和电影扯到一起。但20世纪后半期，精神分析理论对电影的影响几乎就是决定性的。你会想到拉康（Jacques Lacan，1901—1981，法国作家、学者、精神分析学家），想到麦茨（Christian Metz，1931—1993，法国电影理论家，开创了电影符号学），想到齐泽克（Slavoj Žižek，1949— ，斯洛文尼亚作家、学者）。但抛开这些理论，你坐在影院里的时候就可以想一想，电影与做梦到底有多少相似之处。我们为什么这么喜欢看电影？难道不恰恰因为电影中的声与光的世界恰似梦境一般，能够展现出生命的本真？

第三节 梦是愿望的达成

这一节我们重点解读《梦的解析》第四章和第五章。

解读之前还是重申一下，为什么要用精神分析的方法去解读贪婪。上一节已经明确提到，弗洛伊德对梦的解析最终是将梦的动机放到精神生活的最深、最暗之处。这是非常有启示性的。因为我们要谈的也并不是可见的贪婪，而是那个深深盘踞在无意识深处的欲望。可见的贪婪其实没什么好说的。你说你就是喜欢吃小龙虾，三斤五斤都不够，吃到吐也停不下来，那是病，去治就行了。换句话说，贪婪要是可以被清清楚楚地看到，那你就可以去面对它，去治疗它，去对抗它。这需要你的毅力和勇气，不需要精神分析，也不需要读弗洛伊德。我们要说的贪婪是不可见的，是始终隐藏在意识之下、生命深处的。对于这个黑洞和母体，你是很难参透的。所以我们需要精神分析的解谜术，学习怎样和这样一种不可见的贪婪和平共处，共度人生。

我们先看第四章。这里弗洛伊德强调了"梦是愿望的达成"这个基本命题。这个命题很清晰直接，具有一种拨云见日、直指人心的力量。不过里面包含着两个要点。首先，不是所有的愿望都需要在梦里去实现。日常生活里很多的愿望，只要你努力，方法得当，最后总是有可能实现的。你想要一份薪水高的工作，你想要一段完美的感情，甚至你累了，就想安静下来啥也不干，发呆玩手机，这些或低或高、或强或弱的愿望，不需要"弗公解梦",你自己就懂。其次,需要在梦里面去"达成"和实现的愿望,需要用精神分析的专业技术去破解的愿望,往往是那些你平日里根本意识不到的,甚至想都没想到过的。一旦它被揭穿,被置于阳光之下,你会震惊,这真的就是我一直想要的啊!

接下来,弗洛伊德追问了另一个很关键的问题,"<u>梦呈现的内容看似离题万里,但终被证明实质上是愿望的达成,那么它们为何不把这层意义直白地显示出来呢?</u>"确实,梦中的愿望是平日里隐藏起来的,但好像在梦里面,这些愿望也没有明明白白地表达出来吧?就说伊尔玛的那个梦好了,这个梦确实很像一部情节曲折的电影,但这些情节和故事都是表面的,背后隐藏的是弗洛伊德自己的种种焦虑,尤其是他自己一直觉得,伊尔玛的病症始终难以缓解,这个不是他的错,而是病人自己没有坚持采用他建议的疗法。一句话,这部梦中的电影放完以后,弗洛伊德终于明白了自己的深层愿望是什么。那就是他始终坚持自己是对的,面对人们对精神分析的质疑和责难,他始终想证明自己的理论是有效的,是具有解释和说明力量的。这不就是那个盘踞在弗洛伊德生命深层的不可遏制的"贪婪"的欲望吗?那个看似宁静,但却始终充满着焦虑和渴望的科学家式的贪婪,想要治病救人,想要洞察人心,想要揭示真理。我记得爱因斯坦说过一句话:"我只想了解上帝的思想,别的都属细节。"这就是物理学家的贪婪,对于终极真理的贪婪。但正是这样一种贪婪,推动着爱因斯坦这样伟大的物理学家们向着未知的知识世界迈进。也许在弗洛伊德的生命深层所隐藏的,也正是这样一种贪婪。

既然如此,那么梦为什么不能把这样一种深层的欲望直接说出来呢?平日里被隐藏的欲望,为什么在梦里仍然要以非常曲折和隐晦的方式来表达出来呢?借用《梦的解析》第四章的标题,我们要追问的正是:梦到底有什么必要把那些愿望"伪装"起来?对此,可以有两个解释。一方面,上一节最后说了,梦与醒说的是不一样的语言,梦有它自己独特的一套表达方式,需要学习才能适应,不是说一下子就能进入的。另外一层意思更关键，就是即便在梦里，那个深层的愿望也不可能直接、完全、明白地显示自己，否则它就不是黑洞和母体了。

所以弗洛伊德说，梦也是有显意和隐意这两个方面的，他解梦的方式就是在这两方面之间进行对照。接下来，弗洛伊德讲的一个梦虽然我没做过，但挺有共鸣的，因为讲的是我们这帮学术男总是在纠结的事情，那就是评职称。

评职称闹出的各种闹剧和悲剧，大家都看过很多了。但弗洛伊德通过这个梦要解释的就是显意和隐意这两方面的关系。表面看起来，弗洛伊德自己都觉得这个梦是毫无意义的胡扯，但经过仔细分析，他得出了一个很关键的结论，直接回应了上面的那个根本问题。为什么愿望在梦里面不能直接显现出来？那正是因为，总是有一种"抵制"的机制，一种"审查"的力量，不让这个愿望顺顺利利、舒舒服服地展现自身。所以你能回忆起来的梦，往往是"伪装"，是层层编码、步步设防的。我们之前把梦境比作电影，可能还有些太过浪漫了。其实梦的世界更像是幽深曲折，甚至阴森黑暗的迷宫，一不小心你就会在其中迷失，所以我们才需要弗公这样的专业向导嘛。

这样，可以用弗洛伊德的话把梦的隐意和显意解释成两种动力的机制：一个是"构造"的力量，从这个方面看，梦更像艺术家，更像是娴熟操弄视听语言的导演；与之相对的另外一个力量就是"审查"的力量，在这个方面，梦就更像是冷冰冰的官僚了，它要做的就是"严防死守"。用第四章最后的话来概括一下，"梦是（被压制、被排斥的）愿望的（伪装式）达成。"这是一句非常经典的话，整本《梦的解析》都是在解释这个凝练的道理。

所以，梦既是创造又是审查，既是表达又是抑制，用我们前两节的话来说，就是既正面又负面，既能动又被动。接下来，弗洛伊德就势必要解释：为什么梦要扮演一个铁面无情的审查官呢？它为什么就不能任由那些平日里被克制和压制的欲望自由地奔涌出来呢？那是因为在每个人生命最深处所盘踞的不是天使，而是魔鬼和怪物。在第四章第4节的最后，弗洛伊德明确提出了他的*力比多的本能理论*："神经性焦虑源于性生活，是由一种偏离了自身目的、未被疏通的'力比多'（性驱动力）决定的。"所以，为什么要审查？为什么要抑制？无非是因为，如果任这样一种盲目冲动的本能力量奔涌出来，它带来的仅有一个结果，就是破坏、崩溃乃至毁灭。它就像是吞噬一切的洪水，会抹除你的意识、人格和自我的一切形迹，把你瞬间抛入那个黑暗混沌的原始生命的深渊。

如果先不往下读，你会觉得这个说法跟叔本华和尼采是何其相似。似乎弗洛伊德就是把叔本华和尼采的欲望和意志的本体论纳入人的精神生活之中来考察。关于弗洛伊德与这两位哲学大师的相似和差异，已经有大量的研究成果了。在这里，我们就稍微进行一点比较。在叔本华那里，世界意志作为一种终极的盲目冲动，在人身上的重要表现正是性欲。这和弗洛伊德的说法有着明显的关系。但我们发现，这三位大师在面对这个盲目冲动的时候，给出的解脱之道是极为不同的。

叔本华是"佛系"的，他主张斩断欲望之流，实现彻底的清醒和解脱。*尼采是文艺式的*，他主张以艺术的力量来转化和升华那种盲目的酒神冲动。但这两种方法，其实都不那么靠谱，或者说，都不那么普遍适用。说得俗一点，不是所有人都想出家，也不是所有人都有能力成为艺术家。那么作为普罗大众，作为平凡的生命，我们到底怎样直面生命本原处的这个魔鬼和怪物呢？或者说，既然生命从根本上来说就是一个魔鬼和怪物，我们到底应该怎样学会与之相处，相对健康地活下去、走下去呢？

正是在这个方面，我觉得弗洛伊德展现出比叔本华和尼采更切实的洞察力，因为他发明的*精神分析其实既是哲理又是疗法*，这也在很大程度上回应了很多人对痛苦和勇气的困惑，那就是：我到底应该怎么做才能超越痛苦，才能实现勇气？用弗洛伊德的话来说，这些不仅仅是理论思辨的问题，而是要脚踏实地地回到你的精神生活的幽深曲折处，用细致的分析方法来引导你逐步进入。

这些分析的方法在第六章里是非常丰富的，值得大家慢慢品味。这里只谈几个要点。

第六章的主导思路跟前面是一致的，还是梦的三个原则：偏好近期的印象、展现的往往是平日里被忽视的"次要的"现象，以及总是跟童年经验相关。后面讲述的梦境有一些真的是很精彩，如果拍成电影肯定是回肠荡气的。比如那个著名的"学生集会"的梦，每次读到这里都会想到基斯洛夫斯基的电影，尤其是《维罗妮卡的双重生命》（另译作《两生花》）里的场景。但必须承认的是，《梦的解析》里讲的很多案例都有点沉闷乏味。

第四章第4节概括了三种典型的梦，都鲜明地体现出正与负、冲动与抑制这两种力量的交互作用。

第一种是"尴尬的裸体梦"，就是"做梦者感到羞愧和尴尬的裸体梦。做梦者很想逃走，或是躲起来，但却被克制住，待在那儿动弹不得，而且无力改变这种尴尬的局面，只有兼具这两个条件的梦才是典型的裸体梦"。两个条件，也就是感到羞耻，却又呆若木鸡。在弗洛伊德看来，这种羞耻感来自童年的经验，"小孩常有展示自己身体的欲望"，喜欢赤身裸体啦，喜欢玩弄自己的器官啦。当然，你可以从发生心理学的角度来解释这些现象，但从本能理论来说，这说的其实是一个很直白的道理：赤裸裸的生命冲动其实是完全拒斥乃至蔑视人间各种清规戒律、条条框框的；作为一种盲目的冲动，它只有一个意志，那就是毫无束缚地展现自己，释放自己。可以想象，这种冲动在健全的成人身上几乎是被完全抑制的，而在尚且懵懵懂懂的儿童那里，往往得以不加掩饰地展现出来。

所以，弗洛伊德说，"其实梦就是安徒生笔下的骗子，做梦的人就是皇帝，梦的道德倾向则在暗示：梦的隐意中有不被允许的、被抑制的愿望"。是啊,在梦的华丽外衣之下,就是那个令人羞耻的赤裸裸的本能欲望。梦就是实现欲望的表达和转化的艺术家,它既抵御着欲望,又揭示着欲望。所以为什么"尴尬裸体梦"中的你总是无处可逃,因为那里面展示正是你自己的欲望啊,因为这个梦就是想让你直面你最深最幽暗的欲望啊。让你脱去日常生活的重重外衣去看清你的生命的贪婪本质和真相。在梦里,你是逃不开你自己的。在梦里,你遇到的不是另一个自己,那就是你自己,是最真实的你自己,但也是最令你恐惧焦虑不安的那个自己。

第二种是"亲人去世的梦",这里面死亡创伤及其抑制的机制大家能够理解。第三种是"考试的梦",作为在高考机器里摸爬滚打过来的学生,我和你一样,从中读出了另外一种味道。其实弗洛伊德也已经暗示了,如果说"尴尬的裸体梦"可以翻译成《皇帝的新装》的话,那么"考试的梦"是不是恰好可以翻译成福柯的《规训与惩罚》呢?[1]

---

[1] "在小学里,时间的划分越来越精细,各种活动必须令行禁止,雷厉风行。"([法]米歇尔·福柯:《规训与惩罚》,刘北成、杨远婴译,生活·读书·新知三联书店,2012年,第170页)。

第四节

谁是梦中人？

这一节我们集中阅读第六章——"梦的工作"。之前说过，梦的逻辑跟清醒意识的逻辑是不一样的，梦更接近电影。但这只是打个比方，虽然很多电影导演确实借鉴了做梦的手法来拍摄，但不能想当然地就把这些手法套用在对梦的分析上面。实际上，梦的逻辑更为复杂多变，也更为诡异莫测。毕竟，无论一个导演的技巧怎么出神入化，无论影院造出 3D、4D 还是更多 D 的观影空间，这个自由度仍然是非常有限的。但梦的自由度是无限的，在梦的空间里，所有一切都可以被想象，所有一切都可以被允许，这是一个无限幽深的黑洞，一个无穷折叠的迷宫，一个无尽生长的宇宙。

这样，你就可以理解弗洛伊德的天才之处。面对这么一个无限开放的迷宫，他硬是能够概括出几条非常基本的原理，而且还确实能够运用在对各种各样梦境的分析之中。所以，你可以说弗洛伊德确实是兼有着哲学家的洞察力和科学家的观察力。第六章很长，除去那些具体的案例，梦的逻辑概括起来只有四条，简单明晰。第一是*"浓缩"*，第二是*"移置"*，第三是*"并列"*，第四是*"颠倒"*。

先说"浓缩"。这个逻辑，弗洛伊德费了很多笔墨来谈，因为它确实是梦的一个很基本的特征。上一节我们谈到梦是愿望的达成，但这个达成也不是一目了然、直截了当的。正相反，梦的表现也仍然是含蓄的、曲折的、遮遮掩掩的，因为即便在梦里也同样存在着审查和抑制的机制。梦的复杂性告诉你，破解人生的真相对于每个人都是一个无尽的、艰辛的探索和挣扎的过程。

所以，梦本身就是有伪装的，并区分为显意和隐意这两个层面。这两个层面是什么关系呢？它们互相表现的最基本方式就是"浓缩"："首先注意到，梦中进行了大量的浓缩工作。梦的显意通常简洁、贫乏、紧凑，相比之下，梦的隐意却冗长而丰富。梦的显意假如可以写在半页纸上，对于隐意的分析就会需要6倍、8倍甚至12倍的篇幅。"对这里的表述大家别觉得奇怪。隐意比显意的内容和内涵更为丰富，这个我们能够理解，但弗洛伊德竟然用了6、8、12这样非常精确的数字来说明二者之间的关系，真的有必要、有可能吗？据记载，弗洛伊德对数字是非常迷信的，他在给荣格写的一封信里就说，多少年来他一直觉得14362这个数字道尽了他生命的真相。因为他出版《梦的解析》的时候是43岁，他觉得自己大概会在61、62岁的时候去世。他把自己的生死都交给数字了，那么，梦的显意与隐意的精确的数字比例也就不算什么了。

所以，严格说起来显意可能并不太像电影，而更像是那些惜墨如金、在极短小的篇幅里展现巨大的意义宝库的作品，比如说经文、诗歌、寓言、神谕等等。大家可以翻翻《圣经》，你会发现圣言往往都是极为简短的，但你要破解里面的含义，往往就需要花费大量的时间和精力。梦也同样如此。

但梦比圣言和经文更为麻烦的是，虽然对《圣经》的解释会比较复杂，但毕竟还是有一些既定的方法，可以大致得到大家都能认同的答案；但梦的浓缩就不一样，它的破解是无穷无尽的，在显意下面是隐意，但一旦你破解了这背后的隐意，它又变成了显意，然后又需要进一步深入。如此循环往复，层层嵌套，永无终止。另外一个麻烦的地方是，经文往往是人们在清醒状态下写出来的，这背后还是有着相对清楚的逻辑的；但梦又不一样了，你醒来之后能够想起来的永远是断片，是碎片，你到底应该怎么去组合这些碎片，把它们拼成一个连贯的完整的画面，是没有一个固定的、拿起来就能用的方法的。很多时候你就是要猜、要试。

这也是大家读弗洛伊德的案例的时候要注意的，就是他为什么要讲那么多的梦，那实在是因为每个梦都是一个幽深复杂的迷宫，都是非常特别的，所以他只能一次次结合这些具体的例子来告诉你可以怎么做。大家注意是"可以"，而不是"应该"。如果你把弗洛伊德写下来的那些分析生搬硬套在你的梦境里，我觉得是不太可行的。但这恰恰是《梦的解析》这本书的深刻之处，也就是，它给你的不是现成的方法和教条，而是不断前行的道路，引导你对自己精神生活的最深处进行主动的探索和领悟。

那我们就看一下他讲的那个"植物学专著"的例子。既然显意是极度浓缩的，而且往往是碎片式的，那么如何入手是聪明的做法呢？*很简单，就是找共同的相似的要素。*这是因为，如果梦是有意义的，它呈现出来的那些碎片就不可能是四分五裂的，最终还是能够找到一些关节点把它们连在一起。这个跟大家玩拼图是一样的，你总会从某个碎片开始，它跟周围的很多碎片有着明显的联系。弗洛伊德用的就是这种拼图法，比如他就在"植物学专著"中找到了一块关键的拼图："'植物学'这个词是真正的枢纽，梦中的无数思路都在这里汇集，而且我可以肯定，所有这些思路都能在那次谈话之中找到关联之处。"

但实际上梦的隐意比拼图麻烦得多。因为拼图只有一个答案，只有最终的一幅完整画面，但梦是一个立体的迷宫，是无数的画面错综复杂地交织在一起，互相渗透，互相指涉。大家看看荷兰图形艺术家埃舍尔（Maurits Cornelis Escher）的作品就能有大致的领悟。

更麻烦的是，*梦的显意和隐意往往是彼此颠倒的，构成了一个互为镜像的关系。*比如他提到的"一个美梦"的例子就是这样。梦里的楼上和楼下跟真实生活里的情况恰恰相反。弗洛伊德就从这个颠倒的关系联想到社会的等级、人生的起伏、名利场的争斗、情欲的纠葛等等。如此巨大的"脑洞"确实令人赞叹。但即便你不服弗洛伊德的分析，至少也能看出上与下这个基本的空间形象确实是一块关键的拼图。这么看起来，人生确实是一场没有尽头的解谜游戏，这里虽然没有现成的攻略，但仍然有一些关键拼图足以为我们提供破解谜底的蛛丝马迹。所以，关键就是培养你对关键拼图的敏感程度。有时候一个词、一句话、一个形象、一个闪念，看似微不足道，看似转瞬即逝，但如果你能非常敏锐地抓住它，就能够在与"斯芬克斯"的斗智斗勇中占据一个明显的先机。

我们接下去讲梦的第二种工作方式："移置"。"可以看到，有些元素在梦的内容中显得非常突出，属于主要组成部分，然而在梦的隐意当中，它们根本不具有同等的重要性。"其实"移置"说到底就是"伪装"。这个又是因为梦的审查机制。审查嘛，就是你本来想说的话没办法直接说出来，只能隐晦地说，拐弯抹角地说。要怎么突破"敌对系统的审查作用"呢？就是不走寻常路，用最不可思议、最意想不到的方法去呈现。在"浓缩"这个方法里，还可以寻找关键拼图，但在"移置"这个逻辑里，真的是"无法"就是"大法"了。

到第3节"梦的表现手段"，其实弗洛伊德大部分篇幅说的还是"浓缩"的作用。比如，第一点就是"同时性"的并存。也就是说，梦跟原始民族的思维是非常相似的，它很重要的手法不是严格地分门别类，不是要在不同的事物之间划出清晰的界限，而恰恰就是要搅浑水、和稀泥，就是要尽可能地把各种各样的东西都放在一起。所以，弗洛伊德说，梦的最基本的逻辑就是"相似性、一致性和共同性"。也就是说，在梦里面，唯一可行的关系就是"并列"，就是"和/and"。在梦里不可能有"选择/or"的关系，更不可能有"否定/not"的关系。为什么呢？梦的隐意是浓缩的，所以你的入手点是要找到那块跟很多其他碎片连在一起、产生关系的关键拼图。怎么找呢？如果你一开始就带着"选择"或"否定"的方式去找，是肯定不行的。因为这样你事先在脑子里就已经有了一种想当然的秩序了。真正聪明的做法是把越来越多的碎片首先并列在一起，放在一起，

---

1 或不妨援引法国哲学家巴什拉在《梦想的诗学》中谈及的一首诗来理解这一复杂局面："这们身心中的梦，可是我们的梦？／我孑然一身又是无数的人／我是我自己还是另外一人？／我们是否只是想象的我们。"（[法]加斯东·巴拉什:《梦想的诗学》，刘自强译，生活·读书·新知三联书店，2017年，第221页）

然后去看它们之间相似的地方、重叠的部分。所以，弗洛伊德说解梦首先就是要"平等"地对待所有的碎片，而不要一上来就进行"选择"，更不要一上来就"否定"这个，"肯定"那个。

当然，弗洛伊德也说梦里是有否定的，是有"不"这个词的。这也就是我们前面提到的"颠倒"的梦境。但这个颠倒不是在显意的层面上，而是在显意与隐意之间。也就是说，单纯在拼图的层次上，是不会有"不"这个词的，而只有"和"，但拼完整个图之后有时需要颠倒、翻转过来才能看出真相，这个时候才会有"不"。

最后我们回到标题的这个问题：到底谁才是梦中人？对这个终极问题，弗洛伊德给出了极为明确的回答："根据我的经验，每个梦关涉的都是做梦者本人，从无例外。梦绝对都是利己主义的。如果梦的内容中出现的不是我的自我，而是一个陌生人，那就可以断定，我的自我已通过认同作用隐在那个人身后了。"这是《梦的解析》全书必须记下的金句之一。这句话有两个意思。首先，所有的梦都是利己主义的，梦对于我们每个人都很重要，甚至是最重要的事情，因为只有在梦里，你才真正地面对自己，想着自己的焦虑和困惑。苏格拉底说："认识你自己。"弗洛伊德在这个永恒的金句后面又加了半句话："认识你自己，但只有在梦里。"[1]

弗洛伊德的这后半句话说的就是这个意思：梦中人，正是你自己。即便你在梦中基本上看不见自己的面孔，总是看到别的人、别的事，但所有这些"显意"总是通过浓缩、移置、并列、颠倒等方式指向背后的"隐意"，那正是"你自己"。当然，梦与主体的问题在精神分析里一直都是一个核心的主题，但就《梦的解析》这个文本来说，它凸显了一个很简单的道理：真正的你自己从来都是不可见的，都是隐藏着的。

第五节　"即使不能震撼上苍，我也要搅动地狱！"

这一节我们一起来解读《梦的解析》的最后一章，也就是第七章："做梦过程的心理学"。在这里，弗洛伊德一方面总结了前面的一些要点，更重要的是为自己的释梦方法进行了辩护，进而提出了"回归"和"潜意识"这两个非常重要的概念。基于这些重要的说法，弗洛伊德对贪婪这个人性的终极谜题给出了自己的答案，非常值得好好回味。

翻开第七章的第一页，上来就是一个非常震撼人心的梦的案例。甚至弗洛伊德说有个病人听到这个梦以后，自己回去又"亲自"做了一遍。我觉得可能有点夸张了，但也说明这个梦的惊人之处。这个梦说的是一个父亲为刚刚去世的孩子守灵，然后迷迷糊糊地坠入了梦乡，在梦里那个孩子突然走到他面前，说："爸爸，你难道没有看到，我要被烧坏了吗？"然后他就惊醒了，看到燃烧的蜡烛倒在了尸体上面，马上就要烧起来了。

这个梦本身就很能说明《梦的解析》的核心命题——"梦是愿望的达成"。但这个梦同时也说明，愿望本身并不是单一的，而是多层次、多维度的。有可见的愿望，也有隐藏的愿望，这些愿望之间往往不是和谐相处的，深层隐藏的愿望往往更为根本和强大，它会对表面的愿望起到抵抗的作用。就拿这个梦来说，看起来有一个问题："人为何会在这种急需醒来的情况下做梦？"一句话，那个老父亲如果明明知道蜡烛要倒下来了，要烧到孩子了，那他就应该立马跳起来去灭火，这应该是他最明显、最强烈的愿望啊，那他为什么还浪费时间去做梦呢？做梦难道不恰恰是延缓了他最直接的愿望的满足？

对这个问题，基于弗洛伊德的深层欲望的理论，当然就很好回答。因为那个想要冲上去直接保护孩子的愿望虽然强烈，却不是最强烈的、最根本的。在这个表面的愿望之下，老父亲还有一个更为根本的愿望，那就是让孩子活过来，让他不要离开自己，即便他已经变成了一具冰冷的尸体。梦满足了他的这个愿望：孩子，让我再看你一眼，哪怕仅仅是短短的一瞬间！这个愿望是如此的强烈，甚至与直接的生理反应相抗衡。这不就是大家读《梦的解析》的一个最明显的印象吗？所有人的心灵都不是一泓止水，波澜不惊。即便它表面如此，在深层却时时刻刻充满着各种力量的争斗，而解梦也好，精神分析也好，最终的目的就是疏导能量，维系平衡，不让你在这个混沌湍流的深渊中迷失和崩溃。

所以弗洛伊德认为，自己在这本书里所进行的工作不仅是有效的，更是有意义的，因为"我们前面走过的所有道路都是通向光明的"。当我们越来越理解梦的时候，我们不仅越来越透彻地理解人心，而且能够找到具体可行的方法来维系精神的平衡，进而维系自我和他人、自我和世界之间的平衡。弗洛伊德在书里好像是两次明确化用了尼采的那句名言，说他的精神分析就是"重估精神的价值"。

有人可能就发难说：弗洛伊德分析那些梦的时候，到底有什么真正可靠的依据呢？你怎么证明你自己不是在一厢情愿地借题发挥？说得更直接一点，弗公的解梦法的科学性和逻辑性到底在哪里？没错，你往往能够给梦一个前后一致的线索，把那些本来零零星星的碎片拼成一个完整的富有意义的故事，但你的这个方法是只适用于某个梦、某些梦，还是能够推而广之呢？还有，你采用的一个非常重要的方法就是浓缩，也就是找到那块关键拼图，但这种眼光是你自己才有的直觉吧，别人读了你的书真的能学会？能用到自己身上吗？

对此，弗公进行了两点重要的回应。首先，梦的解析确实是一个无尽而漫长的过程，所以他自己明确用了"网"这个形象："我们在释梦中发现的那些隐意，一般说来永不停息，它们会向各个方向发散、流入思想世界盘根错节的大网里。"正是因为这样，解梦就像是解谜，一层层、一步步，几乎永不止息。这也可以理解，因为你面对的正是你自己——这个终极的谜题嘛。

当我们真正用一种科学的、严谨认真的态度去面对梦的时候，就会发现，有很多的真相其实是梦赋予我们的。一句话，在梦里面，我们是没办法自己去捏造什么，去杜撰什么的。在第七章第1节最后，面对各种各样的质疑，弗洛伊德做了一个统一的答复："我们无论对自己的心灵世界施加什么影响，都不能导致没有意向观念的思维产生。"这句话本身挺晦涩。但我们简单理解，就是说，当我们醒着的时候，常常会撒谎，会伪装。但是在梦里正相反。因为梦本身有一种必然性，它是强加给你的，是你没办法也没力量去改变、去掩饰的。你想想，你早上醒过来仍然清晰印在你脑海里的那些印象，怎么可能是你自己杜撰出来的？是你想杜撰就能杜撰的了吗？那些深层的愿望，突破了梦的重重伪装，抵抗了精神的层层审查，就像是突破大海的惊涛骇浪游到对岸繁殖的鱼和海龟，它们的生命力该有多么顽强啊！这么强大的力量，又岂能是你自己的思想和意识所能左右和控制的？

所以，虽然通往深层愿望的道路是艰辛的，破解梦的方法是迂回曲折的，但梦作为通往真相的入口，这一点是毋庸置疑的。如果我们不接受这个前提，那就是说明我们根本没有勇气去直面自己，去正视生命。所以弗洛伊德将他的释梦方法大致概括为："从梦的内容元素引向中间思想，再由中间思想引向隐意本身的思想联结。"这个过程前面讲过了，关键的一点是，这里的联想不是主观的随意想象，而恰恰是以梦所强加给我们的那种必然性为前提的。联想所走过的不是任意的道路,而是在梦里面曾经走过的道路,是一条我们无法改变而只能接受的道路,只有这条道路才通往心灵的深处。

由此就涉及第 2 节的一个核心主题,非常有意思,叫作"回归"。当然,在《梦的解析》里看到"回归"这个词你一点都不会惊异,因为梦本身就是引导你进行各种各样的回归——从醒回归到梦,从显意回归到隐意,从表面可见的愿望回归到深层隐藏的愿望,等等。但这一节里说的回归是一个新的意思,是对做梦的精神机制进行了深刻的重新解释。简单地说,就是前面都在解释如何做梦,但这里要回答另外一个终极的问题:到底为什么要做梦?

首先,弗洛伊德重复了《梦的解析》一开始的原则:"通常是某个愿望,在梦中被客体化了,被表现为某个场景,或是让我们亲身体验到某个场景。"也就是说,梦并不是直接"说出"愿望,而更像是电影那般去"演出"愿望,它不是用我们所熟知的语言和文字,而更擅长用影像和声音。所以弗洛伊德甚至直截了当地说:"梦中世界的舞台,不同于清醒观念世界中的舞台。"

但,为什么那些深层的愿望一定要在梦这个影像和声音的舞台之上才能真正展现出来呢?这就要比较清醒和做梦这两种不同的精神活动机制了。当我们醒着的时候,精神活动的大致顺序是从感觉开始,也就是首先接受外部世界的各种感性的刺激,然后传输到大脑,转化为观念和思想。大脑虽然是中心,但也只是一个中枢,一个转换站,因为最终还要将思想和观念转化为行动和反应。所以在清醒状态下,正常人的心灵所走过的道路是从感觉到思想再到行动。但梦里面,这个道路无论是方向还是形态都发生了根本性的变化。在梦里面,思想的、观念的东西是没办法直接转换为外部的行动的,这是一个关键点。即便你刚看完《复联 4》,心绪难平,晚上回家在梦里面继续折腾,上天入地,那也都是在你的脑子里折腾,你的身体可是平躺在那里。

既然思想没有办法向外转化为行动，它是不是就只有一个选择了呢？向外的道路堵死了，但它还可以退回到心灵内部，退回到感觉这个起点。这个过程就是"回归"。从思想"回归"到感觉，正是因此，梦才必然是思想的"感性化"，才必然要用电影的方式来表演出你的欲望。用弗洛伊德自己的话，"从思想开始，一直退回到高度鲜活的感觉"。当然，他的分析还更为复杂。

不过到这里，问题还是没有完全解决。从思想退回到感觉，怎么就能实现"愿望的达成"这个根本目的呢？这个终极的难题又可以从两个方面来解释。

一方面，正常的、清醒状态下的通道是从感觉到思想。感觉和思想最大的差别是什么？感觉总是具体的、生动的、鲜活的、多种多样、五彩缤纷的；而思想总是抽象的、冰冷的、静止的、黑白灰的。从感觉到思想的转化过程之中，我们可能变得越来越理性，越来越具有综合和通观的能力，但我们同时也失去了很大一部分的感觉材料和心灵印记。当我们把一片生机盎然的森林简化为黑白的素描草图之时，是不是也就失去了感性绝大部分的生动能量？而梦的回归机制就是要弥补这种缺失。

另一方面，梦不仅仅是将我们重新带回到感觉的源头，更是让我们明白一个基本的人生哲理：揭示人生真相的并不是那些抽象冰冷的思想，而恰恰是那些无法进入思想和观念的原始痕迹。弗洛伊德说得好："我们称之为'性格'的东西，乃是建立在对各种印象的回忆痕迹之上的，而恰恰是那些对我们影响最深的印象——也就是我们少年时期的印象，几乎从来不会进入意识。"性格，也就是我之为我的那些根本属性，是你用清醒的意识和思想把握不了的，它们沉积在意识之下，等待你在梦的迷宫和大网中一遍遍地打捞和破解。

---

1 此为古罗马诗人维吉尔的诗句："即使不能震撼上苍，我也要搅动地狱！"

由此也就涉及与回归相关的另一个重要概念，那就是无意识。你会发现，弗洛伊德得出无意识这个深层的精神机制，这几乎是一个非常严格的推理过程的结果。既然那些根本性的痕迹从来都不能进入意识，也不能提升为思想和观念，那么它们到底保存在哪里呢？答案只有一个，那就是无意识。所以，无论后来弗洛伊德和众多学者对无意识这个概念添油加醋地说了多少，它原来的意思只有一个，就是*保存原始心灵印记的精神场所*。有了无意识，接下来弗洛伊德就进一步把精神机制划分为三个部分，也就是*意识、前意识和潜意识*。而之前我们反反复复谈到的表面或深层的愿望，就可以被放进这个模型之中：

前意识对应的是白天被刺激、被接受但却因为种种原因没有办法被满足的愿望；

还有一种是白天被拒绝和抑制、只能放到梦里曲折间接地满足的愿望，这种愿望是从前意识到潜意识的过渡形态；

还有一种愿望"可能与白天的生活并无关系，而是属于那些被压抑在内心深处，只在夜间才会活跃起来的愿望……我们认为它们根本无法超出潜意识系统"。

这三种愿望几乎道尽了生命的真相。*最珍贵的东西也是压抑得最深的东西，最真实的东西也恰恰是你清醒的时候无法理解和把握的*。这就是你自己。所以弗洛伊德明确地说，真正的深层愿望是不能满足的，因为它既无法直接转化为行动，也从来不被你真正理解，但它始终在那里，永不停歇，从不知足。我们这节标题里的诗是弗洛伊德自己引用的。他所做的工作不就是一遍遍探入人性深处的那个黑暗混沌的地狱，他所进行的分析不就是"搅动地狱"[1]？

第八章

命运

巴鲁赫·德·斯宾诺莎(1632—1677)

推荐图书

《伦理学》
［荷兰］斯宾诺莎 著，贺麟 译，商务印书馆，1998年。

第一节 你的命运你做主吗？

提到"命运"，大家可能会想到一大堆的文艺作品，或者古希腊的悲剧，或者宗教信条，比如佛教。但要说历史上哪位哲学家曾经给命运制定了一个最强的哲学原则，那一定当属荷兰哲学家斯宾诺莎。

斯宾诺莎的一生绝对是纯而又纯的哲学的一生，他的思想也充满着斩钉截铁的坚定与卓绝。很多真爱哲学的人都会把斯宾诺莎的名作《伦理学》当成陪伴一生的珍宝，那正是因为在其中有一种坚定不移的力量，它源自冷静严格的理性思索，这不仅带给读者思想的愉悦，更有一种苍穹和汪洋一般的"崇高"（sublime）之美。

在进入正题之前，简要提三个背景。

首先，*斯宾诺莎最直接的哲学来源，是笛卡尔*。尤其是《伦理学》中所提出的两个最重要的原则——实体一元论和身心平行论——很大程度上都是直接来自对笛卡尔的实体学说和身心二元论的批判性反思。我们常说，只有哲学家才最懂哲学家，斯宾诺莎和笛卡尔，就确实是有种灵魂共鸣的感觉。

其次，《伦理学》有一个突出的特征：它是以严格的*几何学证明*的方式写成的。翻开这本书，你会发现，所有的论证都是围绕着界说（definitio）、公则（axioma）、命题（propositio）和证明（demosonstratio）这些基本的环节展开的。这当然是明显的特征，但也千万别把它过于夸张和神化了。几何学的证明只是一个大致的框架和形式，真正的哲学论证比几何学复杂得多，它是一个立体的系统，涉及文化、思想、知识甚至语言等方方面面的环节。简单地说，一个几何学的论证，如果它是精确的、规范的，那它必然是可以被形式化的，但历史上任何一个著名的哲学论证都是不能被彻底形式化的。请大家注意这一点。哲学论证必须有逻辑，但逻辑仅仅是最低的标准，是一个前提。只懂逻辑，是搞不了哲学的。

再次，谈到斯宾诺莎，也必须谈到德勒兹（G.Deleuze）。我是研究德勒兹的，可能大家会默认我是跟着德勒兹后面来阐释斯宾诺莎的，这绝对是一个误解。德勒兹对斯宾诺莎的阐释绝对是原创性的，而且对20世纪下半叶欧陆乃至英美的激进政治理论影响深远，但就从哲学本身来说，他的阐释也只是一种解释，不可过度泛化，也千万不要以为，德勒兹版本的斯宾诺莎就是最接近真实的斯宾诺莎。大家如果感兴趣，可以先从《斯宾诺莎的实践哲学》这本小册子入手。在没有通读《伦理学》之前，你应该是看不懂德勒兹的解释的。但你可以读读《斯宾诺莎的生活》和《斯宾诺莎与我们》这一头一尾两篇文章，就可以对德勒兹笔下的斯宾诺莎有一种鲜明的印象。用他的话来说，他是想把斯宾诺莎放进从尼采到柏格森的生命主义的脉络之中。这个想法是不是正确，相信你在看完命运这个主题之后可以做一个评判。

但我要提醒大家的是，无论德勒兹的阐释怎样有力、怎样有影响，他恰恰忽视了《伦理学》里相当重要的一个主旨，那就是宿命论（Necessitarianism），而这个宿命论背后的哲学原则恰恰是充足理由律（Principle of Sufficient Reason）。充足理由律是哲学史上最令人惊叹的最强原则之一。它的极致形式当然是黑格尔的那句名言：*"存在的就是合理的。"* 用通俗的话来解释就是：所有存在的东西都必须、必然、必要有一个"理由"（Reason）。[1] 再简单点来说，就是所有存在的东西，无论是存在于过去、现在还是未来，必然可以从理性上进行解释。不能从哲学上解释的，不能基于哲学的根本原理给出一个说明和证明的，它要么是假象和幻象，要么

---

[1] "换句话说，道德要求既是外在的又是内在的。我做事正确仍是不够的。这一要求是，我使我的意志适应一般理性，我不仅必须做正确的事情，而且必须做因其本身之故是正确的事情。"（《黑格尔》，第661页）

是荒诞和矛盾的。比如"金山""独角兽",再比如"又圆又方的屋顶"。

读到这里,你就明白,为什么充足理由律最终必然会导向"宿命论"这个极致形式。大家可能知道,跟宿命论相关的还有另一个词:*决定论*。这两个词有相同之处,也有很大的差别。相同之处在于,它们都反对自由意志,都不认为这个世界上真的存在自由意志这种力量,或者说这种力量可以起到根本性的作用。比如,"我想喝水",这个"想"(want)就是我的自由意志,因为它可以不受任何限制地发动起来,再落实到具体的行动。但在决定论和宿命论看来,这仅仅是一个不切实际的幻象。

没错,一个欲望发动起来了,这是一个事实,是一个起点。但问题是,*这个事实是没有前提和原因的吗?是"绝对自由"的吗?* 决定论指出,"想喝水"这个欲望仅仅是一个"结果",作为结果,它必然受到在先的一个"原因"(cause)的决定。比如,你身体缺水了,这就是让你"想喝水"的身体上的前提和"原因"。所以,你有意志,这不假,但你的意志从来都是有原因的,因而从来都不是自由的。在这里先不用扯什么相对自由和绝对自由,只要意志是有原因的,它就不是自由的,是绝对地不自由的。

你觉得决定论已经很坏了?那你是没见过宿命论的证明,它比决定论强硬一百倍,也更坏上一百倍。*决定论的词根是"determine"*,即是说这个世界上任何发生的事情,无论是刮风下雨,还是爱欲激情,都是有"原因"的,因而是被"决定"和"限定"的。而*宿命论的词根是"necessary"*,那可不只是"决定",更是"必然地决定";那可不只是"原因",而更是涉及"理由"(reason)。关于宿命论和决定论、理由和原因的区分,这是个庞大的问题,咱们在这里就不细说了。但我可以用一个简单的例子来说明二者之间的关键区别。下雨了,在决定论看来,这个事件的发生是有原因的,而原因之前又有原因,环环相扣,当中没有断裂(有断裂还怎么"决定")。万事万物都是被这个因果链条紧紧地捆绑在一起的。

这个链条的主要体现方式就是自然的规律和法则（Natural Laws）。所有发生的事情，它背后必然遵循着决定性的法则。即便你现在还没办法解释这个法则到底是什么，也不证明它不存在。

但你有没有想过，决定论绝非它看起来那么强大。虽然整个宇宙遵循着铁一样的自然法则，但这不证明这些法则不可以是另外一种样子，或另外无数种样子。举个简单的例子，地球上所有的东西都是遵循重力法则的，你向上扔一块石头，它"注定"要落下来，而不是满天乱飞。再说一个，你看到的都是玻璃杯碎了一地的样子，请问你什么时候见过碎了一地的玻璃碴自己组合在一起，又变成一个光洁完整的杯子？但问题是，这仅仅是发生在地球上、我们所生活的"这个世界"中。我们完全可以设想有另外一个平行的宇宙，在那里，石头是往上飞的，玻璃碎了以后可以自动还原，等等。尽管没有事实的证据，但这是"可以设想"（conceivable）的。什么叫"可以设想"？就是不自相矛盾的，不违背基本的逻辑和理性原理。如果是这样，它就至少是"有可能"存在的。比如，平行宇宙说的就不是"原因"了，而是"理由"，因为"原因"你现在是找不到的，也证明不了，但"理由"却是实实在在、明明白白的。所以，我们说充足理由律要比决定论更强，因为决定论讲的还是可以被观察和证明的自然规律，而充足理由律讲的往往是不可观察、不可实证，但却一定要遵守的终极的理性法则（比如形式逻辑的三大基本定律：同一律、排中律、矛盾律）。这个就叫作"必然"的"宿命"，就是无论在哪个世界、哪个宇宙之中，它都是最终限定性的法则。

就斯宾诺莎的《伦理学》来看，我想强调的，是其将最抽象的哲学思辨与最具体的人生感悟结合在一起的完美方式。翻开第一页，你会发现没有一句话看得懂。这是真的，要是你能看懂，那可以直接读博了。但再翻到这本书的后面，你会发现整页都看得懂了，而且还闪烁着非常精辟的人生格言。这个就叫作功力。从最艰涩的思辨到最生动的"鸡汤"，只有斯宾诺莎这样的大师才能如此融会贯通。

我们再放开一点视野，谈谈命运这个问题。还是先从日常经验开始。大家平时喜欢说一句话"这就是命！"，意思是有些事情你是改变不了的，无论你怎么努力、挣扎、奋斗，都改变不了，这个就叫作"命运"。《哪吒之魔童降世》大家都看得热血沸腾，因为哪吒说了一句老热血的话："我命由我不由天！"但你仔细想想，你自己能做主的那个命是"生命"，而不是"命运"。除非你是神，除非你是高高在上的命运主宰者。当然，人家是魔童嘛，有这个资本傲娇一下。

所以，命运在日常的语境里，就是那种超越了你的掌控的"必然性"。命运，就是你即使清清楚楚认识到了也改变不了的铁的法则。在很长一段时间里，"死亡"就是人类所面临的终极宿命。人人都会死，人人都知道自己会死，但你能做什么呢？你顶多能挣扎着多活几年，甚至几天，但你能改变这个"必死"（mortal）的宿命吗？当然，在咱们这个时代，好像这个宿命有被改变的可能了。但你别忘了，如果机器可以让你永生，可以让你不朽，那么这个永生和不朽的你还是"人"吗？从上帝到机器，只是换了另外一个命运的主宰者而已吧。

命运之为命运，在日常生活里还有另外一个意思。这就是哪吒那句话隐含的一个意思：即便我改变不了命运，我也仍然要去跟命运抗争，因为这就是我作为一个"必死"的人类的生命意义。所以，*命运，一方面是铁的法则，另一方面却激发出人的行动的意志*。加缪的《西西弗的神话》里，西西弗每天把石头推上山，然后再看着石头滚下来，这个就是西西弗的不可改变的"宿命"。在这个每天推石头的重复生活之中，到底有什么意义呢？加缪说得好，这个重复是荒谬的，因为它本身作为一种机械的运动，没有任何意义，但正因为生活本身没有意义，你才能以个体的方式去创造意义。

关于命运的观念在西方文化和历史中的演变，我推荐大家去读荷兰学者约斯·德·穆尔（Jos de Mul）的《命运的驯化》这本书。在书中，他概括了西方命运观的四种主要形式——"悲剧、基督教、现代和后现代"。[2] 关于命运最关键的一点，我们之前用的词是"必然性"与"抗争"，穆尔用"驯化命运"（domesticating destiny）来概括，很形象生动。他在第一章开始援引奥伯多夫的话：*"我们的命运不是我们所经验的，而是我们如何承受它。"* 面对无法改变的命运，你可以选择以何种方式去"承受"它，是随波逐流、逆来顺受，还是挺身而出、化命运为动力？你的命运你做不了主，但你可以"驯化"它。从这个角度出发，我们来读一读斯宾诺莎的《伦理学》。

---

[2] ［荷兰］约斯·德·穆尔：《命运的驯化：悲剧重生于技术精神》，麦永雄译，广西师范大学出版社，2014年。

第二节 "自然中没有任何偶然的东西"

这一节我们一起来解读荷兰哲学家斯宾诺莎《伦理学》的第一章。这一节的标题也是取自这一章的命题二十九。先跟大家交代两点。首先，这一章的标题叫作"论神"，也就是给出了上帝证明的另外一个相当有力的版本，但我们的重心还是在解释其中的哲学道理。如果你愿意，可以把这一章里所有的"上帝"都替换成"实体"（substance）甚至是"人"。其次，上次已经提过，《伦理学》以几何学的体系写成，但我们当然不能按照这个体系来讲。我们从问题入手来讲。第一章集中处理两个问题：一是实体一元论（monism）；二是必然与偶然。

我们从宿命论这个词入手。宿命论在通常的意思上更带有宗教色彩，但在斯宾诺莎这里，其实更突出的是理性法则铁一般的必然性，或者更准确地说是"充足理由律"在整个宇宙中的终极地位。从这个角度来看，你应该想到了斯多亚和奥勒留。确实，在斯多亚那里，坚定不移地倾听并遵循理性这个内心神明的声音，是非常根本的人生信条。但斯多亚的哲学学说比较古老，很多地方的论证是不够严密精确的。由此也体现出斯宾诺莎的强大之处——整部《伦理学》所给出的宿命论证明真的是密不透风、严丝合缝，有一种极致的思辨之美。

我们从一部日剧《轮到你了》开始，这是一部推理悬疑题材剧，虽然最后有一点烂尾，但当中的情节还是一波三折，非常精彩的。

最后谜底揭晓的时候，还确实有很强的宿命论的意味。黑岛妹妹在供认了自己的一系列罪行之后，用她那标志性的可爱呆萌的眼睛泪汪汪地看着诸位观众说："我也没有办法啊，我就是喜欢杀人嘛！"那意思就是说，杀人这件事就是我的宿命，我逃也逃不掉的。但这个宿命论跟咱们在这一节里面说的意思是不一样的。上一节最后提到了，命运必然有两个含义：一方面，它是那种超越你的意志掌控之外的力量；另一方面，它又反而激发出你身上的那种抗争的意志，正是这种意志确证了你作为一个可朽者和必死者的生命真义，也正是这样一种意志，我们在黑岛的身上是见不到的。在她身上，命运变成了一个借口，变成了她无法无天地放纵自己的"理由"。这是对命运的滥用，也是对宿命论这个词的亵渎。

然后我就想到另外一部日本电影，不是那么红，但很值得大家去看看，叫作《十二个想死的孩子》。剧透一下也无妨，因为这个片子最精彩的是对每个想死的孩子的思想和情绪的生动刻画。大致是说，有这么十二个孩子，每个人都有活不下去的"理由"。注意是"理由"（reason）而不是"原因"（cause），那就是说，他们都清清楚楚地知道自己为什么不想活，不能活，然后就很坦然地聚集在一个废弃的医院，进行一个集体安乐死的仪式。这个设定真的是太震撼了。想给导演喝彩。这个才叫作宿命论。就是我清楚地知道我的命是什么，也清楚地知道这个命是改变不了的，那么留给我的就只有两个选择：要么，跟着这个命走到底；要么，就进行一个毅然决然的了断，当下就终结自己的生命。命运只能操控我的生命，但我可以用死来进行抗争。这种抗争，这种否定，恰恰是宿命论的真义所在。

带着这个问题，让我们来跟斯宾诺莎进行一场哲学对话，甚至是辩论。这个电影给我们提出了一个刻骨铭心的难题：命运改变不了，那为什么我不能选择自杀？当然，你如果仔细看看电影里面的情节，会发现有几个孩子自杀的理由是挺荒谬的。身患绝症，只能再活一个月，这个时候你选择自杀可以理解，但如果就因为你在学校被欺负，在家里被爸妈嫌弃，甚至是失手杀了个人，然后你就自杀了，这不是胆怯和逃避是什么？死亡，在这里不又变成了一个黑岛式的借口吗？但这些细节先不说，就是在电影的最后，我们看到的其实是一个皆大欢喜的结局，就是大家都想明白了，不死了，因为只要活下去总还有希望。

正是这个看起来很像常识的结局，带给我们一条解读《伦理学》的线索。命运是必然的，是不可改变的，是铁一样的律令，无论你是否认识到它，它都悬在你头顶上。但正是因此，你不能选择放弃生命，不能选择终极的逃避大法，因为"只要活着总还有希望"，因为希望就在于你无比坚定地走向人生的下一步。在这里，最必然的理性法则和最强大的生命意志会合在一起，谱写出最为动人的命运交响曲。我们的解读也就沿着这平行的两条线索展开，一个是充足理由律，另一个是生命冲动的 *conatus* 法则。这个拉丁词没办法译，或者说没办法用一个词来简单对应。但可以简化为一个律令，就是对宇宙间的万事万物，最终极的生命法则其实只有一个，那就是：活下去！坚定地、用尽全部生命力去走向下一步。

我们先讲第一章的第一个问题——实体一元论。抛开神学和上帝证明的内容，实体一元论说的是一个很奇怪的命题：这个世界上，真正存在的只有一个东西。其他东西也存在，但它们要么是这个唯一存在之物的属性，要么就是依赖于、依附于这个终极存在才能够存在。当然，把这个终极存在理解成上帝是最合适的，毕竟，把创造天地万物的上帝作为终极的、唯一的存在，大概没人会有异议。但这么说在哲学上就没有多大意思。所以换一个视角，把这个唯一的存在当成"人"，不是群体的人，而是一个个活生生的个体。每一个出生在这个世界上、生活在这个世界上的人都是这样一个根本性的、独一无二的个体。他的最根本的特征，就是"存在"（活着）。这就是界说一的内容："自因"的东西，就是"它的本质即包含存在，或者它的本性只能设想为存在着"。当然，这不是斯宾诺莎的意思，而是我引申出来的人生哲学的意思。但这个引申是有根据的，因为可以直接与后面的宿命论和生命论的问题贯穿在一起。

实体一元论的论证不具体说了，我们直接看"实体"的定义。这是整部《伦理学》的基石。这个定义就是界说三："**实体，我理解为在自身并通过自身而认识的东西。**"这句话有两个关键词："在自身"（in itself），"通过自身而认识"（conceived through itself）。这两点必须贯通在一起来理解。什么叫"在自身"呢？你可能想到，"在自身"就是说，这个实体的存在是不依赖于别的存在的，是"独立自存"的。你还可以进一步说，它是自己产生自己，自己推动自己，甚至最后自己毁灭自己。这些都对，但都不是斯宾诺莎的真正意思。他说的"在自身"就是"通过自身而认识"。一个最简单的问题就是：说一个东西存在，到底是什么意思？或者换个问法：是否一个存在的东西仅仅只有存在这个本质属性呢？我们可以说："这本书存在着，因为它存在。"但这等于同义反复。所以，一个东西存在，必须通过其他属性（attributes）显现出来。这就是界说四："**属性，我理解为由知性看来是构成实体的本质的东西。**"所以，存在必然显现为各种各样的属性，而这些属性就是我们得以去"认识它自身"的根本途径。比如，"这本书存在"，它的存在必然体现为各种物理性质，比如形状、颜色、大小、重量等等，而它必然也有一个根本属性，就是"广延"（extension）。

所以，存在通过属性而得以被认识，存在必然"表现""展现"为属性，这个就是前面几个界说的基本意思。简单地说，一个存在的东西有各种各样的"性质"（features），在这些性质里只有一个或几个是最根本的、最本质性的，我们通过它（们）才能"认识"这个存在物，这就叫"属性"。有根本的性质，那就意味着还有从属的、依赖的性质，它们就叫作"**样式**"（modes）："**样式，……亦即在他物内通过他物而被认知的东西。**"（界说五）

接下去就进入公则部分了。先看命题九："一物所具有的实在性或存在愈多，它所具有的属性就愈多。"然后你再联系命题十一："神，或实体，具有无限多的属性，而它的每一个属性各表示其永恒无限的本质，必然存在。"所以命题九说的是，存在必然要表现为属性，存在越丰富、越强大，它所表现出来的属性也就越多样。命题十一就很自然地得出结论：上帝的存在是无限的，它所表现出来的属性也必定是无限的、多样的。

但这里就有一个很要紧的问题，德勒兹看得很准："我们只认识两个属性，而我们却知道有无限多的属性。"我们只认识两个属性，是因为我们身上只有两个本质属性，也就是思想和广延。这也是因为我们的存在是有限的，而在上帝那里肯定不止两个属性，而是无限多个。所以，命题十六说："从神的本性的必然性，无限多的事物在无限多的方式下……都必定推得出来。"所以，具有无限存在的上帝，可以通过其思想认识到这个世界上的古往今来的一切存在，因为其存在必然地包含着可能会实现的所有属性。

但问题是：我们是人而不是神，我们不可能如上帝那般具有一双洞察一切的火眼金睛，我们只能拖着有限的灵魂和肉体在世间艰难地挣扎着活下去。这个人与神、有限与无限之间的鸿沟，正是斯宾诺莎引入宿命论的关键契机。请细读界说七，它区分了自由和必然。只有神是自由的，因为它的存在是无限的。你可能把这个自由理解为随心所欲，你如果是神，就可以想做什么就做什么，想怎么表现就怎么表现。但界说七说的可不是这个意思，原话是，神的自由"仅仅由自身的本性的必然性而存在"。一句话，神确实是"随心所欲"的，但这个后面还必须加上"不逾矩"。即便是神，也必须遵循必然性法则，即便这个法则仅仅是他自己对自己的一个限定。

为什么斯宾诺莎这样说呢？就是为了不让上帝干扰它的宿命论的原则，也就是"自然中没有任何偶然的东西"这个终极原则。这个原则，你可能理解为：自然中没有偶然，因为看似偶然的东西，背后必定有一只必然性的手在掌控着。或者说，偶然只是因为人的认识是有限的，如果人可以摇身一变成为神，获得了无限的认识，那么所有的一切都是必然的，因为万事万物的生灭变化都遵循着充足理由律。斯宾诺莎还有一个更强的含义：

即便是上帝，也无权干预自然之中的必然性的法则。整个宇宙之中，根本就没有自由意志这种东西，即便是上帝也没有。所以命题三十二明明白白地说："意志不能说是自由因，而只能说是必然的。"紧接着，命题三十三说得更绝：*"万物除了在已经被产生的状态或秩序中外，不能在其他状态或秩序中被神所产生。"* 这句话简直是斩钉截铁、掷地有声。斯宾诺莎告诉我们，即便是神，也不能想怎么创造就怎么创造，想创造什么就创造什么。真正神圣不可侵犯的，就是自然的必然性法则，即便是神也不容僭越。所以你读到这里可能明白了，为什么这第一章里面前面都在好好地讲上帝，后面就话锋一转，立马转向必然性了呢？一个最直接的原因，就是想要用必然性来限制、限定上帝的自由。这个是有着很鲜明的政治含义的。一句话，在自然的必然性法则面前，人人平等，即便是立法者本人也不容例外。

稍微展开一点，你可以想象，世界有两种可能的状态，分别叫作A和B。在世界A中，上帝有自由意志，它可以随心所欲，为所欲为。它可以颁布法则，也可以像那些任性残暴的独裁者随意修改自己的法则，甚至随意干涉司法过程。"一般人以为神的力量即是神的自由意志及其管辖一切事物的权力，而这些事物他们通常又认为是偶然的。因为他们说有权力毁坏一切使其变为乌有。他们又常以神的力量与国王的力量相比拟。"（第二章命题三附释）而这样一种比拟恰恰是斯宾诺莎所着力批判的，因为在其中体现出人在这个任性的上帝面前的"软弱无力"。

与此相反，还有一个世界B，在其中，上帝也是最高的创造者、立法者和仲裁者，但它创造出法则之后就隐身了，不再干预和插手自然的运动和进程。或者说，即便他插手，也要按照自己颁布的规则来办事。

两个世界，两种宿命。这两种宿命都是人作为有限的存在者所无法彻底理解的。但在第一个世界里，人被宿命玩弄于股掌之间；在第二个世界之中，命运则是引导人的生命向前推进的坚定力量。那么，你选择哪一个世界、哪一种宿命呢？

第三节 身心的平行，宇宙的交响

这一节我们继续阅读斯宾诺莎《伦理学》的第一章和第二章。主要讲三个问题：一是宿命论的四个证明是什么；二是斯宾诺莎的"泛神论"应该怎样理解；三是身心平行论是一种怎样不可思议的学说。

先从第一个问题入手。*关于宿命论，第一个论证可以叫作"反自由意志"（anti-voluntaristic reason）的论证*。第一章中命题三十二直截了当地说："意志不能说是自由因，只能说是必然的。"一句话，意志是存在的，而且是一种很重要的精神力量，但意志跟自由没有直接的关系，真正的自由，无论是对于上帝还是对于人，都首先要预设神圣不可侵犯的必然性法则。因此，必然性高于偶然性，自由亦高于意志，所以自由必须要跟意志分离开来考虑，必须从比意志更高、更根本的精神力量那里去寻求自由的根据。这一点大概也是斯宾诺莎的宿命论的最令人惊叹之处。一般人总是将自由与意志关联在一起，认为自由就是"我想要"；但斯宾诺莎针锋相对地指出，自由不是随心所欲，而恰恰是铁一般的必然性法则。*"必须"（must）就是"想要"（will）的前提*，这个听上去自相矛盾的说法正是整部《伦理学》的根本结论。但你先别急，这背后的论证是一点点进行的。解释完身心平行论之后，相信你会在一定程度上理解斯宾诺莎的良苦用心。

第二个论证可以叫作"世界理性的永恒性"（eternity of the world reason）论证。看上去无非是

在证明上帝存在，但斯宾诺莎提出了一个很重要的观察：在上帝的眼中，整个世界不是一个线性的不断发展变化的"时间性"过程，而是一个万物并存的、不断延展的"空间性"网络。这个论证主要体现在第一章命题三十三附释二中："但在永恒中是没有'久暂'（when）或'先后'（before）的。由此必然推知，正是由于神的圆满性，神绝不能在它所已有的命令之外，另有别的命令。"后半句的意思我们上一节最后已经说过了，即在世界B之中，上帝也必须严格遵守它自己颁布的命令。而前半句就是对这个世界的终极证明：上帝为什么不能创造一个别样的、完全不同的世界呢？为什么不能随心所欲地改变自己颁布的必然性法则呢？因为没有必要！

因为上帝拥有无限的存在，而无限的存在就必然表现为无限的属性。在我们这些可朽的、必死的人类眼中，世界才是有生灭、有始终的；但在全知全能的上帝眼中，世界就是一览无余的，万事万物清晰完满地呈现在眼前。所以，人类眼中的偶然性，注定要被上帝眼中的必然性所超越。虽然人类不可能具备上帝那双明察一切的"天眼"，但只要我们回归理性本身，就注定会明白一点：世界的本质不是生生灭灭的变化，而是万物紧密连接在一起的必然性网络。我们不是上帝，也不可能成为上帝，但这不是自暴自弃的借口，而恰恰是不断向上的动力。作为人类，我们就是要通过哲学思索才超越生灭的世界，超越偶然，向着必然性的终极宇宙法则迈进。

第三个论证就更令人深思了，可以叫作"反目的论"（anti-teleological）证明。这个证明可以简要概括为一句话：对于整个宇宙来说，重要的不是目的，而是原因/理由。换句话说，重要的不是向前、未来，而是向后、回溯。这仍然出现在命题三十三的附释二中："说神有意为善，便不免要附会一些与神不相干的东西给它，而牵强谓神的一切行动皆志在以它为榜样，或以它为努力的目标。这种说法事实上无异于说神亦受命运的支配。"始终强调，上帝就是世界，而非独立存在于世界之外，上帝就是整个世界里所有表现出来的属性彼此关联的必然性网络。为什么目的不重要？因为目的好像就是从外面给这个世界塞进了一个任性的力量；为什么原因和理由更重要？因为它是斯宾诺莎的宿命论的根本原则：活下去，就是要紧紧地抓住最终极的理性法则。*一件事情发生了，无论是苦是乐，你先不要问"它向何处去"，而一定要问"它从何处来"*。当你问"它向何处去"的时候，好像就指向了一个充满莫测未知的未来，但当你问"它从何处来"的时候，就是脚踏实地把它与这个世界上已经发生的事件紧密地连接在一起，你看到有一根命运的链条把它们紧紧地拴在一起，然后你沿着这根命运之链一步步艰难而坚定地走向下一步。

这三个证明最终都指向一个根本性的原理，那就是"实体一元论"，即只有一个上帝，这个上帝就是世界，这个世界就是必然性的命运之网。*这也就是第四个论证，终极的宿命论证明*。整个第一章都在说这个意思，我在这里只引用一句话，也就是命题三十六："一切存在的事物莫不以某种一定的方式表示神的本性或本质，……而神的力量即是万物的原因。"

接下来就要面对这一节的第二个问题：斯宾诺莎的这一套论证是不是泛神论（pantheism）呢？什么是泛神论呢？简单一句话：神不在世界之外，神就是世界，神和世界是一体的。斯宾诺莎的观点很显然有泛神论的色彩，而且还挺明显的，但说到底，泛神论跟他的宿命论是不太协调的。他对命运的理解必然要超越泛神论的立场。为什么呢？泛神论有一个明显的缺点，就是它很有可能会导向逆来顺受、不思进取的立场。在它看来，这个世界是没有外在目的的，也就不会有根本性的变化发展了；这个世界就是唯一的世界，没有别的世界，那我有什么必要改变自己呢？

而这样的观点是被斯宾诺莎唾弃的。第一章的命题十六说得明白："从神的本性的必然性，无限多的事物在无限多的方式下……都必定推得出来。"这句话里有两个"必然"、两个"无限"，那正是强调：上帝是必然的，因为上帝是无限的，而我们之所以是偶然的，正是因为我们是有限的。所以自甘于有限和偶然的境地，得过且过，不思进取，这个不是"理由"，这个恰恰是"怠惰"。只有依靠理性不断超越偶然，向着必然的无限迈进，才是生命的真正意义，才是你必须抓住、顺应的"宿命"。说得通俗一点，你不是神，但努力以理性的方式无限接近神的境界，这个才是真正的"宿命"，因为它是你作为一个人的"本质属性"。本质属性，就是离开它，事物根本没办法存在。

之所以说斯宾诺莎不是泛神论者，是因为他的上帝虽然在世界之中，但这个在世界中的上帝本身是无限的。既然他是无限的，他就注定要在这个世界之中展现出无限丰富多样的属性。所以我们并不需要别的世界，因为这个世界已经包罗万象了。但正因此，我们在这个世界之中的选择就不应该安于现状，而应该真正去实现出它的那种无限的本性。因为我们是人，这既是我们的宿命，也是使命。这正是第二章开篇第一段的那句震撼人心的话："我们已经证明了有无限多的事物，在无限多的方式下，出于神的本质；我仅限于讨论那种足以引导我们犹如牵着手一样达到对于人的心灵及其最高幸福的知识的东西。"

由此就涉及今天的第三个主题，那就是身心平行论。之前我们讲过笛卡尔的身心二元论，说身体和心灵是两个相互独立的"实体"。而斯宾诺莎针锋相对地说，不，实体只有一个，那就是上帝，身和心都不过是上帝表现出来的属性，并落实在人类身上。这个说法其实非常完美地解决了身心二元论的困境。

斯宾诺莎仍然接受笛卡尔的立场，认为身和心是彼此分离和独立的；但这种分离不是因为它们是两个实体，而是因为它们是同一个实体的两种不同表现而已。它们恰恰是来自无限上帝的两种属性。所以，无论是灵（心）还是肉（身），其实都是具有神圣性的。第二章命题一和命题二就明确指出，思想和广延都是"神的一个属性"。看似云淡风轻，但这两句话是多么不可思议啊：因为思想和广延也是我们人类的本质属性，那就是说，我们和上帝分享着共同的本质属性！我们又有什么理由不日益精进，向着神的无限境界去超越呢？

但身与心之间为什么是平行的关系呢？什么叫平行？就是两条线彼此隔开一定的距离，没有直接的相互作用，但却有着直接的"对应"。直线A上的每一个点虽然不能直接作用于直线B，但却必然、一定要与直线B上的一个点相对应。这就是斯宾诺莎的天才所在。笛卡尔到最后也没解释清楚身和心之间是怎样发生本质性关系的，他那个松果体就是自娱自乐的发明。但斯宾诺莎的身心平行论背后有一个很强的"充足理由"。身与心是平行的，因为它们是两个属性，而属性之间是相互独立的，否则就会违背实体一元论这个基本原则（证明从略）。它们是平行的，就说明它们之间其实有一种比单纯的因果作用还要强的关系，强到彼此根本分不开，就像是两条平行线一样，是完全同步、一一对应的。

第二章命题七说得明白："观念的次序和联系与事物的次序和联系是相同的。"那就是说，虽然事物和观念、身体和心灵是完全不同的，是相互独立的，但在它们之中所发生的关系、联系和过程却是完全相同、一致的。身体里发生了什么样的关系，就"同时"在心灵里对应地呈现出"相同"的关系。二者之间就像是镜像一般完美对称。因为<u>身体和心灵其实是同一个实体的两种不同表现而已，从一个侧面看是心灵中的观念的次序，从另一个侧面看就是身体里的事物的次序</u>。

关于身心平行论，整个第二章有着细密的证明。这里不展开，只说一点。

心对身的"反映"不是逻辑（logical）关系，而更是心理（psychological）关系。心反映身，并不是用心灵之中的抽象的语言符号去"再现"身体的状况。你读一下命题十三的绎理："人是由心灵和身体组成，而人的身体的存在，正如我们感觉着那样。"要理解这句话，大家可以回想一下第二节说的实体的两个特征："在自身中存在"和"通过自身而认识"。这两个特征是一体的。身和心的对应关系就是这两个特征在人身上的体现。身体可以说是我的"存在"，我以肉体的方式在世界之中获得一个实在的位置。

但我不是仅仅存在在那里，还必须"同时"认识这个存在，理解、感受、体验存在就是心灵对身体的"反映"。

而且，心灵反映的不是身体的既定的、静止的状态，而是运动变化的关系和联系。这一点命题十九说得很清楚了。而命题二十三说得就更惊人："*人心只有通过知觉身体的情状的观念，才能认识其自身。*"即心灵根本没有独立的力量去把握它自己，它只能通过反映身体的力量才能认识它自己。说得再通俗一点，只有更好地认识自己的身体，才能真正认识自己的心灵。身体之中所蕴含的力量是直接导向思想力量的真正源泉。斯宾诺莎有一句名言，德勒兹等都喜欢引用，那正是*"我们并不知道身体能做什么"*。

第四节 你懂了,所以你快乐

这一节我们继续阅读斯宾诺莎《伦理学》的第三章,一起来思索一下情感问题。

第三章一开始,斯宾诺莎还是挺严肃地告诉我们,他研究情感可不是随便扯扯的,而是同样贯彻极为严格的几何学方式,甚至是把多变而复杂的情感当成"线、面和体积一样"来进行考察。如果你不知道这本书的写作时间和作者,可能会把这句话当成今天哪个知名的脑神经科学家的断言。但当你翻到这一章的后面,就会发现大段对于人类情感现象(爱与恨、嫉妒与尊严等)的非常细致的考察,斯宾诺莎俨然化身为情感问题的大师。这一章最后还有很长篇幅的"情绪的界说",对各种具体情感体验的观察之具体,分析之透彻,令人惊叹。

但不要忘记,斯宾诺莎不是心理学家,他对情感的研究方式不是实证的、描述的,而始终是基于一种很严格的哲学思辨的立场。这也是我们需要认真阅读这一章的重要原因。

说到情感,不谈什么深奥的哲学理论,你就直接反省一下自己的人生,大概会有这样几个体会。首先,情感是复杂的,俗话说"七情六欲",这里的"七"和"六"都远远不足以形容情感的复杂性。就说愤怒、痛苦、喜悦这些很基本的情感,你想想有多少不同的程度、等级,有多少复杂多样的表现形态。其次,情感往往是被动的。情感这个词在古希腊语里就是 *pathos*,显示出人被动接受、承受外部力量的作用，然后在心灵之中产生各种或强或弱的情感体验。俗话说"为情所困"就是这个意思。再次，情感总是多变的，不稳定的。多愁善感的人，你会觉得他挺可爱，但不会觉得"可靠"，也不会将重要的任务和使命托付给他。一句话，情感绝对不是一个值得信赖的精神力量；相比之下，理性和意志更为坚强稳定。

古罗马皇帝兼哲学家奥勒留曾有"内心堡垒"（inner citadel）这个发人深省的说法，它保卫的是理性这个神明，那么抵御的又是什么呢？就是那些来自外部世界的，如波涛一般汹涌、如天气一般多变的情感。成功有效地抵御情感，才能保证心灵的宁静、实现明智的人生。

情感的多变和复杂，斯宾诺莎当然也意识到了，所以他在命题五十九中说："我们在许多情形下，为外界的原因所扰攘，我们徘徊动摇，不知我们的前途与命运，有如海洋中的波浪，为相反的风力所动摇。"但斯宾诺莎的"脑洞"就在于：他一方面接受斯多亚的明智原则，认为人生的最高境界就是遵循理性的必然性法则；但另一方面，他又针锋相对地提出，捍卫理性为什么一定要抵制情感呢？情感真的那么可怕吗？单纯筑起堡垒就能抵御得住吗？关于情感，斯宾诺莎给出了一个极为大胆的哲学论断：*我们应该将情感的力量转化为思想的力量，情感越强大，思想也就越强大，这二者不是此消彼长的关系，而恰恰是彼此促进、相互增强的关系。* 奥勒留说，让情感来得汹涌些吧，我抵抗得住；斯宾诺莎却说，让情感来得汹涌些吧，如果没有情感，思想的力量又从哪儿来？

著名的斯宾诺莎专家吉纳维夫·劳埃德（Genevieve Lloyd）就说，情感在斯宾诺莎的伦理学体系之中的作用不是负面消极的，不是需要被否定、压制和排斥的，而是恰恰相反，它是*"转化性的"*（transformative），是*"构成性的"*（constitutive）。什么叫"转化"？就是情感实际上是思想的力量之源。什么叫"构成"？就是情感在思想的运动过程之中起到的不是破坏和阻碍的作用，而是积极的推动和促进作用。

要理解斯宾诺莎的情感原理，可以先从他最喜欢用的两个拉丁词入手，一个是 *affectus*，一个是 *conatus*。先说 affectus，这个词跟另外一个拉丁词 affectio 相对应，affectio 对应英语里的 affection，可以译成"情状"，表示一种相对稳定的"状态"。affectus 对应英语里的 affect，一般把它译成 *"情动"*，表示的是一种情感状态向另一种状态的转化和过渡。举个例子：你现在处于发怒的"情状"之中，但情感是在不断变化的，可能过了几分钟以后，你就不怒了，反而释然了，平静了，转变成快乐的情状。斯宾诺莎并不关心发怒和快乐这一头一尾的状态，他更关心的是从发怒到快乐的转变过程。这个过程就是"情动"，就是 affect。

为什么过程比状态重要呢？这是来自身心平行论的原则。大家还记得，心灵与身体是"映像"的关系，而且心灵只有通过平行地反映身体才能认识和把握自身。但问题在于，心灵所反映的是身体的什么？斯宾诺莎明确指出，这个"什么"不是状态，而是过程。因为身体只有在运动过程中，才能展现出生命力；而身体只有在展现出自己生命力的过程中，才能把力量传达给心灵，激活心灵的生命力。情动（affect）说的就是这个道理。读一下界说三："我把情感理解为身体的感触，这些感触使身体活动的力量增进或减退、顺畅或阻碍。"所以，*情之本，是为"动"，情动，心才能动*。

你再仔细品品这句话，会发现这个"动"显然有两个不同的趋势，那就是从强到弱和从弱到强。当然，这里不能说没有问题。因为有人可能会想到中国古典美学中的"淡"这个概念，可能就没有那么明显的强弱转变，而是如气息一般绵绵不绝。

正是因为情动有这两种趋势，斯宾诺莎*将人类的情绪区分为三种基本的类型，分别是"痛苦、快乐、欲望"*（命题十一）。痛苦和快乐显然是相对的两种趋势，当心灵"过渡到较小的完满"的时候，就体会到痛苦，因为心灵的力量是处于一个明显减弱的运动过程之中，就好像你感觉到自己的生命力在逐渐丧失和衰减。反之，当心灵"过渡到较大的完满"的时候，就会体验到快乐，因为心灵的力量增强了、提升了。痛苦和快乐好理解，那么欲望又是怎么回事呢？为什么要把它单列出来作为一种基本的情感类型？欲望在我们的日常意义中表示什么呢？你会说"我想要……"，可是你为什么想要呢？是不是因为你"缺乏"？

但惊世骇俗的斯宾诺莎却说：*欲望的本性根本不是缺乏，而恰恰是一种冲动的力量。*我想要，不是因为我生命里面有一个空洞需要填补，而恰恰是因为这是我生命力量的终极体现。欲望的本性不在于想要什么，而在于"想要"这个活动本身。现在你明白，为什么德勒兹非要把斯宾诺莎和尼采扯到一起了吧，你有没有发现斯宾诺莎和尼采是多么相似。不信你读读命题九的附释：*"欲望可以界说为我们意识着的冲动。……我们判定某种东西是好的，因为我们追求它、愿望它、寻求它、欲求它。"*后面这半句简直就是尼采的"重估一切价值"！怎样"重估"？就是要把一切价值带到欲望这个本原面前。

所以在欲望面前，人的自由意志根本微不足道。欲望才是宇宙conatus生命力的终极体现，而自由意志仅仅是这种冲动在人的心灵之中的显现而已。斯宾诺莎斩钉截铁地说，欲望就是"人的本质之自身"。

既然万物皆冲动，人人皆欲望，那么，*怎样在一个"欲望横流"的世间保持心灵的清醒呢？*好一个奥勒留式的追问，我们必须给出一个斯宾诺莎式的回答。这个回答简洁明确、斩钉截铁：*心随身动就可以了*。但这个"动"是很讲究的，应该从两个方面来看。

首先，心随身动，不是让你的心灵成为身体的奴隶、欲望的傀儡。心的力量来自对身体的力量的反应，但别忘了，身体的情动有痛苦和快乐这两种不同的趋势。那么，心灵到底应该反映哪一种趋势呢？按照平行论的观点，心灵应该"如实地"反映身体，当身体快乐，心灵就应该同步快乐，当身体痛苦，心灵也应该同步痛苦。这个没错，但你同样别忘了，心灵有着很大程度上的主动性，即便它只能通过反映身体才能认识自己，但在这个认识自己的过程中，心灵不是什么也做不了，而是有一种相当主动积极的追求。那就是追求善，追求幸福，追求快乐。有没有心灵是主动地求痛苦，求悲伤，求"轻虐"的呢？也有，但引用柏拉图的说法，之所以有人追求痛苦，是因为他相信痛苦过后，快乐会更强烈、更甘美，阳光总在风雨后嘛。斯宾诺莎也是毫不含糊，他说："所谓善是指一切的快乐，和一切足以增进快乐的东西。"（命题三十九）因此，"当心灵观察它自身和它的活动力量时，它将感觉愉快，假如它想象它自身和它的活动力量愈为明晰，则他便愈为愉快"（命题五十三）。

好了，我们明白心灵的本性在于追求快乐，它必须更为努力地去反映身体里的那种趋向于快乐的情动，也就是力量的增强，不断将自己提升至更为完满的状态。这个意思，在非常重要的界说二里有一个关键的说法："所谓主动就是当我们内部或外部有什么事情发生，其发生乃是出于我们的本性，单是通过我们的本性，对这事便可得到清楚明晰的理解。"

这句话有两层重要的意思。首先，心灵对快乐的追求绝对不是对身体俯首帖耳、逆来顺受，而是要把身体"被动"接受的东西转化为心灵内部的"主动"的力量。其次，这种转化的过程，在斯宾诺莎看来，就是心灵从模糊到清晰、从"不正确"到"正确"的过程。稍微提一下，贺麟先生在这里译成"正确/不正确"勉强过得去，但不准确，原文的意思实际上是"充分/不充分"（adequacy/inadequacy）。正确/不正确是结果，是标准；充分/不充分是强度，是力量，是过程。心灵的力量跟情动一样，关键不是求一个正确的结果，而是要在趋向于正确的过程中，体会到那种"充分"的力量所激发出来的快乐和幸福。所以人的心灵的最大自由，并不是来自随心所欲地破坏自然的法则，而恰恰是源自对conatus这个万物的必然性法则的敬畏与践行。将生命力化于思想之中，从而不断实现从模糊到清晰的提升，这就是最高的快乐。当你懂了，明白了，你也就快乐了，"完满"了。

第五节

理性就是从奴役通向自由之路

这一节我们结合《伦理学》的最后两章回答三个终极问题：首先，既然道德上的善与恶直接对应身体上的快乐与痛苦，那么，我们有什么必要遵循理性来生活？满足身体和生命的需要，尽可能地过享乐的生活不是更好？其次，既然按照斯宾诺莎的说法，"人不为己，天诛地灭"是一个基本的道德原则，那我们怎样可能，或者说有何必要与其他人"共同生活"在一起呢？解决了这两个根本的难题，我们就可以回答整部《伦理学》的终极问题了：人的自由到底意味着什么？自由与必然之间的关系该怎样理解？

先说第一个问题。第四章命题四十一，斯宾诺莎明确地指出："快乐直接地并不是恶，而是善；反之，痛苦直接地即是恶。"这话说得简直不能再直白了。有的人觉得斯宾诺莎说的是大实话，大白话，这么简单的日常道理还需要写那么大部头的书来论证？你要是仅从结论上来看，就是只知其一、不知其二了。斯宾诺莎的功力就在于，直接看结论你觉得一下子就懂了，一点含混晦涩的地方都没有。但你回过头去仔细读论证的过程之后，就会有一种醍醐灌顶的感觉：本来平常的话，却有如此深奥的哲理！"看山是山，看水是水"，用在斯宾诺莎这里还真的是非常恰当。身体还是那个身体，情感也还是那个情感，但当你读完《伦理学》之后，你对它们的认识和理解却已经截然不同。马克思说以往的哲学都在解释世界，而重要的是改造世界。但在斯宾诺莎这里则恰恰相反，因为当你重新认识了世界，认清了自我和生命，这同时就是一场惊心动魄、天翻地覆的改造。因为，身心本平行，万物皆交响嘛。

那就让我们跟着他的论证走上一遭。单看命题四十一，简直就是唯物论甚至是还原论的立场。把人的所有道德的根源都追溯到身体、生命和欲望，这还不是唯物论？把人的所有高级的精神和认知的力量都最终归结为身体力量的增减、欲望的苦乐体验，这还不够还原论？不得不说，这两顶帽子扣在斯宾诺莎的头上是有一定道理的。在《伦理学》的文本中，相似的表述实在不少。我们从一正一反两个方面解释一下。

首先，身体之苦乐是善恶之本，这个意思在第四章第二十一、二十二两个命题中说得最透彻。命题二十一说：*"没有一个人可以有要求快乐、要求良好行为和良好生活的欲望，而不同时有要求生命、行为和生活，亦即要求真实存在的欲望。"* 没错，万物的本性都是 conatus 这个"活下去"的冲动，但在人身上，这个冲动有强有弱。从强的角度说，是求真、求善、求美；从弱的角度说，各种各样的欲望归结到底只有两个字，那就是"求生"。那么，到底哪个才能被真正认作是人的本性呢？哪怕你没有读过任何哲学，对这个问题的回答也会脱口而出吧：人之为人，不正是因为他始终有着求真求善的向往和憧憬吗？谁会甘心将自己的本性归结为求生的欲望和本能？那样的人和动物有何区别？哲学家有必要赞颂这些低级的力量吗？

一向惊世骇俗的斯宾诺莎明确回答：求生就是人的本性，既是人的力量源泉，又是人的终极使命。活下去，就是万事万物的必然性法则。在这个必然性的终极宿命面前，人并没有任何优越之处，他的所有行动和选择，都必然、必须要围绕这个"真实存在的欲望"而展开。斯宾诺莎将这种求生之欲提升至人的最根本的德性。这正是命题二十二的意思："*我们不能设想任何先于自我保存的努力的德性。*"

德性这个概念，我们在读《尼各马可伦理学》的时候重点讲过了，它有两个基本意思：一是人的本性，人之为人的本质属性；二是这个本性的展开和实现的过程，所以德性又必然跟实践智慧结合在一起。亚里士多德虽然也谈快乐和幸福，但却从来没说过，甚至想都没想过要把德性完全归结为身体的苦乐情感。正相反，在亚里士多德看来，完全被动物本能限定的生活，是一种奴性的生活。但斯宾诺莎就是要以身体为基础发展出一整套伦理学体系，就是要把求生的欲望作为人的最终极的、最高的德性。命题二十明确地说："一个人愈能够寻求他自己的利益或保持他自己的存在，则他便愈具有德性，……德性即是人的力量的自身，此种力量只是为人的本性所决定。"

既然人人都是以求生、维生为终极目的的动物，那么，群体、民族、社会和国家又怎样可能呢？你可能会期待斯宾诺莎会更叛逆一些。都把求生之欲作为人的本性和终极德性了，那干吗不再推进一步，就干脆论证说，只有个体才是真实的，只有生命才是根本的，像社会、国家什么的根本不是人的本性的实现，而反倒是对人的求生本能的压抑吧？试想一下，古往今来有哪一个社会能容忍个体自由畅快、无所束缚地去追逐自己的利益呢？社会的最根本功能不恰恰就是对个体的利益进行节制、限制和协调吗？

翻到第四章后面的部分，斯宾诺莎在肯定了求生欲望的根本地位之后，又反复地强调：他人是重要的，国家是根本的。只有跟他人一起生活，才能最大限度地实现快乐和完满；只有在一个协调有序的国家之中，才能真正捍卫善和美好的生活。在命题三十七，他甚至明确区分了自然状态和社会状态："在自然状态下，每一个人皆各自寻求自己的利益……反之，只有在社会状态下，善与恶皆为公共的契约所决定，每一个人皆受法律的约束。"读到这里，相信大家都困惑了：这不是自相矛盾吗？身体与理性、自我与国家之间的明显冲突怎样才能解决呢？斯宾诺莎在什么意义上不是一个可怜可鄙的自私自利者，或者说头脑简单的唯物论者呢？

所有的一切还是要回到身心平行论这个天才的原则。什么叫平行？

一、心是身的映像，更准确地说是表象（representation）；二、心随身动。这两个方面上一节已经仔细解释过了。现在只回答一个根本的问题，就是心灵如何实现从被动向主动的转变？既然身与心是平行的关系，那就说明二者之间不存在直接的因果关系，心灵不能直接作用于身体，反之亦不能。那么，心灵又怎么能干预身体的情动，甚至化痛苦为快乐，化奴役为自由呢？在第四、五两章中，斯宾诺莎至少给出了三个基本论证：一是想象这根纽带；二是协动关系的机制；三是偶然、可能和必然的三元关系。

先说想象。其实这个问题在第三章里说得已经很透彻了。先是命题十九："当一个人想象着他所爱的对象被消灭时，他将感到愁苦；反之，如果他想象着他所爱的对象尚保存着时，则他将感觉快乐。"也即："心灵总是尽可能努力去想象足以增加或助长身体的活动力量的东西。"仅仅这么说，你会觉得斯宾诺莎的论证简直太弱了。心灵主动地反作用于身体，这全拜想象所赐。把这个论证翻译成最通俗的话，那就是：当身体处于被动和痛苦的时候，心灵只要想象一下就足以让身体转化成积极和快乐的状态。这不是阿Q的精神胜利法吗？

这里就涉及对想象活动的正确理解了。想象（imagination）这个词的词根显然是"意象"（image），也可以说，想象就是一种心灵自由处理意象的根本能力。但意象是什么呢？命题二十七重点解释了，任何意象都包含着两面，一方面来自身体的情动，另一方面，它又是这些情动在心灵里留下的痕迹。

简单地说，意象和想象就是连接身体与心灵的最直接的纽带，而且这根纽带并没有违背平行论的关系，因为它强调的是身与心这两个方面的"同时"和"并存"。这样你就明白，在斯宾诺莎这里，想象绝非仅仅是精神胜利法，更是心与身之间的平行互映的真实体现。当我想象一个离去的爱人还在眼前的时候，我并不是以自欺的方式来获得虚幻的安慰，因为眼前所唤起的她的意象并不是虚幻的，不是我凭空捏造出来的，而是她在我的心灵之中所留下的真实痕迹。

但仅仅搬出想象这个中介机制似乎还不够，因为它至多只是说明身与心之间是平行的，但无法证明二者之间到底"为何"以及"如何"平行。第五章给出了一个公则："*假如两个相反的动作，在同一个主体里被激动起来，那么它们将必然发生变化：或者是两个都变，或者是只有其中一个发生变化，一直到两者彼此之间不再反对为止。*"

可以把这个解释叫作"动力学"的证明。人是灵与肉的统一体，因此人要想活下去，要想遵循最基本的宇宙的conatus，就要维持这个统一体不被破坏和瓦解。心灵还好说，因为它毕竟可以深深地隐蔽在内在堡垒之中；但身体就难了，因为它时时刻刻暴露在外面，受到各种各样的力量的渗透、影响和作用。当外面的力量与身体的力量相合的时候，它就快乐；反之，它就痛苦。

因此，心灵就必须承担起拯救身体的使命。它与身体之间的连接纽带就是想象。借助想象，身体与心灵保持在一种平行的关系之中。平行就是完美的呼应与彼此的和谐，因此平行不能容忍矛盾和冲突。所以，当"身"陷痛苦的时候，也就是外力入侵、和谐受到威胁的时候，在这个危机的时刻，心灵必须挺"身"而出，拯救生命于危难之际。所以，为何一定要"平行"？因为平行才是捍卫生命存续的基本前提。

那么，如何达到平行呢？或者说，心灵怎样通过想象这根纽带来实现、保卫、恢复与身体的平行关系呢？这里有一个极为奥妙的论证，见第五章命题二："*如果我们使心中的情绪或情感与一个外在原因的思想分开，而把它与另一个思想连接起来，那么，对于那外在原因的爱或恨以及由这些情感所激起的心灵的波动，便将随之消灭。*"

身与心平行，意味着心应该精准地反映身体的情动。再强调一次，心灵反映的是情动而不是状态。设想一下，现在身体处于痛苦之中，也就是它被一个外在的力量折磨、压制和摆布。那么心灵也就相应地反映出两点,一个是外部原因,另一个是对身体的观念。它并不是简单地反映这两点,更是反映这两者之间的相互作用和过程,也就是身体与外部对象之间的"力量"的作用。而当心灵处于这样一种机制中的时候,它就激活了内部的力量,从而可以进入积极主动的境界。心灵发挥主动性的方式就是把那个作为罪魁祸首的外部原因推开,换成另一个更为清晰、充分、整体的观念。

简单来说,身体之所以受苦,就是因为它总是格局太小、眼界太狭隘;而心灵所要做的,就是把身体从这个局部和狭隘的奴役状态中解脱出来,化局部为整体,化偶然为必然,化当下为永恒。心灵的力量就是以理性的思索不断接近如上帝那般无限完满的存在,心灵就是以自身境界的提升来挣脱束缚,实现自由。自由,就是越来越清晰地把握自然的法则,越来越坚定不移地沿着必然性的道路走下去,"依照某种永恒的必然性能自知其自身,能知神,也能知物,它绝不会停止存在"。(第五章命题四十二)正是在这个意义上,他人、社会和国家也得到了拯救,因为心灵的无限完满的境界,不也就是心灵之间的平行和共鸣吗?

第九章

自由

伊曼努尔·康德（1724—1804）

推荐图书

《实践理性批判》
［德］康德 著，邓晓芒 译，人民出版社，2016年10月。

第一节 你愿做人生的看客还是主角？

自由这个主题是整本书的重中之重，甚至可以说，所有那些关于人生的哲学讨论最终无不是为了回应这样一个终极问题：人何以自由？

如此重要的一个主题，当然要选取一个重量级的思想巨擘，那肯定是康德。虽然西方哲学史上关于自由的辩证有众多路数，但几乎没有人比康德说得更透彻、更清晰、更雄辩了。翻开《实践理性批判》的序言，第三段起始的那句话肯定会让你震撼："*自由的概念，一旦其实在性通过实践理性的一条无可置疑的规律而被证明了，它现在就构成了纯粹理性的，甚至思辨理性的体系的整个大厦的拱顶石*。"康德想说的是，自由实际上就是整个三大批判的最终旨归。为什么要对理性进行"批判性"的反思？当然一方面是为了回答第一批判中的主题：先天综合判断何以可能？但其实最终是为了回应人类存在的终极命题：自由何以可能？自由这个概念，就是整个理性大厦的"拱顶石"，也就是说，它既是理性的最高理想，又是人生的最高境界。由此，理性与自由，这两个我们一直以来关注的核心主题，在康德这里完美地结合在一起。

我想先交代两点。首先，自由和理性的密切关系，正是我们将康德放在斯宾诺莎后面来讲的重要原因。康德和斯宾诺莎在自由这个问题上有一个最根本的相似之处，就是他们都不认为自由仅仅是一种随心所欲的冲动和意志，而必须要在最高的理性法则的指引之下才能真正实现。只不过，对于斯宾诺莎，这个理性法则最终归结为源自上帝的自然的必然性法则；而对于康德，则是理性对于自身的终极立法，是理性面对自身所进行的终极辩护（justify）。一句话，在斯宾诺莎那里，自然和自由是最终统一的，想想 conatus 法则[1]；但在康德这里，自由是超越于自然之上的理性王国。所以在康德身上，你会看到西方哲学史从古代到近代的一条清晰的发展脉络。在柏拉图那里，理性是终极的宇宙秩序，是人必须去追求和"模仿"的；到了笛卡尔，"我思"划分出了一个自我反思的领域，从而将理性纳入人的本性之中，作为支配自然、直面上帝的人的力量的显现。而到了康德这里，理性更具有了一种本体论（而非宇宙论）的含义，它不仅仅为人的认识提供了清楚明白的法则，更是在整个宇宙之中划定出了一个人类专属的领域和王国，并一步步引导人类走向终极自由的境界。

其次，就是关于讲法。市面上关于康德的书籍实在是太多了，邓晓芒老师的作品就很值得参考。我不能算康德专家，所以只能在这里结合第二批判的文本以通俗明白的方式阐释一点关于自由的哲理。我主要参考的是刘易斯·怀特·贝克（Lewis White Beck）的那部大作 *A Commentary on Kant's Critique of Practical Reason*（可译为：康德的实践理性批判述评，尚无中文版）。它成书比较早，大概是英美第一部专门研究第二批判的专著，而且它的权威性也经过了时间的考验。

我上学的时候，大家就一直传说康德的文本怎样"晦涩"。确实，康德自己也说过自己的文本很"干"，有种令人难以接近的距离感。但他同时也说，这种"干"恰恰是为了"吓走"某些华而不实的爱好者，而留下那些真正的爱智者。贝克就说，康德的文风之所以"干"，是因为唯有这样的表述才适合他的思辨方式。我自己的心得就是，康德的话语可能有点绕，但里面的论证思路是非常清晰的。前面那句关于自由的话就是一例。

好，接下来我们解释一下"实践理性批判"这个标题。对这个标题的理解非常关键，因为康德在序言的一开始就提出了这个问题：为什么不像

---

[1] "*conatus* 是第一根据，*primum movens*（首要动机），动力因而非目的因，因此，这个权利与我的力量完全一致，而且与任何目的之顺序，与任何义务之考虑无关。"（［法］吉尔·德勒兹：《斯宾诺莎的实践哲学》，冯炳昆译，商务印书馆，2004年，第126页。）

[2] ［德］康德：《道德形而上学的奠基》（注释本），李秋零译注，中国人民大学出版社，2013年。

第一批判那样叫"纯粹实践理性批判"呢？为什么把"纯粹"这个修饰词拿掉呢？这就需要我们分别解释一下*"理性""纯粹""批判""实践理性"*这四个关键词。

"理性"是西方哲学的核心词，在康德这里，*人类只有一种理性，理性只有一种终极的作用，那就是"立法"*（legislation）。什么叫立法呢？这就涉及康德的另外一个重要概念，*官能（faculty）*。简单说，就是人的认识能力，基本上可以分为感性、知性和理性三种。感性是人类通过感官接受外部世界信息的能力，它的先天形式是时空；知性是进一步将概念连接在一起，得出客观性的判断，它的先天形式是十二范畴。你会发现，作为"能力/官能"，感性和知性各有自己的领地，而且在自己的领地之上都有着支配性的法则（时空、范畴）。那么，理性的领地又在哪里呢？它的法则又是怎样运行的呢？感性和知性最终都必然指向、关联于外部的客观对象和现象界，但理性并非如此，它唯一的合法领地就是人类的思想自身，而它之所以是人类思想的最高"立法者"，也正在于它能够将知性的各种范畴和规律统合起来，构成一个必然、普遍而完备的体系。所以，理性的最高立法地位就在于：只有它才能将人类的思想建构成一个最高的整体。

明白了"理性"的本义，你也就能明白"纯粹"的含义了。其实"理性"前面加不加"纯粹"这个修饰词都无所谓，因为理性必然是纯粹的，不可能不纯粹。它表现在理性为自身立法的先天能力上。我们都读过亚里士多德的《尼各马可伦理学》，里面重点谈到了"实践智慧"，那是一种因地制宜的能力，即面对具体多变的情境，在复杂的力量之间做出权衡和抉择。实践理性，这样一种时时处处受到经验的、外部的条件限制的理性，又怎么可能是"纯粹"的呢？

这就涉及康德对实践理性的独特理解了。在《道德形而上学的奠基》[2]里，康德就明确指出，他最终的目的就是要将"思辨理性"和"实践理性"

统一在一起，归属于同样的终极法则。一句话，*理性只有一种，而"思辨"和"实践"只是它的不同的应用方式而已*。那么，当理性进行"实践"的应用的时候，它会不会变得不那么"纯粹"了呢？断然不会。大家一定要牢记一个基本的原则，就是第一批判与第二批判之间的连续性。很多学者都认为，第三批判（判断力批判）相对前面两个批判有一些独特性，但第一批判与第二批判绝对是连续的、持续推进的。一方面，实践理性不仅不违背思辨理性的基本要求，甚至可以说是对后者的完备性理想的最高程度的实现。所以《实践理性批判》序言中说，"*理性作为纯粹理性现实地就是实践的*"。这也就是说，在实践理性前面根本不用特意加上"纯粹"这个词，因为理性始终是、一直是纯粹的，但却有必要突出"实践"这个面向，因为理性在实践的运用之中不仅没有变得不纯粹，反而变得"更加"纯粹，因为它具有了一种思辨理性所没有的"现实性"力量。

这就是《实践理性批判》导言开篇第一段话的基本含义。"理性的理论运用"并不具有现实的力量，因为它并不直接跟外部的现实世界相关，而仅仅是对思想内部的体系进行规范和调节。这种调节的作用很重要，没有这种作用，思想就无法实现自身的完备性，但理论理性的力量在第一批判之中是受到明确限制的，因为它常常会逾越自己的合法边界，进而"迷失于那些不可达到的对象"之中，那些大谈上帝、灵魂、自我的形而上学玄想就是如此。而到了"理性的实践运用"之中，纯粹理性的作用就不仅仅是调节的（regulation），而且更具有一种指向现实的"建构"（constitution）的力量。只不过，实践理性所指向的现实不是客观的物理世界，而是人自身的现实，是人的真正本体，"人之所是"。由此，实践理性就不单单是立法者，而更是执行者，因为它拥有了一种将法则贯彻、实施于人的行动和选择之中的力量。

总结一下，"实践理性"在亚里士多德那里可能有一种用"实践"来节制、限制理性运用的诉求；但在康德这里，实践反倒是理性追求自身的纯粹性和完备性的最高诉求。*一种真正纯粹的理性，除了自我辩护、自我*

奠基的能力之外，还必须具有自我实现、自我完善的力量。当然，这个力量的终极体现，就是自由。

这也就涉及"批判"这个词的复杂含义了。康德对批判有一个明确的界定：它是对于理性自身的"检视"（examination）。检视什么呢？一是理性的来源（source），二是理性的边界（limits）。如果把第二批判称作"否定性"的话，那么第一批判就可以相应地称为"肯定性"的。何为"否定"呢？因为它起到的主要作用是对理性的能力进行"限制"，划定它的合法的运用"领地"，不许其随随便便越界。何为"肯定"呢？那就是对理性的能力进行深挖，不仅揭示出它的力量所在，更是进一步引导它将这种本质性的力量进行积极的、肯定的展开和实现。从批判的这两个含义来看，你就明白了，第一批判更多的是否定的、限定的，而第二批判则更多的是肯定的、实现的。这大概也可以解释，为什么第一批判从酝酿到完成断断续续花了十二年，而第二批判就是在一年多的时间里一气呵成。

好，标题解释完了。在下一节进入正文解读之前，还必须交代第一批判和第二批判的最关键的连接点，那正是《纯粹理性批判》里著名的*第三个二律背反*（正题：世界上存在自由；反题：世界上没有自由，一切都是必然的）。从形式上来说，二律背反说的是一个令人抓狂的现象，一个先天综合判断，它的肯定和否定形式是同时成立的。但四个二律背反的化解方式是不一样的，第三、第四个都可以通过明确区分不同的应用领域来化解。前面两个却是行不通的。

第三个二律背反说来很简单，就是自然与自由之间的矛盾冲突。解决起来也容易，就是把决定性的因果律限定在现象界，把自由意志留给本体界。不过还是让我们用更通俗的话来解释一下。首先可以追问这样一个问题：人到底是自然的存在物，还是自由的生存者？这对应着对人进行审视的两种视角，也就是外部的视角（可以叫第三人称）和内部的视角（可以叫第一人称）。外部的视角就是把人当作一个自然的存在物，进而纳入环环相扣的自然秩序之中。作为自然存在物，人有一副躯体，占有一定空间，需要呼吸、进食、新陈代谢，有感知、记忆，但终逃不出自然规律的天罗地网。从这个视角来看，人是根本无自由可言的，或者说，自由要么是幻象、假象，要么是暂时性的现象，它最终必须从必然性的自然法则的角度来说明和解释。

人还有另一个面向，就是从内部观察自己。但用"观察"就不恰当了，因为好像又把你自己变成了一个"对象"，用"体验"可能更恰当一些。贝克区分这两种视角的比喻非常生动：当你从外部视角来看自己，你只是一个"看客"（spectator）；但当你从内部视角来审视的时候，你就变成了"主角"，因为你就是行动的实施者，你和你的行动是一体的——你在内心做出了一个深思熟虑的决定，然后再把它落实到行动之中。

这两种视角之间的对照是很生动的，但落实到康德关于现象与本体的区分之中时，就会有一些纠结了。当我从外部的视角来观察的时候，我把自己当成一个严格遵循因果律的自然物，它是"认识"（know）的对象，我们对于它可以有"知识"（knowledge）。但在康德看来，仅仅局限在现象界的范围之内，知识注定是不"完备"（complete）的，因为自然的因果链条是无穷无尽地延续的，是向着过去和未来无限延伸的。所以我们势必需要一个绝对充分自足的原因，它本身没有任何先在的原因，或者说，它就是它自身的绝对原因。这样一个原因，不用说你也知道，最直接最根本的呈现形式正是人的自由意志。何为自由意志？不正是不依赖于任何先在的条件而绝对发动自身的力量吗？

然而，在第一批判之中，这个"自由因"（free cause）仅仅是理性的一个预设，换句话说，自由可"思"（think），但不可"知"。而到了第二批判，自由仍然不可知，因为我们进入的是人的本体界，但自由之"思"却具有了更为强大的"批判"力量。这个积极的批判力量，正是我们在随后的讲述中要不断深入理解的。

第二节 自由,就是『无条件的实践法则』

这一节我们继续"啃"《实践理性批判》。

这一节我们重点读第一部分第一卷第一章的前面六节,最后点一下第7节的那个全书的终极命题。就拿这个部分来说,最重要的就是第1节"解题"的第一段话。这里你最直观的印象,就是有一大堆看起来意思差不多的词,比如"原理""规定""命题""规则""准则""法则"。可能你平时读书就囫囵吞枣地过去了,但对于康德是绝对不行的。这些词,我们就要花时间一个个辨析清楚。这样你读到后面的时候,再看到这些关键词就把它们都圈起来,然后仔细回想它们的基本意思。这样一步步走,相信你就能大致明白论证了。我愿意把这些关键词形容为珠子,而康德的论证就是用不同的方式把它们都串在一起。

好,根据贝克的诠释,先解释本段的三个背景要点。

首先,第一卷的标题叫作"纯粹实践理性的分析论","纯粹""实践""理性"三个词上一节已经解释清楚了,现在必须说明一下最后一个新词——"分析"(analytic)。分析与综合的区分在第一批判里是很重要的基础,但这里不用涉及。关键的是,"分析"本身作为一种研究的方法在第一批判里面也是屡屡出现。有的时候,它仅仅涉及对纯粹的逻辑形式的分析;还有的时候,它更关注知性概念之间的关系和结构,比如"先验逻辑"的分析篇。这些没办法展开,但至少在第一批判里，我们大致领悟到分析的两层基本含义：第一是"分解"，就是把一个复杂的问题分解到最基本的构成部分，这个方法我们在笛卡尔的《谈谈方法》那里已经领教过了[1]；第二，仅仅分解还是不够的，因为分解不是随意进行的，分解出来的部分必须是基本的、本质性的，也就是说，它们构成了一个体系的不可或缺的基础环节。

分解只是手段，但最终的目的是为了更好地揭示出体系之为体系的完备性。你可以想一想，说一个体系是完备的，是什么意思呢？就是说它有一些基本要素，而且"仅"有这些要素，不多也不少。此外，这些要素之间的关系就构成了整个体系的基本骨架，你也可以对这个体系进行不同的应用和拓展，增加或减少一些内容，但这些基本的要素以及它们之间的基本结构是不容更改的。这样的体系就是完备的。康德进行的分析工作，不管是第一批判还是第二批判，就是要把人类普遍拥有的理性建构为这样一个完备的体系。读康德会有一种前所未有的思想上的快感，就是因为他不仅说得清楚，而且非常非常"严密"，就是该说的、必须说的都已经完全说出来了，这个就叫"完备"。但这种完备性有时候也会让人觉得很受挫，因为他都说完了，那些后来者还怎么玩呢？

其次，第二批判与第一批判的思索顺序是完全倒过来的。之前说过人类认识的三种能力——感性、知性、理性。在第一批判里，康德的顺序是从感觉开始，然后上升到知性的概念和范畴，最后上升到理性的理念这个顶峰。但在第二批判里，他明确表示，这个顺序要倒过来，先从至高无上的理性的法则出发，然后一点点下降到概念，最后再触及感觉。这个顺序一旦倒过来，表达出来的对于纯粹理性的看法就很不一样了。其实感性（sensibility）与知性（understanding）之间的关系，在康德那里一开始就是一个关键的问题，他甚至原来就想把第一批判的标题叫作"感性和知性之间的界限"。后来，著名分析哲学家斯特劳森（P. F. Strawson）写的诠释康德的书就是用这个做标题。

1　"第二条是：把我所审查的每一个难题按照可能和必要的程度分成若干部分，以便一一妥为解决。"（[法]笛卡尔：《谈谈方法》，王太庆译，商务印书馆，2000年，第16页）

2　"（因为理性指导下的）这种意志，如上所述，只是意志最鲜明的一个现象而已。……可是意志这个词儿，……不是指一个由推理得来的什么，而是标志着我们直接认识的（东西），并且是我们如此熟悉的东西。"（《作为意志和表象的世界》，第166页）

在第一批判里，感性与知性有明确的边界，各有各的领地和法则，但毕竟最终是统一在一起的，整个纯粹批判的大厦是一层层搭上去的，三个层次最终是和谐一致的关系。而且第一批判研究的本来就是认识问题，当然要从感觉开始，因为我们所有的实证科学的知识都必须从接受外部世界的感觉信息开始。但第二批判就不一样了，只读第一章的前几个小节就会注意到，理性法则与感觉经验之间是不那么和谐的，而往往是处于一种对峙的紧张关系。你看第一个注释里的前面几行，就已经明确出现*经验性"准则"与纯粹理性的"法则"之间的"冲突"*这样的说法。

当然，冲突只是表面现象，第二批判最终仍然是一个完备和谐的理性系统。但这个冲突很能说明第二批判的基本精神，就是这样一个终极问题：*人的自由到底源自何处？是经验性的冲动和欲望，还是绝对自律的纯粹理性立法？* 在日常的道德选择之中，这两个方面恰恰是经常处于对立和冲突之中的。而康德写第二批判的一个最直接的原因，就是明确将自由这个终极理念，这个拱顶石牢牢地放置在最坚牢、最不可动摇的理性法则之上。

这里再稍微插一句。在叔本华那里，理性与意志之间的冲突达到了无以复加的地步。显然，他是把康德那里的这种对峙激烈化了、绝对化了。[2] 康德讲对立，但在第二批判里，理性与意志最终是统一的。

接下来，我们大致捋一遍几个关键词的基本含义。

第一个，"原理"（principles）。这个词还是要看德文的，因为它有两个完全不同的含义。当它作为纯粹实践理性的奠基性的普遍法则时，就叫作"原理"（Grundsätze），因为Grund这个德语词本身就有土地、理由、基础等含义。第2节的定理I也有一个"principle"，它的德文词形跟英文词形是很相似的，prinzipien，但这个"原则"跟前面的那个"原理"就不一样了，因为它"全都是经验性的"。

第二个，"*规则*"（rules）。规则跟原理的关系，简单说就是两点：首先，规则是包含在原理之内的，原理是根本的、总括的，而规则是从原理之中衍生、推导出来的；其次，规则是原理在具体情境之中的应用，原理是纯粹理性自身的最高的绝对"立法"，它跟具体的感觉经验和现实情境并没有直接的关系，它体现的就是理性的那种自律、自由的至高无上的力量。但正因为它太高，所以需要一个中间的环节来把它带到具体的现实之中，这个中间的环节就叫作"规则"。其实在日常生活里，原理和规则也大致体现出这样的区别。原理这个词很少用，一般都出现在学术研究场合；而规则就很常用，从伦理规则到游戏规则，不一而足，而且普遍都跟现实的具体情况紧密地联系在一起。后来维特根斯坦谈论语言游戏的"规则"，也正是在这个意思上。

第三个，"*准则*"（maxims）。这个词的汉译不太清晰，因为大家会觉得准则跟规则没多大区别，但仔细想想，准则的范围要比规则小一点，规则一般是包含准则的。另外，准则听上去似乎要比规则更多几分强制性的含义。你可以比照一下"行为规则"和"行为准则"，明显后面这个短语的力度更强。没错，这两个意思在康德那里也是很明显的。一方面，准则是包含在规则之内的；另一方面，准则确实有一种强制力，但根据康德的理解，这种强制力主要是因为它具有一种很鲜明的个体性，甚至"私人性"的意味。"maxim"这个词，最常见的意思不正是"格言，座右铭"？它就是强调，有些规则对你自己来说是非常重要、不可或缺的，你之所以信奉它们，更多是因为它们跟你的欲望和意志是非常契合的。你可以翻一翻你朋友圈里五花八门的微信签名，就知道"准则"有多么"主观化"了。

第四个词，就跟准则形成了非常鲜明的对照，那就是"*法则*"（laws）。不用说你也明白，这个令人肃然起敬的词就是纯粹实践理性的立法力量的最高体现。第1节第1段最后这一句是："如果那个条件被认识到是客观的，即作为对每个有理性的存在者的意志都有效的，这些原理就是客观的，或者是一些实践的法则。"法则跟准则的最大区别就在于，后者从根本上说是一种主观的偏好，前者则具有一种最为普遍的客观性。不是常说"在法律面前人人平等"吗？确实，理性的法则，就是对于所有的"有理性的存在者"都"有效"。

接下来的三个词应该放在一起讲，它们分别是*"命令"*（imperatives）、*"假言命令"*（hypothetical imperatives）和*"定言命令"*（categorical imperatives）。什么叫命令呢？不妨先比较一下命令和规则。命令也是一种规则，而且跟准则有几分相似，带有非常鲜明的强制力，甚至可以说是最强的规则，不遵守就不行的那种规则。规则嘛，短的就几条，长的可就是厚厚一本。但命令没有很长的，基本上就一句话，甚至几个字。那么，命令的这种不可抗拒的强制力到底来自哪里呢？它肯定是客观的，但又远比法则更具有一种不可抗拒的威严。提到康德的第二批判的时候，很多哲学初学者都喜欢搬出"定言命令"（有时候也译成"绝对律令"）这个词，好像这个就是康德的最终诉求。但这是完全错误的。康德的最高诉求是法则而非命令。道理很简单，法则是你作为一个理性主体心悦诚服地去遵循的，而且在遵循的过程中，你感觉得到自己的那种自律和自由的终极尊严。但命令则相反，它恰恰表现出的是普遍、纯粹的理性与主观、个体的欲望之间的难以化解的冲突和对立。

"这是命令！我不得不遵守。"是的，但你之所以遵守，只是因为它是客观的，是理性主体都遵守的，你如果不遵守，就会被排斥在理性的共同体之外。但你真的心甘情愿地遵守吗？这些冷冰冰的铁一样的道德法则真的跟你自己的活生生的生命体验能够呼应、契合在一起吗？康德之所以用"命令"这个说法，恰恰就是要突出理性与意志之间的戏剧性冲突。冲突、对抗可以是尼采和克尔凯郭尔这样的孤独哲人的人生信条，康德虽然同样孤独，但他一点都不喜欢冲突。

接下来再区分一下命令的两种形式。假言和定言这两个说法当然来自逻辑学，但你也可以不用这个背景，直接体会这两种命令之间的区别。假言，就是在命令前面加一个限定的条件："遵守这个规则，如果它是你想要的。"简单地说，假言是缓和了的命令形式，它的前提是这个命令（作为一个理性的客观法则）恰好符合了你的主观欲望。理性与欲望之间的冲突被化解了。

但定言的或者说绝对的命令就不一样了。像《圣经》里的"十诫"就是定言命令（绝对律令），因为它们都是需要你无条件地去遵守的。所以绝对律令就是一句话，后面根本不可能加任何限定条件："不许杀人""不许说谎"，无论对谁，无论在何时何地。不过，虽然康德自己明确说过，定言命令是"唯一的实践法则"，但别忘了第二批判的自上至下的论述次序。理性的最高力量是立法，只有当这个法则下降到经验的层面、直面人的欲望和冲动的时候，它才必须、必然体现出命令的力量。命令，是法则的降格形式。

名词梳理完后，你就会明白，书的第7节之前，康德都在用各种方式来区分实践理性的最根本的原理到底是主观的，还是客观的；到底是准则，还是法则。第一个注释里讲的"规范"，定理1讲到的"客体（质料）"，以及定理2讲到的"自爱"，其实都是经验的方面。但自由的根本原理当然不可能在经验性的方面，所以才有课题1的这个光辉灿烂的命题："唯有准则的单纯立法形式才是一个意志的充分的规定依据。"这个"单纯立法形式"，正是对自由和自律的终极体现和捍卫。

第三节 自由就是自律，就是『做自己的主人』

这一节我们继续一起学习康德的《实践理性批判》，主要涉及第一章剩余的部分和第二章的开头，核心的内容就是 康德的哲学背景。

说到康德的哲学背景，大家首先会想到 休谟。当然，康德自己在第一批判和第二批判里面也反复将休谟作为重要的对话人物。但当我们仔细读过第二批判的哲学基础性段落之后，会有一个极为鲜明的印象，那就是康德跟柏拉图实在是太接近了。所以这一节提到的哲学背景主要是在康德与柏拉图之间的比照。主要围绕三个要点展开，一是原型与模仿的关系，二是"做自己的主人"这个重要的理性节制原则，三是意志作为"理性的盟友"的重要地位。这三个要点在《理想国》之中都深刻全面地展开过了，这个背景对于大家理解这一节的内容来说是非常关键的。

为什么一定要提到柏拉图？当然是为了给大家理解康德提供一个很重要的参照。很多人都觉得康德太难懂，就是因为陷在文本和字句里，搞不清楚他到底要表达什么。但是，把他放到哲学史的脉络里，你会发现，如此晦涩的自由理论其实无非是对源自古希腊的理性自律原则的一种深刻的阐释和发挥而已。

我们先从第7节的"纯粹实践理性的基本法则"开始。读完第二批判，可能别的内容你都忘了，但这句话要牢牢记下："要这样行动，使得你的意志的准则任何时候都能同时被看作一个普遍立法的原则。"我引用一下爱尔兰学者阿保特（Thomas K. Abbott）的经典英译："Act so that the maxim of thy will can always at the same time hold good as a principle of universal legislation."如此凝练精辟的命题，堪称哲学智慧的最高境界。这句话里每个词都是要点，然后它们以最直接简洁的方式串在一起，以最强的力度阐明了实践理性的根本原理。我们一个词一个词讲。

首先，道德和伦理的问题一定要落实于行动（act）之中。那么，一个合乎道德的行为到底具有怎样的特征呢？单纯局限于行为就不够了，必须牵涉行为与意志之间的关联。意志，正是行为得以发动的"原因"。但意志与行为之间的关联不可能是偶然的、随意的，必然会遵守一定的基本规则，那么，这个规则到底是经验的"准则"，还是纯粹的、普遍的"法则"？这正是道德哲学的基本问题。而康德的最终立场就是，实践理性的最高原理正是纯粹理性的自身立法，正是通过这样一种立法的能力，意志就超越了个体的、经验的欲望和感觉，成为一种纯粹而坚定地贯彻、执行理性法则的力量。

读到这里，至少有三个要点明确体现出柏拉图的哲学思想。一是理性作为理想，二是理性作为节制，三是理性需要意志来作为一种执行的力量。

先说第一点。这个意思主要在第39—40页。理性的最高立法，无非是说理性的法则是裁决人类行动的最高法庭。你的行为是善还是恶，单纯诉诸情感是不行的，比如不能说令我愉快的就是善，让我痛苦的就是恶；同样，单纯诉诸经验也是不行的，比如不能说，"大家都说这么干是对的，是好的，那我也这么干吧"。所有合乎道德行为的最终标准都来自理性的最高原理，这个原理是先天的，是纯粹的，它根本不受人、时间、地点、民族、国家、风俗、制度这些经验的、主观的条件所限制。所以，康德在这里才说："理性却仍然坚定不移地和自我强制地总是在一个行动中把意志的准则保持在纯粹意志，即保持在它自己的方向上。"

这句话里,"坚定不移""自我强制""保持"这些语气强烈的词都在突出理性的那种不受条件束缚的至高无上的地位。一句话,理性的原理,就是无论你在何时何地,身处怎样的境遇之中,都"要"遵守,都"必须"要遵守,都必须要"无条件"遵守的绝对命令。这么至高无上的理性,不就是人类孜孜以求的理想境界吗?它与柏拉图意义上的那个超越感觉世界之上的理念世界不同,但它的那种高高在上的理想地位仍然是足以令人敬畏的,甚至是更令人敬畏。头上的星空固然恢弘壮丽,但那毕竟是自然的伟力,跟人没有什么直接的关系;但心中的道德律就不一样了,它体现的是人的理性的至高无上的追求,是人的尊严的最高体现。

所以,在康德的那句名言里面,头上星空和心中道德律并不是平列的,而更是用前者来反衬出人的理性和心灵的宏伟理想。但是,如此恢弘的理想又怎样跟我们平凡的日常实践关联在一起呢?在点点滴滴、举手投足的行为之间,又怎样来脚踏实地地落实那个高远的道德理想呢?康德在这里比较了"无限"的上帝与"有限"的人类。二者的本性都是"有理性的存在者",因此都必然遵循纯粹理性的最高立法力量的指引。不过,上帝对这个原理的理解、接受和执行是完备的,没有任何限制和束缚,但人类就不行了,因为人类除了理性的能力之外,还有"需求"和"感性冲动"这些经验性的方面。

所以,对于人类来说,*纯粹理性,以及接受纯粹理性的引导和规定的纯粹意志,实际上都是一种"无限地逼近"的"预设"和"理想"*。在第53—54页,康德就明确用*"原型"*和*"摹本"*这一对柏拉图的术语来解说上帝与人类的不同。为什么道德法则在人类身上总是体现为"命令"这个强制性的形式?那正是因为它的执行和落实往往不是自然而然、一帆风顺的,总有一个艰辛的过程。纯粹理性的最高理想,不经过努力和挣扎是根本不可能实现的,它需要你挣脱种种经验的束缚,对抗内心的种种主观偏好和感觉冲动。

由此就涉及第二个跟柏拉图观点相似的点，那正是"做自己的主人"。这一点鲜明地体现在第8节的这个定律上："*意志自律是一切道德律和与之相符合的义务的唯一原则；反之，任意的一切他律不仅根本不建立任何责任，而且反倒与责任的原则和意志的德性相对立。*"好，这里出现了自律和他律这一对说法，而且明确将意志的自律作为对自由的进一步说明。什么叫自由呢？就是你的意志能够挣脱各种外部和内部的经验性束缚，进而坚定不移地接受理性的规定和指引。这不就是《理想国》里关于"节制"这个美德的最终界定吗？理性的节制，就是"做自己的主人"。自由，说到底就是自主、自律、自足的纯粹理性力量的完美实现。

康德随后又提出，自由还可以区分出两个相关的方面，一个是"*消极理解的自由*"，另一个是"*积极理解的自由*"。后来英国的思想家以赛亚·伯林（Isaiah Berlin）进一步深化、推进了这种区分，发展出20世纪关于自由的最重要的理论阐释（之一）。我们这一节的主题是自由，因此绝对有必要涉及伯林的论述，这对大家理解康德也是很有助益的。

在《两种自由概念》这篇经典论文中（中译本收于《自由论》），伯林说，消极自由（negative liberty）就是"就没有人或人的群体干涉我的活动而言，我是自由的。在这个意义上，政治自由简单地说，就是一个人能够不被别人阻碍地行动的领域"[1]。简单地说，消极自由有两个特点。首先，它是"消极"的，也就是说，它并没有告诉我们什么是真正的自由，人为了实现自由应该遵循怎样的原则，怎样去行动。它只是告诉我们，人的自由是有底线的，是有边界的。其次，自由，就是个体与他人、与群体、与世界之间的那条不能被逾越的红线。我身上有一种力量，不管它看起来是多么微不足道，但最终是不容被践踏和抹杀的。保住这条线，自由才有可能，我们才能谈自由。

积极自由则正相反，它是很强势很主动的，它认为，真正的自由不是等到别人来压迫你和奴役你的时候才出现，而应该是人的最积极主动的追

---

[1] ［英］以赛亚·伯林：《自由论》，胡传胜译，译林出版社，2003年，第189页。

求和规划。自由，不仅是"不做奴隶"，而且还应该"争做主人"，自己做自己的主人。所以伯林说，积极自由就是，"我希望我的生活与决定取决于我自己，而不是取决于随便哪种外在的强制力。……希望被理性、有意识的目的推动，而不是被外在的、影响我的原因推动"。读到这里，你一定会感叹，从柏拉图的节制到康德的实践理性，其实说的不就是"积极自由"这件事吗？

但在伯林看来，柏拉图和康德的理性主义传统的问题也就出在这里。积极自由确实更为"积极"，但它有两个基本的前提：一、理性是至高无上的力量，别的力量（欲望、情感、意志等）都必须接受理性的引导；二、理性是人的本性，这个本性是人之为人的最根本规定性。在伯林看来，正是对这两个前提的偏执让理性主义在20世纪犯下了很多滔天罪行，因为很多居心叵测的人都会打着"理性"这个幌子来推行各种罪恶的社会规划。那么康德是否难辞其咎？我们没办法在这里展开讨论。但至少你要明白，康德的自由观是可以被划进"积极自由"这一派里的。正如他在第8节里明确承认的："纯粹的且本身实践的理性的这种自己立法则是积极理解的自由。所以道德律仅仅表达了实践理性的自律，亦即自由的自律。"（《实践理性批判》，第41页）

最后，我们讨论康德与柏拉图的第三个相似观点，那正是："意志是理性的盟友"。意志是自律的，而自律的意志必然是纯粹的。但意志怎么会是纯粹的？说理性是纯粹的，我们还能理解，因为理性本来就是自身立法的能力。但意志作为人身上的一种重要力量，往往跟激情、情感和欲望纠缠在一起。这就是《理想国》里的那个重要问题：在理性与感性的对抗冲突之中，意志到底站在哪一边？柏拉图和康德无疑都坚持认为，意志的宗旨就是辅助理性，就是为理性原则的贯彻提供一种坚定不移的力量。所以，康德说"纯粹意志"，不是说人的意志能完全斩断所有那些与情感和冲动之间的联系。意志之所以"纯粹"，只是因为它从本性上说，倾向于不断挣脱感觉经验的束缚，而朝向理性的法则。

借用康德的说法，当意志沦为感觉欲望的傀儡的时候，它就是"他律"的，只有在理性的引导之下，它才能真正实现"自律"。这两种趋势的区分，进一步体现为幸福原则与德性原则的重要区分。将幸福与德性对立起来，这又有点让人惊讶了。我们都读过《尼各马可伦理学》，在那里，幸福是最高善的目的，德性则是通往这个目的的自我实现的过程，这两个方面是始终统一在一起的。但正是因此，康德绝不会是亚里士多德主义者，而更是一个柏拉图主义者。他心心念念的始终是至高无上的理念，而绝不会是"小确幸"式的实践智慧。

那么，在康德看来，幸福与德性为什么是对立的呢？简单地说，幸福的生活最终将意志带向了他律，也就是说，将"意志的规定依据"放到了外在的方面，从而让"理性向意志所发出的呼声"不再清晰。追求幸福的人是怎么样的呢？就是将"质料"而非"形式"作为自己行动的"准则"。"质料"这个词在第二批判里有一个特别的含义，就是指"欲求的对象"。当你把欲求的对象作为你行事的准则的时候，你就是他律的，因为你任由一个外部的力量来左右你的行为，听任那些经验的、偶然性的条件来摆布你。

康德举了两个例子（第44页）。一个是说你的"一个密友"干了一件很见不得人的勾当，也就是"作伪证"，那么他肯定要为自己辩护，而辩护的"理由"（其实是"借口"）也很直白：因为这样做，对他"有好处"。第二个例子是说一个管家看起来很精明能干，很忠诚，很讲"原则"，但他之所以表现出来这些美好的样子，无非是为了满足对"自身的利益"的"精心算计"。两个例子，一个是"坏人"，一个是"庸人"，但他们的人生"准则"都是"自爱"和"幸福"，也就是将所有行为的依据都寄托于经验性的利益和主观的情感。但这些方面恰恰是人自身无法掌控的。对象是多变的，当对象发生变化的时候，你的欲望和行动也就随之调整。情感和冲动就更反复无常了，今天一个人让你快乐，但转过头他可能就让你痛不欲生。

所以在第二章一开始，康德就进一步说，他律的、幸福的、自爱的人生追逐的只能算是"福"，而自律的、合乎德性的、遵循理性法则的人生才真正谈得上是在扬"善"抑"恶"。"福或祸永远只是意味着与我们的快意或不快意、快乐和痛苦的状态的关系……但善或恶任何时候都意味着与意志的关系，只要这意志由理性法则规定去使某物成为自己的客体；正如意志永远也不由客体及其表象规定，而是一种使理性规则成为自己的行动的动因的能力一样。"（第75页）但这里就出现了一个很棘手的问题：纯粹意志既然是纯粹的，那么，它到底如何成为实现、引导行为的现实"动因"呢？对于这个难题，我们下次继续讨论。

第四节 ——『义务，你这崇高伟大的威名！』

这一节我们继续阅读康德的第二批判，主要讲三个相关的部分。第一部分是"纯粹实践理性原理的演绎"，从第57页起，解释自由在什么意义上是"本体的原因"。第二部分是在第一卷第二章最后，解释"纯粹实践判断力的模型论"。第三部分就是第三章的主干，解释道德律在什么意义上可以作为"动机"。

相信大家已经看到了，这三个部分其实都在回答我们上一节最后提出的问题，那就是：*实践理性的法则到底是怎样在具体的、现实的道德行为中发挥作用的？* 或者更简单地说，*自然与自由、现象与本体这两个世界到底是怎样联结在一起的？* 上一节提到康德跟柏拉图是多么相似，甚至他也可以被视作一个"道德理想主义者"，那么，他必须面对所有理想主义者都要面对的一个挑战：你的理想怎样在现实里实现呢？柏拉图曾经发明了各种理论和比喻来解释两个世界之间的关系，比如分有说、模仿说、目的论等等。康德也确实意识到了这个核心难题，并且用各种方式来回答它。

关于这个难题的困难程度，康德已经意识到了。在我们这一节要阅读的部分里，他至少有三次明确提出了自然与自由之间的关系问题。比如在第三章一开始他就追问，道德律既然是纯粹理性的最高立法，那么，它到底如何能够成为决定人的道德行为的真正"动机"呢？随后，在第101页，他将这个问题更为凝练地表述为，像自由和义务其实都是"理性通过实践的法则绝对地命令并且也是实际地产生的"。那么,"绝对"的命令到底是怎样在相对的、现实的行为之中"实际地产生"的呢?对这个问题的最为极致的表述是在第108—109页,康德明确提出,人是"属于两个世界的人",那么,自然与自由这两个世界到底是怎么联系起来的?人到底怎样将自由的法则带向自然的行动和选择?

要回答这个难题,还是从 *"本体的原因"*(*causa noumenon*)这个极为精彩的说法入手。初看起来,这个概念很明显是自相矛盾的。因果性的法则只适用于现象界吧,那么,本体界的力量到底是怎样作为"原因"进入现象界的呢?在自然界中只有环环相扣的因果作用,在其中根本找不到自由的地位,因为自然界中所发生的一切都是"有条件的""有原因的",而自由恰恰是"无条件""无原因"地自我发动的,它就是自身的条件和原因,而根本没有任何外部的力量能够限定它。因为如果真的有,那还叫"自由"吗?但根据第一批判的思路,自由在自然界里是观察不到的,也是无法证明的,但不证明它就是没有"作用"的。正相反,即便对于现象界的研究和思索来说,自由也是一个必要的、不可或缺的"预设"。因为离开自由,自然界的因果链条就是无限延伸和开放的,就是不完备的,而人类关于自然的各种知识也就没有办法真正统一在一起并构成一个完善的系统。所以,自由虽然在自然界中"不存在",但它却是理性本身的一种非常重要的"调节性原则"。

但是,到了第二批判里,自由的地位就发生了鲜明的变化。康德明确说:*"这个概念在这里获得了客观的,虽然只是实践的但却是无可怀疑的实在性。"*简单地说,在自然界里,自由不是实在的,而仅仅是预设,虽然是非常必要的预设;但在自由的道德世界之中,自由已经不是预设了,而是实实在在可以被体验到和把握到的东西。

注意,自由的实在性在文本里被打上了着重号,因为它的含义发生了明显变化。自由的实在与自然的实在,那可是全然不同的。自然界里那些实在的人与物，它们可以被感觉经验，由此可以被纳入各种普遍的因果法则之中，尤其是物理规律。但是，自由世界里的实在肯定不是这个意思。首先，自由是本体界，是物自身，不能给出任何的感觉或直观。其次，自由界里的法则跟自然因果律也有着天壤之别。

那么，*说自由是实在的，到底是什么意思呢？* 至少有两点。首先，*它虽然不是感觉的实在，但确实可以被真实地体验。* 感觉与体验之间的最大区别是什么呢？感觉总是把感觉者与感觉对象区分开来，所有的感觉都是二元分化的，比如看与被看的颜色，听与被听的声音。但体验就不一样了，它强调的是，体验的人与被体验的对象是一体的、不可分离的，因为那就是你自己。[1] 其次，自由说的就是人的自我一体的关系。每当你真正按照实践理性法则去行事的时候，就会发现，其实决定你的选择和意志的根本不是外在的力量，而恰恰是从你心中明明白白展现出来的法则。借用笛卡尔的说法，这个法则的作用是如此清楚明白，根本没有任何质疑的余地。所以康德明确说："道德律也仿佛是作为我们先天意识到并且是必然确定的一个纯粹理性的事实而被给予的。"（第58页）道德律这个最高法则，是"先天意识到的"，而不是"后天感觉到的"；这个意识到的法则是"必然确定的"，没有任何可疑或模糊之处；正因为如此，它就是明明白白的"事实"。自由世界的实在性正是要在这个意义上来理解。

所以，"本体的原因"这个词其实一点也不矛盾，因为*"一个原因性（即意志）的法则的理念本身就具有原因性，或者本身就是原因性的规定依据"*。（第62页）这句话其实就是想说，本体界的"原因性"根本不同于现象界的"因果性"，因与果不像在自然界那里是相互分离的，而是通过实践理性的立法紧密结合在一起。邓晓芒老师把这个词译成"原因性"是极为正确的，因为法则之为法则，就是从"源头""原因"之处保证所有意志行为的纯粹性。至于这个纯粹意志怎样在自然世界里实现，是法则本身没办法规定的。法则仅仅规定什么必然是善的，是应该的，至于你在日常世界里怎样一步步地成为一个有德性的人，这些都是后天的过程，是法

---

[1] "作为一个被感受到的核心自我，一遍又一遍地得到更新。你认识到，是你在观看，因为这个故事描述了一个人物——那就是你——正在进行着这种看的活动。"（[美] 安东尼·R.达马西奥：《感受发生的一切：意识产生中的身体和情绪》，杨韶刚译，教育科学出版社，2007年，第133页）

则规定不了的。

但法则到底是怎样引导具体行动的呢？本体的原因性不同于现象的因果性，这个我们懂，但自由世界怎么就能实现于自然世界之中呢？这个问题，康德暂时用"模型论"来化解。说暂时，是因为模型论没有从根本上解决问题。在模型论这一节的开头，康德再次强调了自然与自由之间看似荒唐的"矛盾"。在日常生活之中，你的所有现实的行动和选择最终都遵循"自然法则"，从物理法则到生理法则再到心理法则；但康德所高扬的"自由法则"却要求你行动的"源头"最终要"独立于一切经验性的东西"，去追求"绝对的善"，去听从"绝对的律令"。这怎么可能？好像在你身上，"同一个时刻"有两种完全不同性质的力量在起作用：一方面，你是一个有血有肉的自然存在物；另一方面，你又是一个听从道德律召唤的纯粹意志。这两个"你"，或者说你的两个"面向"是怎样统一起来，然后真正引导你做出合乎道德的行为的呢？

康德已经准备好了解决的策略，那就是判断力这个强大武器。这个涉及第一批判的相关细节，我们不谈。大家可以想一下，判断力是一种怎样的能力。简单说来，是不是将普遍的法则应用于具体事物上的能力？举一个最简单的判断好了，"这朵花是红色的"，这是最典型的"S是P"主谓形式的判断，那么，在这个判断里，红色是一个普遍的概念，我们把这个普遍的概念运用到具体的这朵花上面。当然，这个判断涉及的是一个感觉的对象，那么，在道德领域里是不是也同样可以发挥判断力的功用呢？康德的回答是明确的："实践的判断力"就是"把一个在感官世界中对我是可能的行动归摄到一个纯粹实践法则之下"。

但是怎么"归摄"呢？在第一批判里，在普遍与特殊、知性与感性之间起到中间作用的是想象力，可以说想象力运用"图型"的功能使得一个判断得以真正实现。在第二批判这里，"无条件的善"之所以能够引导具体的行为，也有这样一个中介，叫作"模型"（Typus）。这个模型的作用，简单地说，就是把绝对的道德律的运作理解为"好像"（"恰似"）自然律那样去运作。

注意，是"好像"，因为自然律与道德律当然是两码事，但我们可以把道德律"形容为"就像是自然界中的环环相扣的因果律那样去发挥作用。在自然界中，一个石头击中了窗户，然后玻璃碎了，这是因和果之间的关系；同样，在自由世界中，一个道德法则发出了律令，然后你就按照这个命令去行动，这"就像是"因和果之间的关系。

但模型论简直太不充分了。打比方用来辅助论证是可以的，但你如果就把它当成论证，那就有点勉强了。所以康德自己也说，模型论是暂时的过渡，它的作用只是为了批判经验主义和神秘主义。

最后我们进入第三章，在这里，康德明确提出了"道德律作为动机"这个根本问题。绝对的、纯粹的法则到底是怎样作为行为的现实有效的"动机"的呢？模型论肯定不行了。但康德随即找到了另外一个很重要的中间环节，那正是"情感"。道德与情感之间的关系，历来都被人反复强调。举一个简单的例子，当你看到"孺子入井"，自然会冲过去营救。但这背后的动机是怎样的呢？如果你仅仅是冷冰冰地遵循法则，大家会赞许你，但可能心里会质疑你这个行为的"纯粹性"。但如果你是带着一种情感的力量去行动的呢？就会获得充分的赞许和肯定。这么看起来，好像情感变成了一个道德行为的决定性的力量，法则反倒是次要的方面了。但在第三章一开始，康德就明确批判了这个观点。他说，情感不可能是决定动机的根本条件，而仅仅是辅助法则贯彻和实施的一个中间环节，甚至连辅助的作用也谈不上，充其量只是一个需要被克服和否定的"障碍"。所以康德明确地说："根本不允许把任何特殊种类的情感以实践情感和道德情感的名义假定为先行于道德律并为之奠定基础的。"（第94页）

为了解说这一点，康德接着提出了两个重要概念，一是"敬重"，二是"义务"。

先说"敬重"。"敬重"这个词给人的感觉是一种威严,对一种高于自己的力量的臣服。但康德的意思恰恰相反。敬重不是对一种更高的力量的臣服,而是对一种较低的力量的"拒绝"和"中止"。在现实世界中,人的意志不可能是纯粹的,而往往掺杂着各种"感性冲动",而所有的感性冲动说到底只有一个目的,那正是"趋利避害",程度低一点,可以叫"自私",程度高一点,就该叫作"自大"了。但这个没办法,人一开始都是深陷在感性冲动的束缚和牢笼之中,按照"人不为己、天诛地灭"这个"准则"活着的,美其名曰叫作"追求幸福"。但幸福与德性是两码事,德性恰恰来自对幸福的感性冲动的遏止。所以,"道德律首先消除着自大",而这种消除和"否定"就相应地激发出一种肯定的、积极的情感,那就是"敬重"。因为你发现,其实在你身上发挥主导作用的,并非只有感性冲动,还有更高的道德法则。只有当你不再自爱自恋自私自大的时候,只有当你否定了这些幸福的感性冲动的时候,这个更高的令人敬重的力量才会显现出来。

所以康德说,遵守道德律,在人心中激发出来的情感体验绝不可能是快乐的、舒适的,而永远是充满痛苦的、挣扎的,因为你没有顺应你身上的那些自然需要,而是在否定这些需要的过程中实现一种心灵的升华。这是我们这些有限的人类的"可怜"之处,亦是"伟大"之处。对于神来说,遵守绝对律令就是自然而然的事情;但对于人,这就是充满痛苦的命令和"义务"。但正是在这个"义务"之中,我们看到了最伟大的人格力量。这种伟大就像是宏伟的山川,就像是浩瀚的汪洋,展现出心灵的最高境界。所以康德感叹说:"在一位出身微贱的普通市民面前,当我发觉他身上有我在自己身上没有看到的那种程度的正直品格时,我的精神会鞠躬。"鞠躬,就是敬重。敬重什么?正是那如头上星空一般崇高的人格境界。

第五节　自由，就是享受对自己人格的满足

这一节我们来读康德《实践理性批判》的第二卷，也就是"纯粹实践理性的辩证论"。这又是一个特别的说法，必须解释一下。之前我们说过了，"分析"做的首先是分解，列举出整个系统的最基本构成要素，然后再进一步解释系统自身的完备性。这样比较起来，"辩证"就不一样了，康德的前两个批判的语境里，"辩证"只有一个最基本的意思，那正是划界。划界，就是要看看当我们把理性的系统进行应用和拓展的时候，它的最大的边界到底在哪里？越过这条边界，我们就会说，理性进行了"不合法"的应用。

比如，就第一批判而言，理论理性的边界在哪里呢？就是整个的现象界，或说得简单通俗点，就是所有自然科学以及带有自然科学性质的人文科学所研究的最大的范围。越过这个范围，理性仍然可以进行尽情的思辨，但思辨的对象（比如上帝、自由、灵魂）永远不可能是"实在"的。也就是说，对这些对象，不可能有任何感觉经验。举个例子，谁对上帝有过感觉经验呢？我们只是通过"上帝创造出来的世界"来"设想""构想"甚至"玄想"上帝吧。"自我"也是这样。我们感觉到的至多只是各种各样的内在心灵的活动、感觉、情感、思维等等，但"自我"又在哪里呢？自我如果是贯穿所有心理活动的内在统一的实体，我们到底怎样对它产生感觉经验呢？宇宙就更是这样。

所以，用康德的话来说，自然界中的一切

都是有条件的,而绝对的"无条件的总体"是只可以"设想"但无法"感知"的。但是理性总是跃跃欲试,总是充满着干劲,不满足于现象界的范围,而总想对那些宏大的"总体"进行"玄想",由此就产生了各种神秘的思辨,就好像上帝、自我都可以作为一种神秘的、不可感的力量在现象世界里发挥作用,就好像在各种自然作用之下还涌动着各种神秘未知的本体。但康德明确地指出,这些都是理性的"自相冲突",或者说得严重点,简直就是"自欺欺人"。理性明知道自己不可能获得关于这些神秘力量的"知识",但还在那里睁着眼睛说傻话,好像哲学家能开天眼,看到科学家都看不到的神秘实体。所以很有必要对理性的边界进行"彻底的批判"。

但大家还要注意,就是辩证论并不仅仅是消极负面的。康德说,理性的辩证运用首先是一个"迷误",但它"事实上是人类理性历来所可能陷入过的最有好处的迷误"。迷误怎么会有好处呢?因为可以在错误之中学习,可以在撞到边界的时候逼迫理性想一想:到底迄今为止走过的道路是正确的吗?是否可能有更为可取的道路?更为重要的是,追求至高的理想,思辨宇宙的整体,敬畏无限的上帝,这并不是坏事,而恰恰是人类本性中最值得被推崇、被发扬的力量。康德也明确说,"对事物的一种更高的、不变的秩序的展望"是人的根本追求,关键在于如何追求,如何采取一条可行的道路。理论理性告诉我们,在现象界和自然界中,这条道路是走不通的;但实践理性却给我们打开了另一条光明大道。即便理想在自然界里不是实在的,但它至少在人的道德世界里是实实在在的"事实"。所以,"这理想……主观上对个人来说却只是他不停努力的目标,而且只要那能够在自己身上把这种努力的不容置疑的作用作为榜样树立起来的人",才真正有资格被称作"哲学家"。

在这里,我们再次发现了康德与柏拉图之间的交相辉映。对于两位哲学泰斗,哲学就是爱智慧,是追求"至善"这个最高理想的心路历程。只不过,在柏拉图那里,理念本身就是一个实实在在的世界,而这一点恰好是康德所要批判的纯粹理性的"辩证运用"。康德看似是更为谦逊地把理性限定在合理的边界之内，也就是人类的道德行为和选择的世界之内，实际上却是对理性力量的最大程度的弘扬和提升。因为像柏拉图那样大谈理念的实体，宇宙的终极秩序，两个世界的划分，这个不是对理性的赞颂，而恰恰是伤害。你如果真的想发挥一种力量到极致，至少应该先想想这个力量的本性是什么，它的目的和范围又是什么。换句话说，应该跟着康德好好学习一点"批判"的功夫。

我们再看*辩证论在实践理性中的体现*。你可能又迷糊了：辩证论说的不就是理论理性的合法性边界？而这个自相矛盾的困境不是在向实践理性的迈进过程之中就被很好地解决了吗？实践理性怎么还有辩证论这个问题？

当然有，而且就是我们本讲从头到尾都在说的自然与自由的二律背反。在自然界里，自由仅仅是一个必须被"设定"的总体性理想；但在道德世界里，自由是一个基本的事实和绝对的律令。但是，道德世界仍然有它自己的问题，那就是自由这个高高在上的理想怎样落实于人的具体行动？康德指出，自然与自由、他律与自律、幸福与德行看似是彼此对立的，但实际上，这两个世界合在一起才是人的世界。用"两个世界"这个说法太过柏拉图了，我觉得不妨用中国人喜欢的"境界"这个说法。大部分人其实都还是生活在自然世界之中，但哲学批判的作用正是让人真正觉醒，回到自身的"真实所是"的本体，也就是自由这个绝对无可置疑的前提。哲学在这个意义上正是心灵境界的一种提升，用冯友兰的话来说，就是从自然世界上升到道德和天地境界了。当然，只是打个比方。

康德开宗明义地强调，德性是理想，是至高的，是无条件的，是整体。光看这三个词你就发现，德性不正是人身上最具有神性的力量？或者说得更恰切一点，是推动人向着神一般的无限完满境界去提升去跃变的终极追求？当然，不可否认，身边大部分的人都没有这个追求和冲动，但同样不可否认的是，从人类的终极本性上来说，将人类视作一个最大的整

286

体，那么，这个对无限性的追求就是明显的，无可置疑的。你可以想想，人类历史上为什么一直在心心念念地追求永生？发明了各种灵丹妙药，就为了能尽可能地延续生命。甚至今天有了强大的机器和人工智能以后，大家想念的最重要的一件事情还是怎样实现永生，人体冷冻也好，意识上传也好，基因编辑也好，最终不还是为了实现这个目的？但为什么要永生？一直活下去好在哪里？用康德的话来说，道理很简单，只要生命能够无限地延续下去，人类就可以无限地接近那个神一样的无限存在。后来他更是明确地总结说，"所以，在我们人格中的人性对我们来说本身必定是神圣的"（第163页）。

所以德性是至高无上的理想，是整个人类都应该追求的理想。但对这个理想的追求并不排除人间的幸福。恰恰相反，没有幸福作为辅助的力量，也就不可能实现德性的圆满。在这个意义上，康德又跟亚里士多德有几分相似之处。希望大家不断领会这些大哲学家之间的内在贯通之处。围绕基本的问题去发现他们之间的联系，比单纯读哲学史教科书有用多了。

康德指出，二者结合在一起，才是实践理性的终极真理。在哲学史上，大家似乎总是在强调德性与幸福的分裂和冲突。最典型的就是，一边是以伊壁鸠鲁为代表的享乐主义，另一边则是苦哈哈的斯多亚派。但请大家注意，康德跟斯多亚之间是有着明确区别的。

享乐主义就不用说了，最基本的原则就是人生幸福"建立在感性"上。而斯多亚则正相反，他们把德性置于幸福之上，或者说，把严格遵循理性法则的德性实践当作最高的幸福。一边是充满七情六欲的感性的动物，另一边是坚守内心堡垒的冷冰冰的理性主体，我们看到的就是这两种力量在"同一个主体中极力相互限制、相互拆台"（第141页）。而康德要化解的恰恰就是这样一种二律背反。因为不解决，人就不是统一的，而始终被撕裂。被撕裂的人的存在是不可能追求无上圆满的道德境界的。由此，康德进一步提出了"自我满足"这个解决的思路。

在谈到"敬重"的时候，康德也意识到，敬重显得有些消极被动，因为它首先来自对自大的"克服"和"消除"，也就是首先是一种否定性的作用。但在人的心灵之中有没有一种更为积极主动的情感力量，可以推进人对德性的追求呢？"有！这个词就是'自我满足'，它在自己本来的含义上永远只是暗示着对我们实存的一种消极的愉悦，在其中我们意识到自己一无所求。"（第147页）表面上看，康德还是用了"消极"这个词，但含义已经发生了变化。"自我满足"更强调的是"一种享受"（第148页），就是人在倾听道德律令召唤的时候同时感觉到自身的存在是自足、自主、自律的，是无限趋向于完满的。这种满足和享受并非仅仅是受迫和服从，而恰恰来自人对自由的至高无上的肯定和赞颂。

在这里就可以给自由一个相当有结论性的说法，"满足，它在其根源上就是对自己人格的满足。自由本身以一种方式就可以是一种享受，这种享受不能称之为幸福"，但从"起源来说是与我们只能赋予最高存在者的那种自足相类似的"。凝练地说：自我满足就是自由，自由就是享受，享受自由就是人身上最神圣的追求。

最后我们再补充两点。

首先，读完整部第二批判，你会发现实践理性才是康德真正想说的问题。大家往往会说，《纯粹理性批判》是考验懂不懂哲学的试金石。但就康德来说，《纯粹理性批判》只是个引子，他真正想解决的问题肯定是在第二批判里。所以他明确指出，"纯粹实践理性"对于"思辨理论"是有一种毫无疑义的优先地位的。注意是"优先"，而不是"矛盾"。因为实践与思辨只是"同一个"理性的两种不同运用而已。但思辨理性的"兴趣是自我规定"的，也就是只关心将自己做成一个完备而必然的系统；但实践理性就没这么狭隘，境界要开阔很多，因为它不仅仅关心自身的完整，更关心怎样将自己的法则进一步"拓展"开去，实现出来。康德强调说，这才是真正的"理性的兴趣"。

由此,不应该说实践理性是从属于思辨理性的,好像第二批判仅仅是把第一批判里的结论进一步运用到道德和实践领域之中。正相反,"应该把这个秩序颠倒过来,因为一切兴趣最后都是实践的",唯有"在实践的运用之中",理性才是完整的。一句话:*实践理性既是最终的旨归,又是最高的理想,同时还是最完备的系统*。

其次,说了这么多次"理想""至高""完满"这些字眼,也强调了自由的神圣性,最后当然要回到上帝这个问题。康德认为,要想实现德性的圆满,必须首先有三大悬设,那就是灵魂不朽、自由和上帝(164页)。要注意,是悬设而并非仅仅是第一批判里的"假设"。假设仅仅是思想调解自身的一个工具和手段,它绝不可能是实在的。但悬设就不一样了,它明确指出了"理念的客观实在性",这个实在是不可直观的,却是可体验的,而且是作为明白无疑的人类道德行动的绝对的、无条件的、纯粹的"原因"。所以像灵魂、上帝、自由这样的理念,它们真正能够发挥作用的领域正是道德世界。所以康德明确地质问:上帝的概念到底是一个"物理学的概念"还是"道德学的概念"?回答很明白:上帝必须从物理的自然的世界之中被清除,但这不是对它的不敬和否定,反倒是要在道德的世界里真正地把它请回来,供起来,因为那里才是它真正能够引领人类的终极王国。

这大概是康德与斯宾诺莎的最大差异了。斯宾诺莎很想把上帝与自然统一在一起;但康德没有任何保留余地把上帝划归给人的自由领域,"现在我试图把这个概念限制在实践理性的客体上,于是我就发现,道德原理只有在预设一个具有最高完善性的世界创造者的前提下才允许这一概念是可能的"。即,自然界中的上帝只是玄想,但在自由世界里,它就是实实在在、明明白白的力量,是开启人本身的存在的最高力量。因为这个力量不是别的,正是人本身,正是人本身的自由。所以说到底,为什么要信仰上帝，信仰灵魂，信仰自由？那正是因为作为一个理性的主体，作为一个"正直的人，我愿意"相信，我想要相信，因为那就是我在自己心灵之中所发现的神圣不可侵犯的最高理想和法则。

第十章

死

伊曼纽尔·列维纳斯（1906—1995）

推荐图书

《总体与无限：论外在性》
［法］伊曼纽尔·列维纳斯 著，朱刚 译，北京大学出版社，2016年。

第一节 面对死亡的三种视角：科学，宗教，哲学

新冠疫情期间，关于怎样抵抗病毒，怎样治病救人，哲学家没有办法提出任何具体的、有效的措施。事实上，当你真的生病了，也不会去找哲学家去治。

没错，哲学没办法治疗疾病，它本身就没有这方面的技术。但你别忘了，人可不是只有身体。人是灵与肉的合体。这么看起来，人也不是只有身体会生病，人的心灵也同样会生病，而且很多时候心灵的病要更深、更重、更具有破坏性。一场瘟疫，无论它怎样强大，相信它总会过去，相信总能找到对抗的良方；但是，瘟疫在人的心灵之上所留下的深刻创伤又怎样疗治？你能给你的心灵戴上口罩吗？你能买得到现成的药丸，吞下去就能让你心安理得、舒适自在吗？这个时候，你可能就更需要人文的东西，需要艺术，需要宗教，需要哲学。需要有一种力量能重新激活你的生命，需要有一种境界能让你重新看到更大的世界，需要有一种思想能让你重新冷静反思身边的人与事。

身体的疾病，哲学家治不了；但精神的焦虑和创伤，一定要由哲学家来进行关照。这些天，我一直都在重读福柯，觉得他所说的"认识你自己"（know yourself）和"关切你自己"（care for self）的合体实在是太重要了。[1]学哲学，并不

---

[1] "然而，当这个德尔斐神谕出现时，它虽然不是一直是，但却是多次以一种非常有意思的方式与'关心你自己'（epimelei heautou）成双成对。"（[法]米歇尔·福柯：《主体解释学》，佘碧平译，上海人民出版社，2018年，第7页）

仅仅是学一门新的知识，同时也在学习如何更好地培育自己的精神，关怀自己的精神，让自己的精神以一种更健康、更有力、更坚定的方式成长起来，延续下去。

有人说，人文学者在灾害面前什么也做不了，但我觉得这可能有些偏颇了。哲学至少能做两件事情：一是面对灾害，提供深刻的反思，将灾害当成一个重大的契机，去重新思索生死，思索人性，思索人和人之间的关系；二是激发勇气，尤其是精神上的勇气，面对铺天盖地而来的瘟疫，我们不能被它征服，不能被它吓得寝食难安，而是要勇敢地挑战它，抵抗它，甚至超越它。哲学，也是一种治疗，是一种无可取代的精神治疗。在这样一个危急的时刻，我觉得哲学的治疗同样必要，甚至紧迫。

这一节先结合《无人返回之路》[2]这本小书聊几句西方文化里关于死亡的三种立场。关于死亡的哲学、文化、传统，已经有浩如烟海的著作了，我们选这本书，首先也是因为它简短，而且大致把科学、宗教和哲学这三种面对死亡的方式都提出来了。这三种方式，可以简单概括一下：*科学"漠视"死亡，宗教敬畏死亡，哲学超越死亡。*

先说科学。"漠视"这个词我是打引号的，以免大家误解。就说这次疫情，最终还是要靠科学家脚踏实地的工作来让我们脱离苦海，那怎么还能说科学家是"漠视"死亡呢？注意，漠视不是"见死不救"，而恰恰是对死亡抱一种科学所特有的"客观""冷静"的态度。面对如此严重而又复杂的疫情，科学家要做的不是感情用事，不是头脑发热，而是始终冷静、客观、严谨，仔细地搜集资料，认真地检查数据，一遍遍地反复实验、计算、推导，甚至面对失败和错误还必须推倒重来。所以科学家面对死亡也注定是这样的态度。打引号的"漠视"，要求的首先是冷静客观的态度，价值中立的立场。人的死，动物的死，甚至任何一种生命的死，其实说起来都是自然的过程，都是平等的，都应该同样抱着客观的态度去揭示其中的规律，不能掺杂很多主观的判断和私人的情感。

---

2 ［美］W. M. 斯佩尔曼：《无人返回之路：参悟生死》，李楠译，苑东明审译，中国人民大学出版社，2019年。

从西方思想史上说，科学所求的真和哲学所求的真原来是一体的，都是Truth。在柏拉图那里，科学的研究是通向哲学最高理念世界的必要的中间途径。在那个时候，科学仅仅做到实证和客观是不够的，而是必须朝向一个更高的精神境界。但在今天就不一样了。今天的科学早就越来越多元化和专业化了，早就挣脱了哲学理念的束缚。所以，今天对科学家最基本的要求，就是客观、专业、价值中立。一个科学家有一点人文情怀当然是好事，但他如果连最基本的实验都做不好，连计算都搞不明白，那是不合格的。所以，面对死亡，科学要回答的就是这些基本的问题：死亡到底是怎样的一种自然过程；死亡的标准是什么；死亡真的是不可避免的吗；伴随着科学的发展，人类是否能够变得越来越长寿，甚至在机器和药物的辅助之下实现永生。一句话，科学家不会去思索死亡有没有意义，是坏还是好，是善还是恶。他首先、根本只关心一件事，那就是死到底是怎么一回事。

所以从科学的角度来看，生与死之间的那条边界就始终是最根本也最困惑的难题。死亡到底是什么呢？肯定是身体机能的衰竭，直至最后停止运转。但这个回答马上就会带来一个根本质疑：到底身体哪个部分的机能能够作为死亡的科学上的判断标准呢？身体不是一下子就死翘翘了，它的机能是一点一点衰竭和停止的。而且走向最终死亡的过程也是不一样的。那么，到底有没有一个统一的标准能够把各种各样不同的身体死亡过程统一起来呢？你肯定想到，答案要到身体的两个最重要的器官里去找，一个是心脏，另一个就是大脑。那么，死亡到底是心脏停止跳动，心电图变成一根直线，还是脑死，脑电波完全没有信号呢？可能不同的科学家的判断标准是不一样的。现在普遍接受的应该是脑死，但你也知道，很多时候脑和心脏的死亡并不是一致或同步的。所以这样还是有困惑。但不管怎么说，科学面对死亡，最终就是要在生和死之间划定一条明确、客观的边界。不能你觉得死就死了，也不能看上去死就死了，而是确实有精确的数据能够反映出来，身体确实已经不工作了。

但人是一个整体，是身体和心灵的统一体，科学家如果只能说出身体这一半的情况的话，那就说明他离死亡真相还很远。这个时候，就需要宗教对死亡的"敬畏"态度。从字面上来说，"敬"是说那个力量是高高在上的，你必须仰视，它无论从存在论还是价值论上来说都指向最高的顶峰，比如太阳，比如上帝，比如理想。但这个让你肃然起"敬"的力量也肯定让你心生"畏惧"，因为它高高在上，肯定会给你带来一种强大的压迫感，让你感觉到自己的渺小和脆弱。这样说来，死亡就是一种令人敬畏的力量。在这个方面，宗教带给我们最强烈的精神启示。

首先，从"畏"的角度来说，其实不信教的人也会"畏惧"死亡，这是人之常情。但为什么呢？为什么死亡几乎是人生最可怕的东西，最不想、不敢面对的东西呢？一个最简单直接的原因就是，"死了就什么都没有了"。死，就是生之否定，甚至是最彻底、最绝对的否定。死与生之间确实有一条边界，但这个边界不是科学家所说的那个客观的"标准"，而更是一条深不见底的鸿沟，跨过这条鸿沟，你生命之中的所有一切都将荡然无存。跨过这条鸿沟，没有人能够"再回来"。所以为什么怕？因为死就是一条不归路，就是"无人返回之路"。

正是在这里，我们发现宗教的死亡观不仅仅是"畏"，还多了一个"敬"。为什么"敬"？因为那个世界你永远不可能直面，因此它就是隐藏的，是神秘的，是超越的。所以，与其战战兢兢地"畏惧"死亡，还不如"敬重"死亡，把它当成是拯救，是新生，是另外一个更完美世界的入口。

但宗教的死亡观对哲学家来说仍然有所不足。不过应强调一句，科学、宗教和哲学面对死亡的态度是有着明显差别的，但并没有高下之分，优劣之别。说到底，它们只是三种不同的立场而已，你可以选择更倾向于其中一种，但也可以选择将三者融合在一起。

那么，哲学面对死亡的立场又是什么呢？这个没办法用几句话来概括。因为几乎每个哲学家面对死亡的立场都不太一样。柏拉图、叔本华和弗洛伊德分别从理念、意志和本能这三个视角来看死亡，最后得出的结论是大相径庭的。但我们可以谈一个最经典的立场，那就是柏拉图在《斐多篇》里那个震古烁今的观点：*哲学家，就是为死亡做好准备（prepared for death）*。所以可以将这个立场概括为*"超越死亡"*。

不同于科学家的立场，柏拉图认为死亡并不仅仅是一个自然的过程，并不只涉及人的身体，死亡还是人的整个精神历程之中最关键的一个事件，一个转折点，因为在那一刻，心灵终于可以不再受肉体的束缚，自由翱翔于纯粹思想和理念的世界。死亡，是实实在在的拯救，是终极的大自由。这么看起来，柏拉图的死亡观跟基督教是很相似的。这是当然，因为中世纪神学的很多基本原则都来自柏拉图和亚里士多德。不过还是要补充一点，就是哲学的死亡观至少有一个地方跟宗教不一样。哲学家当然不"畏惧"死亡，相反，他会坦荡荡地迈向死亡，因为死亡的时刻也就是最接近真理呈现的时刻。但他对死亡的这种"敬重"跟宗教显然有别。宗教敬重死亡，因为死亡是神秘的，是不可知的，甚至是不可思议的，它只能以一种神秘的体验去接近。哲学家之所以敬重死亡，其实更是想把死亡作为对人的尊严的最高肯定。肯定什么？就是人的理性的力量。

这本书已经接近尾声，大家能够体会到，我们自始至终都在以各种方式展示理性至高无上的尊严和强力。而这种力量在面对死亡的时候，似乎展现得更为强烈，甚至是惊心动魄。死亡确实是一条不归路，但它绝对不是压在人的身上的沉重命运，同样也是激发思想和勇气的终极时刻。海德格尔说过"向死而生"，但列维纳斯说"逆死而在"，这其中包含着怎样的差异呢？我们将从列维纳斯的巨著《总体与无限》之中探寻答案。

第二节 ── 他者，无限超逾的面容

这一节我们一起阅读法国哲学家列维纳斯的《总体与无限》。

列维纳斯出生于立陶宛，这大概可以解释他骨子里那种毫不妥协的"战斗精神"。他在很多地方都明确表示，要跟整个西方的形而上学传统一刀两断，势不两立。当然，不能把战斗精神仅仅归结于民族性。列维纳斯的战斗精神，主要还是来自他的学术传承。他可以算是德系现象学的正宗传人之一，甚至是最早在法国引介现象学的引路人之一。但他从未认同这个传承人的身份，相反，在他的文本里，对胡塞尔和海德格尔的极为深刻尖锐的批判构成了一条主线。说一个明显的差异大家体会一下。海德格尔的那个著名概念叫"向死而生"，列维纳斯偏要反过来说成是"逆死而在"，这个"逆"，在法文里就是"contre"，可以大致理解为英文里的"反"（anti）、"对"（against）等意思。

"向死而生"，是从主体、自我出发的，它要打开的是你身上的可能性。这样一种朝向未来的筹划是你面对自身做出的，要借助"先行到死"的那种领悟来唤醒自己，超越浑浑噩噩的沉沦状态。但"逆死而在"就不同的，这里面的"死"不是你自己的死，而是他者之死，是陌异的死，它跟你之间是有着绝对分离的鸿沟的。说得直白一点，列维纳斯所说的死不是你能抓在你自己手里的可能性，而是你抓也抓不住、躲也躲不开地朝着你撞过来的力量和命运。它打开的不是你的可能性，而是在你身上留下的深深的创伤。它激活的不是你向着未来的筹划，反倒是你证明你根本无力掌控未来，因为那个未来是"无限"地挣脱你而去的。这里面大家已经看到了很多要点，比如绝对分离、无限超越、他者、时间性等等。我们接下来结合文本逐个解释。

列维纳斯能够那么有底气对整个西方哲学进行批判，也是缘于他对犹太教经典的深入研读。虽然他在正统的犹太文化圈子里并不受待见，但犹太教的古老传统确实给他提供了审视西方传统的"另类"视角。当然，这并不是说他就是用犹太教来批判西方哲学。他是想借助犹太教这个线索从西方哲学的内部打开一个缺口，去释放出潜藏在可见的脉络、框架和传统之下的更具有生命力的思想潜能。

法国哲学家德里达曾形容列维纳斯的写作就像是一阵又一阵的海浪，看似不断重复，但每一次重复都在深化，都在积聚着更为强大的力量。列维纳斯自己也说，他的书不是线性发展的、一步步向前推进的，相反，他总是以各种不同的方式回到同样的问题。这也是大家在读列维纳斯的时候应该注意的地方。所以下面的讲解就不像以往那样沿着一条论证的主线层层推进，我打算按照关键词来讲。每一个关键词都是一颗星、一个火花，它们彼此交相辉映的"星丛"才是列维纳斯思想的真正形态。

这一节先从"前言"开始，这个前言非常重要，一定要看。第一个关键词，*战争*。结合列维纳斯写作和思想的时代背景，你当然一下子就会明白他为什么要提到战争，也知道他这里说的战争指的是什么。但如果仅仅从国家和民族之间的大规模的流血冲突这个角度来理解，似乎又不够。战争发生了，瘟疫降临了，我们应该怎么做？首先当然是保卫家园，捍卫生命。但仅仅这样还不够，更应该将战争和灾难当成一个重大的"事件"，由此对人性、对历史、对世界进行全面深刻的反省。战争，并不仅仅是摧毁生命的"暴力"，更是警醒思想的"问题"。如若我们不反思，那么，当下次战争和灾祸发生的时候，我们还将重蹈覆辙，一次次被打击，直到最终被击溃、被毁灭。

那么，身为哲学家的列维纳斯对战争进行了怎样的反思呢？首先，战争是"中断"，它打断了之前所有的历史和传统、所有我们习以为常的信念和真理。在战争面前，我们首先的反应就是震惊：这是怎么回事？怎么竟会发生这样的惨剧？向来标榜理性和民主的西方社会，怎么会爆发如此惨绝人寰的种族灭绝？如此发达的科学技术，甚至都能操控基因和人脑，怎么就在病毒面前束手无策？但列维纳斯不是科学家，也不是军事家和政客。他是哲学家，所以他想带着这样一种震惊来颠覆性地反思整个西方哲学的传统。

由此就涉及下一对关键词，恰好是书的标题，就是"总体"和"无限"。传统西方哲学，从古希腊到德国古典哲学的最大症结在哪里呢？恰恰就是"同一"（the Same）和"总体"（Totality）。同一，就是把万事万物归结到同一个根源、同一个基础、同一个原理，甚至同一种本质性的运动发展过程。同一，简单说就是对"差异"（difference）和"多样性"（multiplicity）的否定、遮蔽乃至扼杀。这样看来，以"同一"为执念的哲学，会导向一个终极的恶果，就是将世界归结为一个"总体"，也就是将本来有差异而多样的事物都强行塞进一个有着明确的中心和基础的秩序井然、等级分明的体系之中。这个"总体"体现在思想上，就是整个西方的形而上学传统；体现在政治上，就是如纳粹德国那般的极权主义；体现在大众文化领域呢？那大概就是由文化工业主宰的单向度的社会了。

针对同一化和总体化的趋势，列维纳斯提出了"超逾"（au-delà）和"无限"（l'inifini）这两个关键概念。超逾，英文里一般译成"beyond"，但很不恰当。因为"beyond"这个词有"彼岸""另一边"的意思，好像要超越西方哲学的总体化系统，就只能是整个翻过去，在它的"外面""另一面"再打开新的可能性。但这完全不是列维纳斯的意思。所以他明确说，超逾"并不是以一种纯粹否定的方式得到描述。它是在总体和历史的内部，以及经验的内部被反思到的"。这个超逾不是"否定"现成的体系，然后逃到外面去，而是要在总体化的体系内部去制造裂口，把这个体系竭力压制但又没办法彻底同化的"差异"和"多样性"的力量释放出来。"无限"也一定要在这个内部撕裂的操作上来正确理解。

一般我们理解的"无限"，总是跟"同一"和"总体"联系在一起。比如无限的数量，就是沿着"同一"个可计算的尺度在数量上的无限增加。这个"无限"，是在数学和物理学的范畴之内，而且说到底，是将整个世界装进一个可计算的"总体"里面。传统对上帝的理解也是这样。上帝是无限完美的存在，那正是意味着，可以将上帝作为极限和顶点，然后将世界上所有存在的东西都排列成一个由低到高的总体化等级。但列维纳斯说的无限不是这个意思，它要颠覆的恰恰是"同一"和"总体"，因此这个词（infinity）的要点在那个前缀"in-"，去除限制，拿掉限制，为了什么呢？为了将封闭在"总体"和"同一"之内的那些"超逾"的力量"展现"出来、"表达"出来。

此外，无限这个词还涉及另外一个重要概念，那就是"主体性"，而在列维纳斯这里，主体性的基本形态不是"我思""自律""自由"等，而是"好客"。在传统哲学的视角之下，主体本身也具有无限性，但这个无限性要么来自理性的立法，要么来自意志的冲动，要么来自历史的目的，但无论怎么说，都最终将主体性封闭在一个同一的基础和总体的系统之内。但"好客"就不一样，因为"主体性实现这些不可能的苛求，即包含了比它能包含的东西更多的东西这个令人惊讶的事实。本书将要呈现出的主体性是作为对他者的迎接"。他者，不是在一个总体系统里与"我"相对的那个"他"，真正的"他者"在以主体性为中心和基础的系统里总是被无视的、被压制和排斥的，甚至以各种名义被归类、收编和同化。但这并不是"好客"，而是一种傲慢、一种施舍。"我"之所以要尊重"他"，是因为"他"跟"我"一样，也是一个自主自律的有理性反思能力的主体。我们都是主体，所以我们之间可以通过理性的方式进行协商、沟通，最后达成共识。

真正的"他者"并不要求你的尊重，因为要来的尊重只是施舍，只是怜悯，它最终体现出来的只是主体那种居高临下的优越感。真正的他者只要出现在你面前，反倒是一下子展现出一种"来自高处"的超越性。但这样一个高处不是你能明确理解、把握、反思甚至感知的，它就是一种压过来的力量，直接击中你，要你做出回应。一定要注意，他者的这个力量绝对不是那种可见的暴力，不是说一个人站在你面前，然后用自己的蛮力和威权把你打倒，让你臣服。这反倒是主体才会做的事情。真正的他者只做一件事情就足够了，就是站出来，站到光亮之中，让自己被看见，让自己的"面容"呈现出来。这种呈现的过程具有最强烈的力量，因为它瞬间就撕裂了你身上所有那些自满自足、自鸣得意的同一性的本质、总体化的系统。列维纳斯说得好：*"他者的面容在任何时候都摧毁和溢出它留给我的可塑性的形象，摧毁和溢出与我相称的……观念。……它自行表达。"*

"好客"就是无原则、无理由地接纳他者，而不要总想着辨认"他是谁？从哪里来？他来做甚？"。他者就是异乡人，来自你不知道的地方，说着你无法理解的语言，举止古怪地游荡在你熟悉的家园和故土上，始终无法被同化。他者就是"幽灵"，他没有明晰可辨的面孔，却在模糊、隐约、幽暗之际让你身上所有同一和总体的力量瞬间撕裂和中断。你的生命里找不到他的意义，你的历史里找不到他的名字。

真正的他者"是一种磷光、一种光辉、一种慷慨的独立性。……在光的境遇中，存在者映出其侧影，但却失去其面孔"。 所以他者的"面容"是不能在可见的形象的意义上来理解的。他不是隐没在黑暗之中，然后等着你提着灯笼、打着手电突然来把他照亮。正相反，他自己就带着光芒，这个光芒并不炽烈，也不强烈，但却是来自另外一个你本来完全看不到的地方，这样一道光，划破了夜的黑暗，但首先动摇的是你自己稳固的、安全的位置，让你突然迷失了既定的、明确的方向。他就在那里，他一下站

出来了。那么，我又是谁？我又在哪里？

当他者的面容呈现之际，你会瞬间发现，你其实从未真正如此真切、直接地面对过他。当你和他之间的那些所有熟悉、既定的、明确的维系纽带都被彻底斩断之际，你才发现、才学会、才领悟到怎样去做出反应，进行回应（respond）。他者站在你面前，他者的面容呈现在你面前，你完全失语，你不知所措，整个传统和历史为你提供的语言、概念、原理、法则都完全失效，但正是在这个时候，你反而有一种强烈的冲动，想向他呼喊，想嚎叫，想痛哭，因为你就是想跟他建立起这种当下的、直接的面对面的关系。

再度援引列维纳斯的精辟论述，我和他者之间的关系不是"权能"，不是"占有"，更不是"融合"。相反，当他者带着那陌生而又幽灵般的面容呈现的时候，他就构成了在我身上的所有同一性和总体化的历史的断裂。"历史中布满了断裂，在这些断裂处，历史承受着审判。当人真正接近他人时，他就被从历史中连根拔除。"

回应"战争"这个关键词。战争也好，瘟疫也好，这些展现出巨大暴力的事件首先制造的是历史的中断，由此逼迫我们进行反省，反省我们迄今为止所有那些自鸣得意的同一和总体。这样的反省要达到什么样的结果？那就是重新学会面对他者，真正面对他者。不是施舍，不是怜悯，而是好客。在好客的前提之下，我们才能真正学会对他者言说，跟陌生的他者一起，伤痕累累地迎向那个必死的命运。

第三节 内在性：享受元素的幸福

这一节我们读《总体与无限》的第二部分"内在性与居家"，主要是围绕内在性的两个基本形态展开，一个是"享受"，另一个是"居家"。

我们可以先从第一部分的最后一章，也就是总结性的一章开始。这个标题叫作"分离与绝对"，恰好是列维纳斯用来对抗传统西方形而上学的"同一性"和"总体性"的两条重要途径。如何从同一性和总体性里"分离"出来呢？这个分离必须是绝对的，是无限的，是超逾的。简单地说，分离不是单纯地离开总体性的体系，然后逃到外面去，逃到边缘去，因为这种逃离是不彻底的，还是心心念念着那个位居中心的体系，甚至是以这个体系为参照的。同样也不是"对立"或"否定"，因为任何否定都是以你要否定的那个东西为前提的，所以单纯地逃离、否定形而上学体系是不行的，甚至是远远不够的，因为你根本没有真正动摇这个体系本身里面的那些基础性的、根本性的东西。

打个不太恰当的比喻，列维纳斯说的"分离"不是在外面、在边缘去进行"农村包围城市"的游击战，而恰恰是要渗透到城市里去，打入敌人的内部，然后发现这个体系本身就存在着各种矛盾、悖谬、不自洽的裂痕，然后从裂痕入手，抽掉整个体系看似最坚固的根基，它就土崩瓦解了。就像是大家玩的搭积木游戏，我要想办法从搭好的大厦里找到最薄弱的一环、最容易松动的那一块，然后抽掉它，整个大厦不就瞬间倾覆了吗？那么，列维纳斯在传统形而上学体系里找到的最薄弱的那一环是什么呢？很显然是"无"这个概念，他在《上帝，死亡和时间》里说："'无'挑战了整个西方形而上学。"

咱们带着这个思路进入对"内在性"及其两个面向的解读。对内在性的阐释涉及两个要点，一是自我，二是"瞬间"/"当前"（présent）。这两点是关联在一起的。从总体性的体系里"分离"出来，第一步应该怎样迈出呢？那就是自我。整个世界的万物都可以被装进物理学的体系之中，所有的生命都可以被装进生物学的体系里，一切的人类都可以被装进社会、文化和历史的体系里，看起来一切的一切都难逃这个同一性和总体性的命运。但好像整个世界总还有一个小小的角落在非常顽强地对抗着所有同一化和总体化的操作，那就是我们每个人的心灵，那个隐藏起来的、不可见的内在世界，但却是对于你自己来说最真实、最直接、最完整的世界。这个内在的世界就是你真正的王国，就是你自己。但列维纳斯的视角与弗洛伊德的精神分析、奥古斯丁的忏悔神学乃至萨特的虚无化运动等都不一样。

首先，内在性抗拒总体性。每当我们躲到内心世界的时候，就总可以非常成功地与外部世界的一切"分离"开来，这个分离出来的领域就是一个起点。但内心世界到底是怎么分离出来的呢？这种分离难道不是一种幻觉吗？你在内心世界里至少要跟自己说话吧？语言是逃不开社会性的维度的，维特根斯坦斯就说过并没有纯粹"私人性"的语言。列维纳斯当然也想到了这个问题，所以他将内在性的自我领域进行分离的第一步重要操作落脚在时间性上。

那么时间的三个维度，哪一个才真正能够让自我分离出来呢？过去肯定不行，因为过去恰恰是把你牢牢地跟历史、社会拴在一起的力量。那么海德格尔所说的"未来"可以吗？他说的"向死而生"虽然能够激发自我对自身的反省，但却不够"稳定"，这种来自未来的力量总是不确定的,好像难以给当下的自我提供一个坚实的支点。那就只有"当下"/"现在"了。

你可能会惊讶地发现,列维纳斯和奥古斯丁对时间性思索的起点是一样的,都是当下,而且他们都想从"当下"找到一个向"无限"进行超越的裂口。只不过奥古斯丁的"无限"就是上帝,而列维纳斯的"无限"却是"超逾"总体性的裂口。通过这个裂口把"无"这个绝对的力量引入时间的内部,然后在每一个时刻,都制造一个"绝对的开端",一个"新的本原点"。简单地说,就是要把连续的历史时间之流拆散,把每一个"现在"都当成绝对的、独立的、无条件的起点。要想从整个历史之中抽离出来,要想从整个社会之中独立出来,就是要从每一个现在的时刻开始,因为过去不属于你,而未来你又抓不住,只有现在可以牢牢地抓在自己的手里。从现在开始,你确证了自己独一无二的存在,那个不能被装进任何一个总体性体系里的存在。从现在开始,我就是我自己,"一个绝对的事件"。

这样一个绝对分离出来的现在,到底展现为怎样一种独特的生存形态呢?光谈时间肯定不行,因为这个时间一定是人的时间,是人的活生生的经验的时间。列维纳斯解释说,这个分离出来的内在性形态就是"感性,明确为享受的要素"。他还明确说:"我们将表明分离或自我性如何原初地在幸福的享受中产生。"这里大家看到跟内在性相关的几个最基本的概念:感性、享受、元素、幸福。我们就结合第二部分的内容逐个解释一下。

感性。感性跟现在,跟享受的关系,大家太容易理解了。活在当下,跟着感觉走,说的都是这个意思。好像当下的生活就是只看眼前,只关注物质欲望的享受,至于理想、意义那些抽象空洞的大问题都没必要去问。但是大家注意,列维纳斯说的意思跟日常生活里的这个"活在当下"正相反。"活在当下",是让你忘掉自己,抛弃各种烦恼,抓住那些看得见摸得着的利益和享受。但列维纳斯说的"感性"恰恰是要通过物质性的享受让你真正回到自己,真正找到你自己,甚至真正拥有你自己;只有在当下,

306

在感性的享受体验之中，你的自我才是最真实的，因为它是最丰满的、最充实的，是最"自足"的。这好像跟《存在与时间》里的说法正相反。海德格尔会说，仅仅生活在当下的人生只是"沉沦"的状态，一种被常人所支配的彻底"平均化"的、迷失自我的状态。但列维纳斯恰恰就是要从现在、当下重新找到最真实的自我。毕竟，只有从充实的当下出发，才有可能从总体性之中分离出来。

那么，当下的享受怎么就充实了呢？这首先涉及对感性的重新理解。跟海德格尔一样，列维纳斯也认为感性并不仅仅是感觉，而更指向人的最根本的生存状态。在感性的生存状态里，人与物之间发生着最直接、最密切的关系。但列维纳斯对这个关系的理解又跟海德格尔相反。《存在与时间》认为，人与物之间最开始的关系是工具性的，我拿一个杯子，首先是为了喝水，而不是对它进行非功利的审美静观。但列维纳斯指出，就算我仅仅是在"使用"一个杯子，"喝"一杯水，"吃"一个苹果，甚至"呼吸"一口新鲜的空气，"感受"一缕午后的阳光，我与这些物质对象之间的关系都不仅仅是"工具性"的。工具性，就意味着使用者和被使用者之间是有主从关系的，工具是为了人的目的而服务的。所以列维纳斯说，"使用"并不足以揭示我与物之间的真正平等的、相互依赖的，甚至相互归属的关系。这种关系，用一个恰当的词来说，正是"享受"。享受，就是敞开自己，跟那些物质性的力量——空气、水、光、食物、器具等——融为一体。享受之中没有主从关系。

享受又是独立自足的，是绝对充实的，因为享受没有什么外在的目的，你不是为了什么别的目的而享受，而就是在当下感觉你自己的生存的丰富和完满。"享受是对所有那些充实我之生活的内容的最终意识——享受包含它们。"所以享受把"现在"落实到一个很直接、很实在的形态。按照列维纳斯的说法，呼吸、走路、吃饭、洗澡、晒太阳，这些日常生活恰恰标志着你还活着，真实、直接、完满地活着，这就是对生活之爱。反驳一句亚里士多德吧：幸福不在于追求最高的善，而在于每一时刻焕然新生的享受。

但这里用心的人就听出问题来了。别的不说，好像享受这个东西跟列维纳斯所倡导的"他者"是有点矛盾的吧？享受，就是时刻满足、体验、充实自身的物质性的存在，它看起来是相当"自我中心"的，说得难听点，就是做什么事情最后都是要回归于自身的享受和幸福。这个印象是对的，列维纳斯也承认："自足是自我的收缩本身。……享受活动之自足清楚地标画出了自我或同一的自我主义或自我性。"但享受过程之中的这种"收缩""退回自身"并不完全是消极的。正相反，只有先退回自己，先在享受中找到自己，才是从总体性分离的第一步。只有迈出这一步，你才能真正地发现面对他者的方式。否则，始终沉浸在总体性的体系里，无论是"自我"还是"他者"，其实都只是庞大机器里的零件和傀儡而已。

由此就讲到这一节的最后一个关键词"元素"（elements）了。元素，尤其在古希腊哲学里是一个很重要的概念，但在这里就可以简单理解为人所享受的、与之交融互通的物质环境。风、光、水、食物等都是元素。为什么从享受想到元素呢？一个基本的原因就是要突破享受里自我中心的缺点。因为你是在一个世界之中享受，你正在享受的就是在天地之间流转的各种自然元素和力量。享受，同时也是把你与世界连通在一起的最基本的物质纽带。<u>在列维纳斯看来，享受着的身体与周围世界之间的基本关系叫作"安置"（ se poser ）</u>。请大家注意这个法语词有两个交织的含义：一方面"se"表示被动，也就是说，你的身体并不完全是你自己的，同时也归属于世界，尤其是你脚下的大地；另一方面，"se"在法语里还有自反的意思，就是"我把我自己的身体"安置在大地之上。被动和主动的两层意思合在一起，才是列维纳斯要表达的。

人有身体，所以人毕竟还是整个自然的一部分，不能抽离于自然之外，而且肉身性恰恰是人在这个世界上的最基本的"位置"（position）。这个身体同时也是我自己的，我可以支配，可以行动。正如在享受的过程之中，外部世界的各种自然元素进入我的身体里，形成一个彼此渗透交织的网络，但这并没有完全把我还原为一个自然物，在享受的过程中，我确证到我之为我的最真实的存在。这个确证，就是我所体验到那种幸福。所以列维纳斯说：*"在需要的满足中，支撑着我的世界的陌异性丧失了它的他异性；在饱足中，我所啃食的实在之物被吸收了，那些处于他者的力量变成了我的力量，变成了我。"* 当然，读到这句话你可能直接想到的应该是"劳动"这个概念，但劳动跟享受不同，劳动是在居家那个阶段出现的。

元素除了供养我们的生命，让我们体验到当下的充实自足和幸福之外，它还有另外一个隐藏起来的"不可见"的面向。或者说，这个不可见的面向才是列维纳斯所说的元素的真正含义。元素不只是使用的工具，也不只是享受的对象，它也是环境，它包围着养育着人的身体，它本身是一个更大的世界，是一个无边无际开放着的宇宙。列维纳斯说，元素是"实在性的反面"，因为它是"从无何有之乡来到我们这里"。你望向地平线，望向天际线，你看到的恰恰是无限敞开的边界，一个你最终无法明确感知和把握的"不定"的世界。正是从元素的这个"神秘"的面向开始，现在的维度被突破了，敞开了未来的维度。自足的享受受到了威胁，因此人必须要建起家园，来抵御各种未知的危险。这些我们在下一节结合"居家"这个主题再继续讲。

第四节 居家，劳动与意志

这一节我们继续阅读《总体与无限》的第二部分。列维纳斯的这本书确实很难读，一个难点正如我们之前提到的，就是那种如海浪拍岸一般反反复复的节奏。有的主题前面出现过了，后面又继续提到，而且又具有了新含义，比如分离、他者、面容、瞬间等等。所以读这本书，仅按照线性论证的思路走是不行的，必须先画出关键词，然后围绕这一个个中心发散思路，不同的中心又彼此辉映。

上一节重点讲了享受。我们说享受是自足的，有三个基本原因：首先，它是内在性，是自我中心的，因此可以从总体里面分离出来自成一体；其次，它是瞬间性，每一个瞬间都是全新的开端和起点，因此可以从历史、传统里挣脱出来，确证自身的独特性；第三，它是收缩的、内敛的，因而将各种元素里面的物质要素都不断地吸引到自身之中，不断充实着自己，利用与周围世界之间的密切联系来巩固自身的内在性。

如果这么说的话，享受看起来是很完满了，处于享受中的人是如此的充实和自足，那还有什么必要再前往别的地方，再发展出别的生存样式呢？在你自己的那个"位置"上面，好好地享受元素赋予你的一切，这就是完美的人生了啊。还追求什么真理啊，意义啊，目的啊，法则啊；还抗争什么，还辩解什么，阐释什么。享受当下的一切，在这个过程中不断确证自我的存在，这似乎不仅是起点，也是终点。看起来构成了一个完美的循环。但真的是这样吗?肯定不是。说句俏皮的废话,如果享受是完满的话,那么后半部《总体与无限》就不用写了。

享受之所以不完满,可以列出两个基本原因。第一,沉浸在享受中的自我不断地向内部收缩,把各种元素的力量都吸收进自我这个中心,自我这个内在性的领域好像又转变成另一种形态的"总体"了。这就出问题了,因为最早提出内在性就是为了对抗总体性,怎么能让它再度滑向总体性的深渊呢?*如何防止内在性蜕变成总体性?一个突破口就是他者*。他者在表达,他者在召唤,这些都将自我从自满自足的享受之中警醒:是的,不能封闭在内在性的小世界里,还必须有一种勇气突破这个边界,去真正直面他者。

那么,如何走出突破内在性的第一步呢?这就涉及*第二*个原因,即元素的神秘性。元素为什么是神秘的?一、它来自*"将来"*,因而是不确定的,"不稳靠的";二、它来自*"虚无"*,因而一下子就戳穿了享受的那个幸福的肥皂泡。列维纳斯在第一节里开篇就说:"自我之享受的瞬间所具有的充实并不能确保他克服其享受的元素本身所带有的未知,快乐始终是一种机运、一种幸运的相遇。"一句话,幸福是瞬间的,但也是短暂的;快乐是强烈的,但也是脆弱的。为什么?因为一切的享受、幸福和快乐最终都来自元素这个终极的"环境",但是这个从时间和空间上无限拓展的元素宇宙,它的终极理由是什么呢?它的本原和归宿是什么呢?它来自哪里、归于何处呢?人类的理性看似非常强大,归纳、总结出了各种所谓的普遍真理、绝对法则、永恒定律,但在漫无边际的元素面前,这些法则和原理真的能站得住脚吗?它们难道不恰恰是人类给自己的生存提供的暂时性的安慰吗?为什么需要这个安慰,就是因为人在元素的世界里面确实享受了,但这个享受总是不稳靠的,总是不安全的,总是时时刻刻带有着焦虑和隐忧,因为你不确定未来会发生什么。

上一节提到了撕裂总体性体系的一个大法就是*"绝对无"*这个概念,

但大家当时肯定还模模糊糊，不知道这个概念说的是什么。但落实到元素这里，相信你一下子就领悟了：在元素的根源之处盘踞的就是绝对的"虚无"，元素的存在与毁灭、开端与终结，从根本上来说都是绝对"没有理由"的。大家都熟悉那个形而上学的根本问题："*为什么世界本有而非无？*"换句通俗的话来说，为什么世界上存在着各种各样的事物，而不是彻底空无？元素的"绝对无"这个本性说明，世界完全"有可能"落入彻底的虚无、绝对的否定。即使它现在还在那里，还好好地让你享受，但没有任何一个理由，没有任何一条法则和真理能够保证它不在某个瞬间突然化作虚无。灾难、战争、瘟疫、死亡、灭绝，也许这些才是世界的终极理由。

面对这样一个无理由的世界，到底应该怎么做才能暂时安稳地生存下去呢？怎么做才能给享受提供一个相对稳定的秩序，在一定限度内对我们的生活进行掌控，不受那些来自元素的绝对无的力量的凌虐？最简单直接的办法当然就是：*建造家园*。"家""居所""居住"是接着"享受"的第二组重要概念。

一定要注意，家跟享受是密切连在一起的，它最终是为了保卫享受，抵御绝对无的力量。*列维纳斯谈到家的时候，突出了两个要点，一个是女性气质，另一个是占有和获得*。我们在"女性"后面加"气质"，是强调家的基本氛围就应该像是母亲或妻子的怀抱、温和、慈爱、包容，而不会展现出咄咄逼人的权威或侵略性。家，不仅仅是封闭的、防御的、警惕的，更应该是自然而然地化育生命，润物无声地吸纳万物。

家的这种温柔好客的气息首先让暴露在元素中的自我安定下来。但仅仅建起房屋，拉起围栏还是远远不够的，这只是家的起点。家，需要悉心呵护，需要不断打理，更需要辛勤的劳作，让它变得更丰富更充实。所以，家实际上是享受的进一步延伸，它用"延迟""悬搁"的方式确保享受持续下去。

"享受的延迟使一个世界变得可以进入——就是说，使存在无人继承、但可为将占有它的人所支配。"这句话的关键词就是"延迟"。为什么要延迟享受呢？享受总是当下的，总是瞬间的，它在这一瞬间就要重新开始，就要达到幸福的强度。这些都没错，但元素的绝对无的力量抽掉了享受在当下自满自足的基础。也就是说，如果仅仅停留在享受，那么每一个瞬间既有可能是完满的充实，也有可能面临灭顶之灾。那么，你能掌控什么呢？就是推迟享受的实现，不要一下子就投入元素之中，而是先在自己的身体周围建起家园，由此慢慢地将元素之中的力量吸收进来，并且作为物资、财产积聚起来。

所以，家的一个基本的作用是通过延迟享受来确保享受能够持续安稳地继续下去。灾害袭来，家里的人不怕，因为已经备好了渡过难关的余粮。敌人打过来也不怕，因为每日在家里的劳作早已积蓄起充沛的体力，能够进行反击。所以家为什么是必要的，就是告诉我们，享受是不应该在瞬间就完成，就实现的，那样的享受始终是充满风险和焦虑的，时刻惴惴不安的，只有家才能给享受提供一个理由、一个基础、一个更可靠的实现手段，那就是通过延迟享受来更好地确保享受的幸福和快乐。

由此就涉及下一个重要概念，那就是"劳动"。通过劳动，"元素的不确定的将来被悬搁。元素在家的四壁内固定下来，在占有中平息下来"。那么，劳动又是怎样对元素进行占有的呢？大致有两个要素，一是"质料"，二是"手"。很清楚，前者指向元素，后者指向身体。首先，劳动将那种来自"将来"和"无处"的元素变为在家里可以享用和贮藏的质料。一般在哲学里谈到质料，总要和形式相对来说。所以，充满潜在危险的元素之所以能转化为质料，第一步正是需要由人来给它"赋予"一个形式，一个人可以利用、处理、加工的形式。通过这样一种"赋形"，劳动就把质料从元素那里抽取出来，占有为家中之一物。这个赋形的第一步当然是通过手来实现的："它使事物臣服于手……手使它的把握脱离元素，手勾勒出带有形式且被界定好的诸存在者，就是说勾勒出固体；由此，手勾勒出一个世界。"

在美术史上有各种关于手的名作，法国艺术史大师福西永还专门写过手的图像学历史。根据列维纳斯的论述，手的真正伟大之处正在于，它是从元素到家园进行转化的第一个步骤，也是最直接的纽带。建造房屋需要手，收获粮食需要手，甚至面对外敌入侵，还需要手跟手紧紧地拉在一起，筑起生命的防线。家，就从手跟质料的亲密接触开始，从你亲手垒砌一块块的砖石开始，从你亲手收割一把把的庄稼开始。有了四壁，有了贮藏，你就会觉得安全，未来不再充满了神秘性和不确定性，因为你把当下掌控在自己的手中，进而将享受一步步向未来推进，"*劳动并不刻画一种已经脱离存在的自由，而是刻画一种意志：一种已受威胁、但又拥有时间以便防备威胁的存在者*"。

在西方哲学里，自由总是跟意志连接在一起。在列维纳斯这里，自由属于享受，意志则更落实于劳动。享受看似自由自在，因为它当下就能完满充实，因为它能够从总体中分离出来自成一体，但这种自由是不稳固的，是没有根基的。所以自由需要一种坚定的意志的力量，这种意志只能在劳动之中展现出来。

游手好闲的人、养尊处优的人经常会嘲笑埋头苦干的劳动者，他们会说，干吗活得那么辛苦，整天那么忙忙碌碌的又图什么？没错，一份汗水一份收获，但等到你终于能够收获的时候，还有力气去享受成功的果实吗？还不如投机倒把，搞点意外之财，然后快快乐乐地"享受"人生。如果按照列维纳斯关于享受和劳动、自由和意志之间关系的论证，我们恰恰要有力地反驳这种言论：是啊，当下的享受也是幸福的，也是充实的，没人否定这一点，也没人会否定享受人生这种态度，但关键是，没有劳动的坚实支撑，没有家的温暖港湾，没有向着将来一步步推进的坚定意志，所有当下的享受都是脆弱的，焦虑的，不稳定、不牢靠的。你只是觉得自由，但这种自由早已被扔进元素的那个绝对无的深渊之中。你的自由并不掌握在自己手中，还是要看元素的脸色。说到底，这不是真正的自由，而更是一种你根本掌控不了的命运。

所以劳动为什么是重要的，是宝贵的？不仅仅是因为它所带来的结果，更是因为，劳动从根本上改造了你的生命时间，你不必时时刻刻都焦虑不安地活着，而是能够牢牢地将时间掌控在自己的手里。当你成为时间的主宰，当然也就成为生命的主人。即便下一分钟就是世界末日，你也不会感到恐慌和绝望，因为当你看到自己布满老茧和伤痕的双手，你清晰地看到你的劳动在这个世界上留下的清晰形态和轨迹。你真实地活过，你一步步走过，你有一个家，你有一段连续的生命。

然而，我们又要问了，难道在家里就真的自足了吗？难道劳动就完满了吗？肯定不是。为什么呢？关键问题还是在他者那里。在这里，我们仅提一个从家的内在性里突破的要点，那即是死亡。在第五节中，他说："*对死亡的意识，是对永恒地延迟死亡的意识，这种永恒的延迟处于对死亡期限的本质性忽视之中。*"可见，劳动的坚定意志将时间性一步步稳定地向着未来推进，但它却并没有真正理解死亡这个终极难题，而只是无限地推迟，不愿面对或不知怎样面对它。劳动，虽然成功有效地抵御了元素的绝对无，但它无力面对另外一种绝对无，那种深深地盘踞在时间性深处的绝对无：我们，都是有死者。

第五节 他者之死召唤我的责任

这一节我们要学习列维纳斯在《总体与无限》之中所给出的终极答案。关于他者之死和"逆死而在"的答案仅仅对于《总体与无限》这本书来说才是终极的，在列维纳斯后来的思想发展之中，对死亡、他者以及时间性都会有更进一步的推进。

这一节我们不再做概括性的解读，而是转入相对细致的解读，主要集中在两段文本上，分别是第二部分第四章第六节，以及第三部分第三章第三节，主题都非常鲜明集中，分别围绕他者和死亡展开。

先从"表象的自由与赠予"开始。上一节最后提到，看起来居家和劳动可以有效抵御元素的那种神秘莫测的绝对无的本性，但它仍然逃不过另外一种绝对无，这就是深深地内在于人的生命时间之中的巨大黑洞，也就是死亡。没错，元素转化为质料，然后被人的劳动"赋形"，这样一来，元素本身的那种咄咄逼人的威胁性在很大程度上被消除了，或者说被抑制了。但对于人来说，焦虑和紧迫却并没有完全消除，因为即便你可以非常踏实地、一步步地向着未来迈进，但死亡这个大限仍然在终点处守候着你。家和劳动，将未来明确化了，将过去延续起来了，但任何的家人都始终无法摆脱那个最终会抹去你的一切生命形迹的巨大黑洞，在这个黑洞面前，在这个彻底否定和虚无面前，所有的人都会再度对自己的生命和劳作发出一声终极的感叹：折腾这一辈子，有啥意义？最后不还是尘归尘土归土？

那么，面对死亡这个终极的虚无，如何做出有效的回应，去平息焦虑，去守卫内在性的充实，再度以一种幸福的态度走完人生呢？希望在于他者。其实他者的面容在这本书里已经浮现过很多次了。为什么一定要引入他者呢？如果他者真的那么重要，那人类为什么还要以家庭为基本单位呢？

列维纳斯认为，家，给人提供了一种最基本的"聚集"方式，既然内在性的基本倾向就是内缩、聚集，那么，家就是最为可行的、有效而又稳靠的聚集方式。以家为中心，我们才谈得上接纳他者；所谓的好客，必须是你先有一个稳定的居所，然后才能敞开大门。

与此同时，列维纳斯在他者的前面加了"绝对"这个修饰词。绝对，也就意味着"无条件""无前提"。也就是说，对于他者的接纳，敞开家门迎接他者的好客，这些都是无条件的。用德里达的一句话来说，好客是绝对的，无论站在你门口的是魔鬼还是上帝，你都应该开门，必须开门。那么，在这样一个对他者充满怀疑、戒备乃至恐惧的时代，绝对好客真的不是一句异想天开的空话吗？关于他者的绝对性，列维纳斯给出了几点说明。

首先，是"谋杀之伦理的不可能性"。没错，站在你门口的那个他者可能是恶魔，站在你身边的那个他者可能是恐怖分子，但为了防备他者，你应该怎么做呢？最彻底的办法就是斩尽杀绝吧；或者杀不光的话就同化，让他者都变成"家人"，让他者都聚集在家里面，这样就不会有危险了。但列维纳斯会问你，你下得了手吗？注意这不是一个理论问题。不是我们大家坐下来开个研讨会商议一下怎样求同存异，而是一个最基本的底线性的事实：面对一个他者，真的能落下手中的屠刀吗？相信谁也不敢，谁也不能，因为这是人性的底线。正是在这里，我们发现他者具有一种伦理上的绝对的优先性，他身上总是有一种力量抵抗、否定乃至同化你的杀戮。正是在这个底线之处，他者呈现出绝对性和无限性的面容，即便这个面容只是一张孩子痛哭流涕的脸，即便这个面容只是一个垂死的老人的绝望目光。他者是绝对的，不是因为他有多强大的力量，不是因为他带着多么咄咄逼人的气势，而是因为他对你所要进行的各种总体化和同一化的操作构成了一种终极的抵抗。

　　杀戮下不了手，同化总可以了吧？也远远不行。当你用各种方式（语言、文化、经济等力量）去同化他者的时候，最终会遭遇挫折，甚至会感受到自身的"卑微"，因为 他者总是在"高处"。这个"高"不是力量的高、权势的高、地位的高，而是伦理的高。何为伦理之高？当你真正面对他者的时候，当你真正向他者敞开的时候，你会觉得他者展现出一种你身上从未有过的超越的力量、指引的力量、启示的力量。这种力量，列维纳斯把它称作 "教导"。当然，他举的例子有点费解。教导，一般发生在长辈和晚辈之间、老师和学生之间。因为长辈和老师有着更丰富的阅历和知识，才能够进行"教导"。无论是什么样的他者，无论站在你面前的是一个孩子，一个异乡人，还是一只迷途的流浪猫，当你直面他／它的面容之时，当你直视他／它的眼睛之时，都会感到一种源自"高处"的"教导"的力量。这种教导就是一种"支配"。注意，这个支配同样不是用暴力和权力来压制你，而是与你处于一种非常"和平"的、平等的关系之中。他者凭什么能"支配"你？只凭一件事情，那就是无限的超越，因为只有他者才能够真正使你从内在性的牢笼之中挣脱出来，从总体和同一的束缚之中解放出来。而只有挣脱和解放后，你才会发现，你真正找到了直面死亡的唯一途径。当你沉迷在享乐中的时候，你只是暂时遗忘了死亡；当你埋头劳作的时候，你只是暂时延缓了死亡。但很显然，这些都不是直面死亡的方式。一旦你退到内在性里，以一种回收和内敛的方式面对自我，那么，死亡就是一个你没有办法直视的问题。而当你无法直面死亡的时候，你也就没有办法抵御死亡的焦虑。

　　正是在这个意义上来说，他者是拯救自我的唯一途径，因为只有他者才真正构成了离心的力量,只有他者才能将我们从内在性的迷梦中唤醒。说到这里,我们看到了很多跟绝对他者关联在一起的修饰词,比如"分离""无限""外在性""超越"等,这可能会让你产生一种误解,就是他者总是在门外的,总是来自异乡的,总是跟你隔开了一段距离。但这并不是他者的真义,也不是好客的真义。正相反,列维纳斯提醒我们,如果你总认为只有"外人"才算是他者的话,那就说明你并没有真正跳出家的藩篱,你心中还是有一条不可逾越的边界,"里面"的是家人,"外边"的是他者。这就完全错了,这剥夺了他者的无条件的绝对性。所以列维纳斯说了一句很让人动容的话:*真正的家绝不是固守在原地,正相反,家始终具有一种"漂泊"的本性。家之为家,就在于它既具有内聚力,又具有敞开性*。一开一合,才是家的面貌。所以,真正的他者不是被你拦在门外,等着获得你肯定的人,而是真正能够唤醒家的那种敞开的漂泊,自我的那种伦理超越的人。他者,已经是"家人"了,甚至可以说,只有他者才真正有资格成为家人,因为他"教导"我们一个关于家的真理:家,并不是画地为牢,并不只在"此时此地",而是内在地具有一种"一般化"的倾向,需要走向外部,走向更广阔的天地。只有跟他者在一起,才真正有家,因为家的真义不是"同化",而是"赠予",是"呈交"。呈交我的内在性,聆听他者的教导,由此我们才能有一个家,这个家不是封闭在四壁之中的堡垒和港湾,而恰恰是整个世界。

这个时候,我们才领悟了列维纳斯的"绝对好客"的真正含义:好客之所以是绝对的,是因为家本来就应该是整个世界。之所以每时每刻都应该向他者无限敞开,那正是因为只有他者才能彻底化解家的狭隘形态,把它带上无尽的漂泊之旅。所以,为什么今天我们普遍地不信任他者,甚至会对他者做出那么多"伦理上不可能"的杀戮,那正是因为我们既误解了他者,也同时误解了家。我们从来没有耐心倾听他者,从来没有虚怀若谷地让他者自然而然地"表达"自己,相反,我们总是"积极主动",甚至咄咄逼人,想同化他者,想固守家园。这个时代仍然弥漫的民族主义情绪,就恰恰源自于对他者的无视,对家的狭隘化。

来到最后一个部分,"意志与死亡"这一节。意志与自由的问题,上一节已经提到了。这里,列维纳斯进一步从劳动之意志过渡到另外一种意志,那就是他者的意志,尤其是在"他人之死"的陌异意志的冲击之下所实现的对于内在性的终极超越。关于这一节中的极为深奥的死亡观,简要地提两个要点。

首先,死亡不是对生的*否定*,不是生命终点的深渊和黑洞。死亡确实是一种虚无,而且是一种绝对之虚无,它的绝对性就意味着它是无限地超越于自我的感知、理解和掌控的。自我既无法肯定,也无法否定死亡,无论是肯定还是否定都是从自我这个主体发出的,都是参照"我"的生命做出的,好像死亡之所以不可知不可感,那只是因为死是"我"的最私密体验,无人能代替我自己去死,而我自己也无法真正体验到这个边界"彼岸"的形态。这些都还没有跳出内在性的牢笼。真正的死恰恰展现出他者的绝对面容,因为它无限地超越你的种种总体的同一的掌控。所以死亡可以说是绝对无的终极呈现形态。元素的神秘,我们可以用双手来赋形;生命的终结,我们可以通过劳动来延缓。但面对绝对的虚无,无限超越的陌异死亡,我们还能做什么呢?所以,*绝对的死亡呈现的第一种面容正是"威胁的逼迫"*。绝对死亡的这种威胁不同于一般意义上的"死之将至"的那种威胁。日常生活中的人也会时时感受到死亡的威胁,但这只是因为他们不知道"死"什么时候会到来,无法明确知道"死期",死只是可怕,并没有什么神秘之处;常人只是不愿意去死,因为还没"享受"够呢,还没"劳动"完呢,还有"家人"要照顾呢。但绝对的死却展现出一种你绝对无法理解,甚至绝对不属于你的神秘性。*死,不再是你生命的终点,而是朝你迎面撞来的陌异的力量,它总是来自高处,来自外部,它就是他者的真正面容。*

正是在这个意义上,绝对死亡其实也没什么可怕的,因为作为绝对他者，当它展现、表达自身的时候，给你带来的并不是充满暴力的毁灭，而是洋溢着和平的"教导"。这也就是列维纳斯讲到的绝对死亡的第二重面容，即"延迟"。但它跟劳动的延迟不同，因为它不是逃避和延缓死亡，而是在死亡这一个源自他者的陌异"意志"面前重新激活时间性的全部量。

最后，让我们援引一句列维纳斯的话，因为我不觉得能说得更好："虚无是一道间隔，在这道间隔的对面乃是一个敌对的意志。我是一种不仅在我的存在中受到虚无威胁，而且也在我的意志中受到（另）一种意志威胁的被动性。……意志所拥有的时间是意志的逆死而在所留给它的。"一句话，绝对死亡这种他者意志，并没有压制乃至毁灭我自己的意志，反倒是通过这种陌异的冲击最终让我从狭隘的内在性之中挣脱出来。他人之死，是我必须承担的责任，因为死打开了家的边界，同时敞开了无限超逾的存在维度。那或许不是享乐般的充实，不是家庭般的稳靠，但绝对是一种"更高"的意义，它缔造的是最普遍的家园。

后记

书稿改完了，还是想再啰嗦几句，交待一下初心和缘起。

熟悉我的读者朋友一眼就看得出来，这本书的原型就是我几年前在三联中读开讲的那个年度课程"姜人生哲学到底"。几年过去了，还是不断有新听众加入。我无论走到哪座城市，都会遇到这个课程的知音，这确实是一件让我无比快乐和欣慰的事情。这次出版的标题稍作了修改，也是想将重点放在"哲学"上，而把我自己的印迹小心地隐藏起来。但无论怎样隐藏，这仍然是我所理解的哲学，我所钟爱的讲解方式，我想要跟大家分享的思想点滴，所以，书中的字里行间仍然无处不是那个"姜"，那个真实的自我。

也正因为真实，所以既会得到很多朋友的赞赏，也同时会遭遇很多非议和质疑。"讲哲学就好好讲呗，在节目里整那些音乐，搞那些情调干什么？"不时会有听众发出这样的评论。我在别处也已经解释过很多次了，但这里不妨再为自己"辩解"一下。

很多爱哲学读哲学的朋友都会觉得，哲学是普遍客观的真理，应该尽量在其中剔除主观的因素、个人的偏好。这自然没错。真理肯定是指引人类的明灯，引导人生的理想，但每个决定走上求真之路的人，亲身经历亦肯定不同。我们这些凡人是如此，那些大哲学家也是如此。这也是为何我会选择"十位哲学家的人生策略"这样的说法。不同的个体，迥异的人生，最终皆殊途同归地趋于求真爱智，但每个人生、每条道路仍然有着千差万别的精彩与曲折。跟随哲学家的脚步亲自去走，去思考，去践行，去开辟出自己的哲学人生，去展现出自己的独到体悟，这就是我通过这个课程、这本书想跟大家分享的实实在在的道理。在我自己的道路之上，音乐、电影、文学乃至电子游戏都是和哲学文本一样重要而关键的启示，所以我也很习惯以这样的方式去表达我对哲学的理解。这就是我所谓的真实，也希望以这样的真实引起每一个真实的灵魂的共鸣。

也因此，我选择以研读文本的方式来讲解哲学。围绕具体的文本展开，可能有"只见树木，不见森林"之嫌，或许无法在短时间内让听众最大限度地了解思想的全貌。但反过来说，所谓的"全貌"也往往会失去思想的细节和活生生的灵魂。伟大的智慧来自伟大哲学家的心灵创造，而这些创造又凝聚在一本本伟大作品之中，每一本都是一个相对独立的世界，都是一次独一无二的思想历险和征程。因此，入门哲学或许可以通过"全貌"式的解读来导览，但要想真正开始探索哲学的智慧，就必须不辞艰险地深入那些深宏幽邃的原著殿堂。跟着一部部经典作品进行一次次思想的历炼，这几乎是最有效甚至唯一有效的学习哲学的方式。

当然，这会是一个异常花费时间和精力的过程，也可能会事倍功半。这就要看你自己对于哲学的热情到底有多高，忠诚度到底有多强。大部分读者可能只是想浮光掠影地感受一下哲学，浅尝辄止地"利用"一下哲学，那么，精读深耕原著可能就不是一个明智的选择。但不可否认的是，真正热爱哲学的听众和读者肯定会愿意"牺牲"自己的一点闲暇，用来聆听大哲人的教诲，进而一点点开始和他们对话、讨论、争辩，一步步走出自己的哲学道路。这些年来，我所遇到的这样的有热情有勇气的哲学爱好者越来越多，也让我在讲哲学、分享哲学的过程中体会到了越来越多的快乐和感动。由此，在这个课程之后，我继续以各种方式跟大家一起享受哲学的快乐，从共读营到读书会，天南地北的朋友们不断加入，也真的在一步步实现这个课程发刊词中的憧憬和梦想——用思想连接彼此的灵魂。

中读的课程做了一年,一共是二十个主题,这次出版限于篇幅,只选取了其中的十个,所以在顺序安排上可能跟课程有所出入。主题的选择、文字的润饰,都是我与三联书店的编辑老师互相协作的结果。在这里,真心感谢新萍老师、翠翠老师,你们为这本书稿付出的心血和汗水让我感动与钦佩。也衷心感谢每一位收听这个课程的听众,你们的每一次播放、每一条留言,都是这个课程不可分割的组成部分。没有你们,就没有这个课程的诞生,也就没有它至今仍然旺盛的生命力。也感谢我的家人、我的学生,感谢你们一直以来的支持和关爱。我一定会坚持走下去,将人生哲学到底。

我曾经也是一座孤岛,想竭力用哲学去抵挡外部世界的风雨,为自己建造一座密不透风的心灵堡垒。但这个课程真实地、彻底地改变了我,让我开始坚定地相信,真正的哲学是用自己的生命去书写的,是与他人产生共鸣的,是与世界相通的。我也希望它能改变你的人生。让我们一起共勉,在求真爱智的道路上砥砺前行。

姜宇辉

2023年3月8日于上海金桥家中